校企合作计算机类技能实战系列丛书
互联网+创新型“十四五”精品教材

WPS AI 智能办公教程

（微课版）

主　编◎王树瑾　张　俊　刘　旭
副主编◎陈　迎　张丽萍　侯丹丹
唐　婷　袁红团　杨　琳

哈尔滨工程大学出版社
Harbin Engineering University Press

内 容 简 介

本书全面介绍了 WPS AI 功能的应用与实例，主要包括 WPS AI 基本知识、WPS AI 指令的优化与应用、WPS AI 指令的写作助手、WPS AI 指令的阅读助手、WPS AI 的数据工具及应用、WPS AI 演示文稿工具及应用、WPS 灵犀工具及应用、WPS AI 手机工具及应用等内容。

本书结构清晰，语言简洁，实例丰富，既可作为应用型本科院校、职业院校相关专业的教材，也适合希望借助 WPS AI 提高自身工作效率的人员阅读。

图书在版编目（CIP）数据

WPS AI 智能办公教程 ： 微课版 / 王树瑾，张俊，刘旭主编. -- 哈尔滨 ： 哈尔滨工程大学出版社，2025. 6.
ISBN 978-7-5661-4784-4

Ⅰ. TP317.1

中国国家版本馆 CIP 数据核字第 20256DC262 号

WPS AI 智能办公教程（微课版）
WPS AI ZHINENG BANGONG JIAOCHENG（WEIKE BAN）

选题策划 张林峰
责任编辑 章银武

出版发行 哈尔滨工程大学出版社
社　　址 哈尔滨市南岗区南通大街 145 号
邮政编码 150001
电　　话 0451-82519989
经　　销 新华书店
印　　刷 三河市中晟雅豪印务有限公司
开　　本 787 mm×1 092 mm　1/16
印　　张 13
字　　数 333 千字
版　　次 2025 年 6 月第 1 版
印　　次 2025 年 6 月第 1 次印刷
书　　号 ISBN 978-7-5661-4784-4
定　　价 59.80 元
http://www.hrbeupress.com
E-mail:heupress@hrbeu.edu.cn

前　言

党的二十大报告指出，“坚持尊重劳动、尊重知识、尊重人才、尊重创造，实施更加积极、更加开放、更加有效的人才政策”“着力形成人才国际竞争的比较优势。加快建设国家战略人才力量”“深化人才发展体制机制改革……把各方面优秀人才集聚到党和人民事业中来”。

➢ 写作驱动

在当今这个数字化时代背景下，人工智能技术以其独特的魅力和无限的潜力，正在深刻改变着人们的工作和生活方式。WPS Office 作为一款广受欢迎的办公软件，紧跟时代潮流，将 AI 技术深度融合到产品中，为用户带来了前所未有的智能办公体验。

然而，尽管 WPS AI 功能强大，但许多用户仍对其应用方法和技巧了解有限，难以充分发挥其潜力。因此，我们编写了这本《WPS AI 智能办公教程（微课版）》一书，旨在帮助读者全面了解并掌握 WPS AI 的使用技巧，提升办公效率。

➢ 本书特点

本书主要有以下特点。

（1）理论与实践相结合：本书不仅详细介绍了 WPS AI 的各项功能和应用场景，还通过丰富的案例和实战演练，帮助用户将理论知识转化为实际操作能力。

（2）系统全面：本书内容涵盖了 WPS AI 的各个方面，从基础操作到高级应用，从文字处理到演示文稿制作，从数据处理到设计工具使用，全面且系统。

（3）针对性强：本书针对不同用户的需求和痛点，提供了有针对性的解决方案和技巧，帮助用户快速解决实际问题。

（4）资源丰富：本书随附了大量的教学视频、提示词、素材效果文件等资源，方便用户随时查阅和学习。

➢ 作者团队

本书由王树瑾（齐齐哈尔高等师范专科学校）、张俊（郴州职业技术学院）、刘旭（湖南劳动人事职业学院）担任主编，由陈迎（曹县技工学校）、张丽萍（云南农业职业技术学院）、侯丹丹（菏泽工程技师学院）、唐婷（四川职业技术学院）、袁红团（德阳科贸职业学院）、杨琳（河北青年管理干部学院）担任副主编。本书的相关资料和售后服务可扫封底微信二维码或登录 www.bjzzwh.com 下载获得。

➢ 温馨提示

（1）本书涉及的各大软件和工具的版本分别是：WPS 电脑版为 12.1.0.19302，WPS 手机版为 v12.20.0 版。

（2）本书在编写的过程中，是截稿之前根据软件和工具的最新版本所截的实际操作图片，但从编辑到出版需要一段时间，在此期间里，这些软件和工具的版本、功能和界面可能会有变动，请在阅读时，根据书中的思路，举一反三，进行学习。

（3）需要注意的是，即使是相同的指令，AI 每次生成的回复和效果也会存在差别，因此在扫码观看教程时，读者应该把更多的精力放在指令的编写和实际操作的步骤上。

（4）由于篇幅原因，WPS AI 的回复内容只展示要点，详细的回复文案请看随书提供的完整文件。

由于编者水平有限，书中难免存在疏漏和不当之处，敬请广大读者批评指正。

编　者

目　　录

第 1 章　WPS AI 基本知识

第 2 章　WPS AI 指令的优化与应用

第 3 章　WPS AI 指令的写作助手

第 4 章　WPS AI 指令的阅读助手

第 5 章　WPS AI 的数据工具及应用

第 6 章　WPS AI 演示文稿工具及应用

第 7 章　WPS 灵犀工具及应用

第 8 章　WPS AI 手机工具及应用

第 1 章

WPS AI 基本知识

在现代办公环境中，随着技术的不断进步，传统的办公方式逐渐向智能办公转变。本章将从 WPS 软件安装、界面全览及使用入口等方面对 WPS AI 进行全景式介绍，帮助读者充分认识这一智能工具的潜力与优势。

本章重点

- 初识 WPS AI
- 了解 WPS AI 的工作界面
- 了解 WPS AI 的使用入口及其功能

素质目标

- 培养读者熟练获取、安装并启动 WPS AI 的实践能力
- 提升读者系统掌握 WPS AI 核心界面与功能入口的认知能力

1.1 初识 WPS AI

WPS AI 是金山办公与合作伙伴共同开发的人工智能（artificial intelligence，AI）工作助理。它能够理解自然语言并生成对应的回复，回复思路清晰，逻辑严密，推理精确。WPS AI 不仅代表着技术的进步，更是工作方式的革新。通过智能化的工具，WPS AI 为用户提供了更高效、更便捷的办公体验。

1.1.1 WPS AI 智能办公与传统办公的区别

传统办公模式以纸质文档、手动输入和人工处理为主，这种方式不仅耗时耗力，还容易出现错误。随着数字化技术的普及，许多企业开始向电子文档、在线协作转型，但仍面临信息分散、沟通不畅等问题。智能办公的出现，标志着办公方式的重大转变。

WPS AI 在这一转变中被开发出来，通过自然语言处理和机器学习技术，WPS AI 能够理解用户需求并自动生成相关内容，极大地降低了文档处理的时间成本。

此外，智能办公还强调协作与共享，WPS AI 的多用户实时编辑功能，使得团队成员能够在同一文档上进行协作，提升了工作效率和沟通效果，使用户不再受限于时间和地点，团队成员可以在不同的地点、不同的设备上同时访问和编辑文档。这种实时协作的模式，确保了信息的即时更新，减少了版本冲突的发生，使团队的沟通更加顺畅。

WPS AI 还具备智能分析功能，能够根据用户的需求和输入，提供智能化的建议和改进方案。这意味着，当用户撰写文档或处理数据时，AI 可以实时分析内容的逻辑性和完整性，提出优化意见。这样的智能反馈，不仅提升了文档的质量，也为用户提供了学习和改进的机会。

1.1.2 WPS AI 的智能特性

WPS AI 可以帮助用户更高效地使用 WPS Office（简称 WPS）办公软件，例如根据指令生成文案、自动修复笔误、智能排版等。当用户在创作时，WPS AI 可以通过检测和分析用户的文字，快速找出可能存在的笔误和语法错误，并给出修改或优化的建议。

除此之外，WPS AI 还提供了表格数据分析、文档总结、文案创作及演示文稿生成等其他实用功能，提高用户的办公效率。WPS AI 的推出带来了交互方式的变革。通过 AI 技术，用户只需要输入文字甚至动动嘴（语音转文字），就可以让 AI 去帮他们执行操作。在使用过程中，AI 展现出了以下六大优势，如图 1-1 所示。

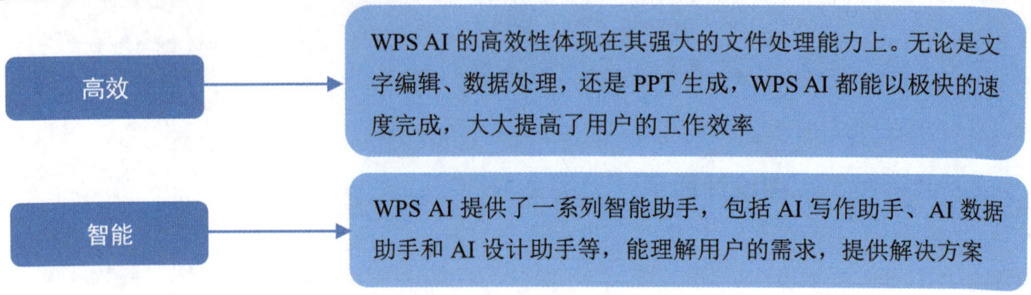

图 1-1　WPS AI 的六大优势

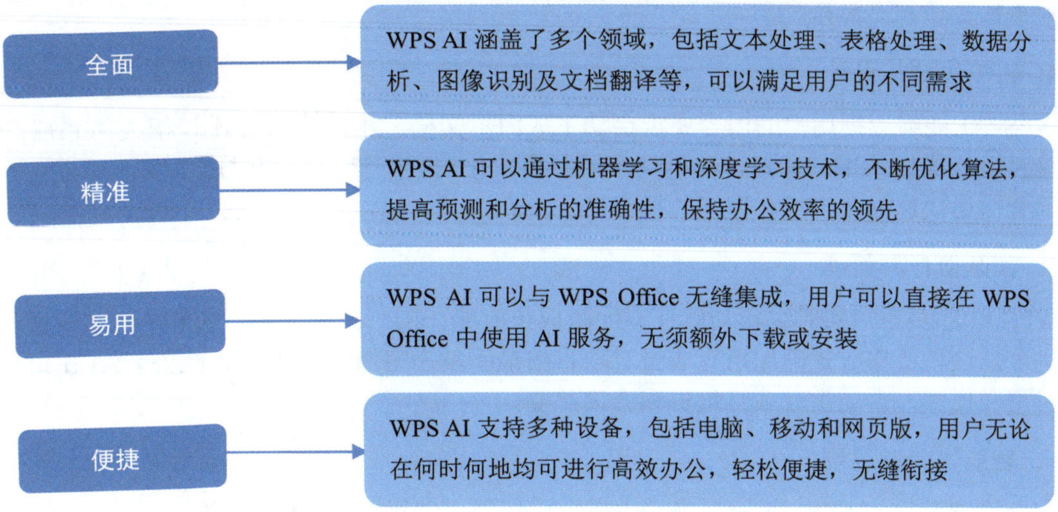

图 1-1　（续）

综上所述，WPS AI 的推出为用户带来了更加智能化、更加便捷的处理服务，大幅提升了用户的工作效率和便利性。

1.1.3　WPS AI 的应用场景

WPS AI 智能办公的应用场景广泛，涵盖了从日常文档处理到复杂数据分析的多个领域。这些应用不仅提高了工作效率，还提升了团队的协作能力和创新能力。以下介绍几个具体的应用场景。

1．文档创作与编辑

在文档创作过程中，WPS AI 的写作助手能够根据用户的输入提供实时建议。用户输入主题后，AI 将生成初步的文档草稿，并提供结构、格式和内容方面的优化建议。这种智能辅助功能，使得用户能够更快地完成高质量的文档，特别是在需要撰写报告、合同或提案时。

2．文档阅读与总结

在需要查阅长篇文档的场景中，WPS AI 的阅读助手能够帮助用户快速理解长篇文档的核心内容，并自动提取关键信息生成摘要，节省了手动筛选和整理的时间。这一功能在处理大量信息时尤为重要，帮助用户高效获取必要的信息。

3．数据分析与处理

在需要处理大量数据的场景中，WPS AI 的数据助手能够自动分析表格数据，并生成可视化报表。用户只需提供表格数据文件，AI 便会根据预设的模板生成图表、趋势分析和总结。这种自动化的数据处理能力，不仅节省了时间，还适当减少了人为错误，提高了数据的准确性和可靠性。

此外，AI 可以生成函数公式，在计算表格中的数据时，用户不需要去背函数公式，只需要将需要计算的内容描述给 AI 即可；AI 还可以理解用户的意图和需求，按条件标记表格中的数据，使表格数据高亮显示。

4．PPT 生成与设计

WPS AI 能够根据用户的内容要求自动生成演示文稿。用户输入主题和相关信息后，AI 将提供多种设计模板供用户选择，并自动布局和格式化内容。这一功能简化了演示文稿的制作流程，适合需要快速准备汇报和展示的场合。

5．团队协作与管理

WPS AI 的多用户实时编辑功能使得团队成员能够在同一文档上进行协作，快速沟通和调整项目进度。这种协作方式确保所有成员对项目的最新动态有清晰的了解。此外，AI 还可以根据项目进度和反馈，自动生成项目报告和会议纪要。

6．智能化会议记录

在会议结束后，WPS AI 可以自动生成会议纪要，并跟踪会议中决定的行动项。AI 可以帮助识别关键决策和责任分配，确保会议成果得到有效执行。

7．客户服务与支持

在客户服务领域，WPS AI 可以自动生成客户服务报告，分析客户反馈，识别服务中的常见问题，并提供解决方案，这有助于提升客户满意度并优化服务流程。

8．法律文件审查

法律专业人士可以利用 WPS AI 来审查合同和法律文件，AI 可以快速识别合同中的关键条款和潜在风险，提高审查效率并减少人为错误。

9．财务分析与报告

财务分析师可以依赖 WPS AI 来自动化财务报告的生成。AI 可以快速分析财务数据，识别关键指标，并生成图表和预测，从而节省分析师的时间，让他们专注于更深层次的财务策略。

10．人力资源管理

人力资源部门可以利用 WPS AI 来自动化招聘流程，从简历筛选到面试问题的生成。AI 还可以进行员工绩效评估，通过分析员工的工作数据，提供客观的反馈和改进建议。

通过这些场景，可以了解 WPS AI 如何在不同的办公环境中提供支持，帮助职场人士提高工作效率，减少重复性工作，节省更多的时间来专注于更有创造性和战略性的任务。

1.2 WPS AI 的工作界面

在开始使用 WPS AI 智能办公工具之前，首先需要完成 WPS 的安装过程，并对软件界面进行一定的熟悉。本节将介绍如何开始使用 WPS，包括获取 WPS AI 会员资格、下载安装软件、全面导览 WPS 界面，并特别展示了 WPS 灵犀的智能功能。同时，也简要介绍了 WPS AI 网页版的页面布局和手机版的使用指南，旨在帮助用户快速上手，享受在不同设备上无缝切换的便捷办公体验，为数字化办公之旅奠定坚实基础。

1.2.1　WPS AI 的会员体验

要想充分利用 WPS AI 的智能功能，用户需要注册并获取 WPS AI 会员。用户可以访问 WPS AI 官方网站，在其中注册或登录账号。对于 WPS 的新用户，可以免费领取 15 天的 WPS AI 体验卡，如图 1-2 所示。

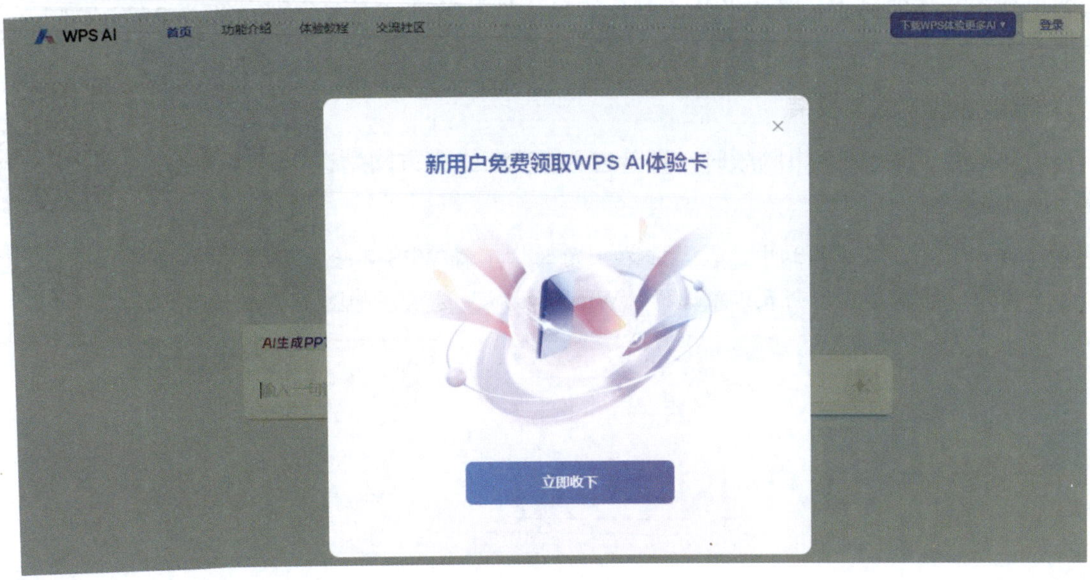

图 1-2　新用户免费领取 WPS AI 体验卡

单击“立即收下”按钮，即可进入账号登录页面，如图 1-3 所示。用户可以使用微信扫码、QQ 扫码和手机短信验证码等方式登录或注册账号，账号登录后，即可获得 15 天的 WPS AI 体验卡。

图 1-3　账号登录页面

1.2.2 WPS 的下载与安装

安装 WPS 电脑版，用户可以利用 WPS AI 和 WPS 灵犀等智能功能，并享受本地文件管理的优势，支持文档编辑、表格分析及幻灯片制作等多种任务，同时与云端同步，实现跨设备工作的便捷。此外，WPS 手机版同样表现出色，为用户在移动设备上提供流畅的办公体验，满足随时随地处理工作的需求，整体提升了办公的灵活性和效率。下面分别介绍 WPS 电脑版和手机版的下载安装操作。

1. 电脑版的下载与安装

当用户需要下载 WPS 电脑版时，可以进入 WPS AI 官方网站进行下载操作，具体方法如下。

电脑版的下载与安装

Step 01 在 WPS AI 官方网站中，❶单击右上角的“下载 WPS 体验更多 AI”下拉按钮；❷在弹出的列表框中选择“Windows 版”选项，如图 1-4 所示。

图 1-4 选择“Windows 版”选项

Step 02 弹出“新建下载任务”对话框，单击“下载”按钮，如图 1-5 所示，即可将软件安装包下载至电脑中。

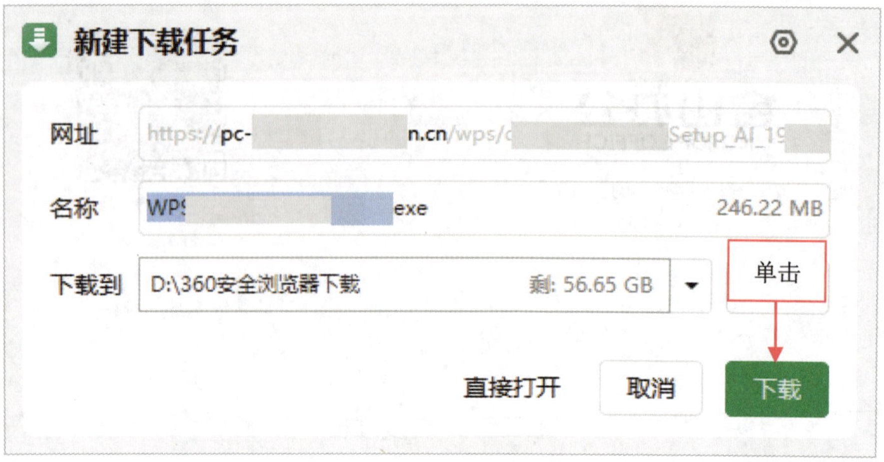

图 1-5 单击“下载”按钮

Step 03 双击安装包，弹出安装界面，❶选中左下角的相应复选框；❷单击“立即安装”按钮，如图 1-6 所示。稍等片刻，即可完成安装，并自动打开操作界面。用户可以通过手机、微信及 QQ 等方式登录账号。

图 1-6　单击“立即安装”按钮

2．手机版的下载与安装

WPS 手机版全称为 WPS Office，用户可以在手机的应用市场 App 中，❶搜索 WPS；❷在“WPS Office-智能 AI 办公助手”选项的右侧点击按钮，如图 1-7 所示，即可下载安装包并自动安装。

安装后，打开 WPS Office App，通过手机短信验证码或微信、QQ 授权的方式登录账号即可。

手机版的
下载与安装

图 1-7　点击按钮

1.2.3 WPS 的界面导览

WPS 是金山办公旗下的一款办公软件套装，提供了包括文字处理、表格计算及演示制作等在内的多种办公功能，旨在满足用户在日常办公中的各种需求，WPS 操作界面如图 1-8 所示。随着人工智能技术的发展，WPS 不断融入 AI 元素，提升了办公效率和用户体验。

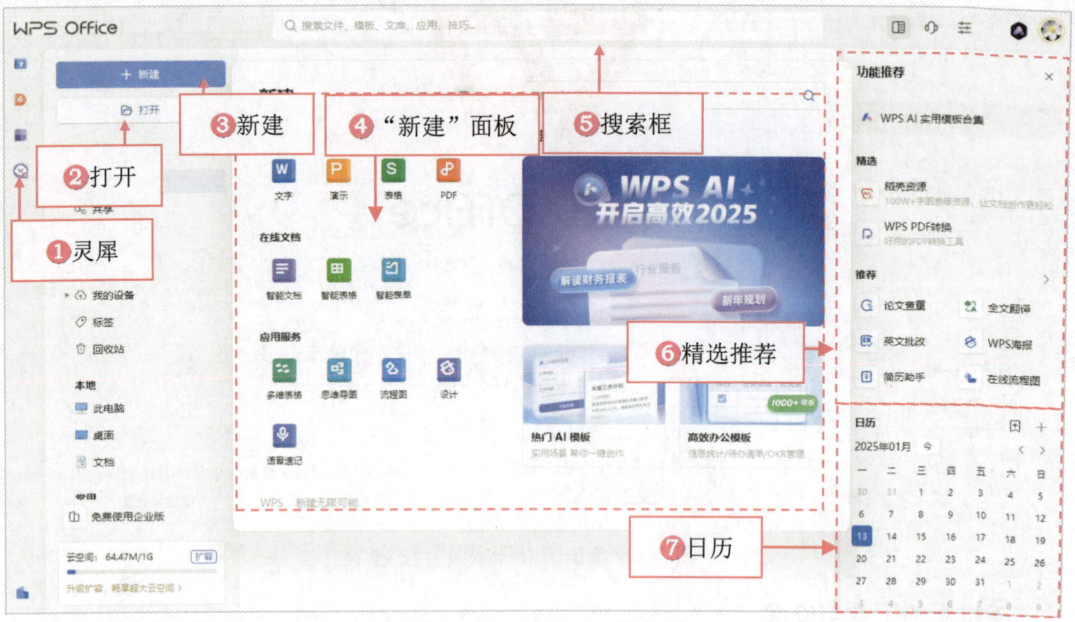

图 1-8 WPS 操作界面

下面对 WPS 电脑版操作界面中的各主要功能进行相关讲解。

❶ **灵犀**：单击“灵犀”按钮，打开 WPS 灵犀界面，使用 WPS 灵犀助手进行智能办公。

❷ **打开**：单击该按钮，即可打开本地文件夹中的文档，WPS 兼容性很强大，支持.wps、.doc、.docx、.rtf、.txt、.pdf、.xls、.xlsx、.et、.csv、.ppt、.pptx、.dps、.html、.htm、.mht、.jpg 及.png 等格式。

❸ **新建**：单击“新建”按钮，即可弹出“新建”面板。

❹ **“新建”面板**：在该面板中，用户可以根据需要创建文字、演示、表格及 PDF 等 Office 文档；创建智能文档、智能表格和智能表单等在线文档；应用多维表格、思维导图、流程图及设计等服务。

❺ **搜索框**：在该搜索框中，用户可以输入关键词，搜索文件、模板、文库、应用及技巧等资源。

❻ **精选推荐**：在该选项区中，为用户提供了精选和推荐的功能，用户可以应用“稻壳资源”“WPS PDF 转换”“论文查重”“全文翻译”“英文批改”“WPS 海报”“简历助手”及“在线流程图”等功能，提升办公效率。

❼ **日历**：在该选项区中，用户可以创建日程，添加待办事项，以提醒用户工作事项和进度，帮助用户进行日程管理和时间规划。

1.2.4　WPS 的灵犀界面

WPS 灵犀是 WPS 推出的 AI 智能助手，它通过自然语言交互的方式，提供了多种常用功能，其界面如图 1-9 所示。

图 1-9　WPS 的灵犀界面

下面对 WPS 灵犀界面中的各主要功能进行相关讲解。

❶ **导航栏**：左侧的导航栏中提供了几个快捷功能，有助于用户与 WPS 灵犀进行对话、快速创作及回看历史创作记录等。例如，单击“新话题”按钮，即可新建一个会话；单击“AI 创作”按钮，可以快速调用模板进行创作；单击“最近对话”按钮，即可查看历史会话记录；单击“收藏夹”按钮，即可查看收藏的会话记录。

❷ **推荐区**：在这个区域中会显示“最近创作”“AI PPT” 及“AI 创作”等。

❸ **AI 功能**：在此处显示了 WPS 灵犀的 7 个主要功能。“搜全网”功能可以帮助用户在互联网上检索实时资讯，从而获得更全面和深入的了解；“读文档”功能可以帮助用户阅读和理解文档内容；“快速创作”功能可以为用户提供高效、便捷的写作辅助服务；“生成 PPT”功能可以根据用户的需求和内容自动设计和生成演示文稿；“长文写作”功能可以根据用户输入的主题、要求进行创作；“网页摘要”功能可以解析用户输入的网址，通过算法分析网页内容，提取核心段落或句子；“生成思维导图”功能可以生成清晰、结构化的思维导图。

❹ **输入框**：用户可以在输入框中输入问题或指令，按【Enter】键或单击▶按钮发送问题或指令，WPS 灵犀将以对话的形式进行回复。此外，在进入对话状态后，用户可以根据需要直接单击输入框上方的 AI 功能进行使用。

1.2.5　WPS AI 网页版的页面布局

WPS AI 是金山办公与合作伙伴共同开发的 AI 工作助理，能够理解自然语言并生成对应的回复。WPS AI 可以在文字文档、表格、演示文稿及 PDF 中直接使用，提高用户的工作效率和生产力。在浏览器中进入 WPS AI 官网，其页面如图 1-10 所示。

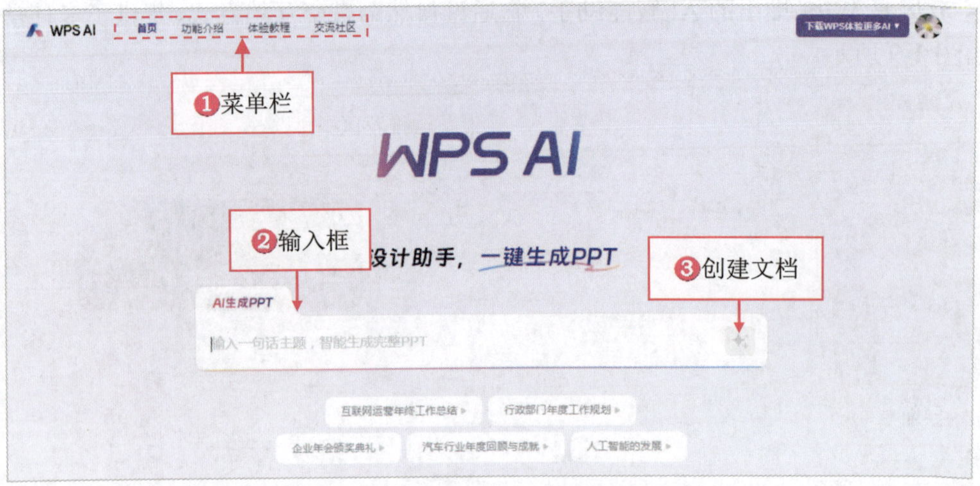

图 1-10　WPS AI 官网页面

WPS AI 的网页页面采用简洁明了的布局，下面对 WPS AI 页面中各主要功能进行相关讲解。

❶ **菜单栏**：位于页面顶部，包括“首页”“功能介绍”“体验教程”“交流社区”这 4 个菜单。单击相应的菜单标签，可以展开相应的功能，或打开相应的页面。例如，单击“功能介绍”菜单，在弹出的菜单列表中可以使用 WPS AI 的常用功能。

❷ **输入框**：在输入框中可以输入关键词或描述，向 WPS AI 提出问题、请求帮助、发起对话或下达指令，这是用户与 WPS AI 进行互动的主要方式之一。

❸ **创建文档**：在输入框中输入相关内容后，单击“创建文档”按钮，可以快速创建或生成用户想要的文档内容。

1.2.6　WPS App 的界面

WPS App 通过其丰富的功能，帮助用户更高效地处理文档、演示文稿等，可以提升用户的办公效率和创作体验。

打开 WPS App，即可进入“首页”界面，点击右下角的按钮，弹出相应面板，如图 1-11 所示。在其中新建相应的文件，可以使用 AI 功能提高办公效率。

下面对 WPS App 界面中的各主要功能进行深入讲解。

❶ **搜索框**：WPS App 中的搜索框功能非常强大且实用，搜索框主要支持在文档内进行关键字搜索、全文检索及云文档搜索等多种操作，为用户提供了便捷的体验，无论是查找文档内的关键字还是搜索云端保存的文档内容，都能轻松实现。

❷ **快速创作**：WPS App 通过整合常用工具到“快速创作”模块，使用户能够更快捷地找到并使用所需功能，包括“录音转文字”“拍照扫描”“从模板新建”和“AI 生成 PPT”等。

❸ **新建**：WPS App 为用户提供了便捷高效的文档创建和编辑体验，涵盖了文字处理、演示文稿、电子表格及 PDF 文档等多种类型，满足了用户在不同场景下的办公需求，用户可以根据办公需求自行选择文档的类型。

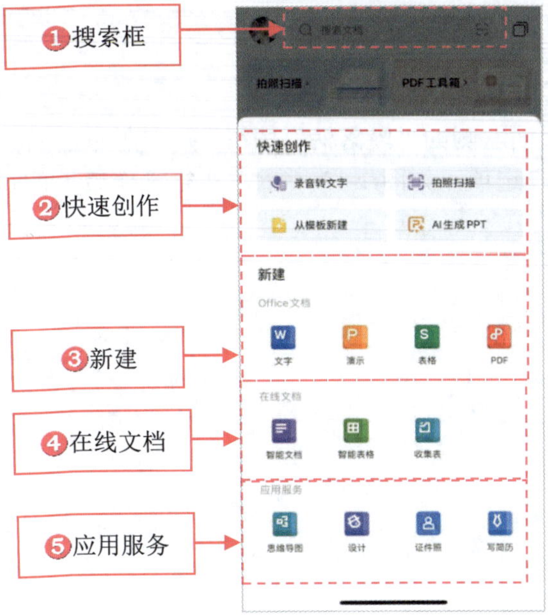

图 1-11 WPS App 界面

❹ **在线文档**：WPS App 中的在线文档功能非常全面，特别是智能文档、智能表格和收集表的引入，极大地提升了用户在移动办公中的效率和体验。

❺ **应用服务**：WPS App 的应用服务功能丰富多样，包含“思维导图”“设计”及“写简历”等应用，用户可以通过这些功能实现更高效、更便捷的办公体验。

1.3 WPS AI 的使用入口及其功能

WPS AI 的智能功能为用户提供了多种便捷的使用入口，使得用户可以根据具体需求快速访问各类助手和工具。本节将详细介绍不同的使用入口及其具体功能，帮助用户更好地利用 WPS AI 提升工作效率。

1.3.1 WPS AI 的写作助手

AI 写作助手是 WPS AI 中常用的 AI 助手之一，旨在帮助用户提高写作效率和质量。AI 写作助手为用户提供了“AI 帮我写”“AI 帮我改”和“AI 伴写”等功能。唤起 WPS AI 的 AI 写作助手后，用户可以输入初步的想法或大纲，AI 将自动扩展为完整的段落，并提供语法、拼写及风格建议。此外，写作助手还能够根据用户的需求，推荐合适的模板，帮助用户更快地完成各类文档，如报告、论文和商业提案等。

下面介绍唤起 AI 写作助手的几种方法。

1. 快捷键唤起

在 WPS 文字文档或 WPS 的其他文档中，连续按两次【Ctrl】键或单击“AI 帮我写”按钮，即可唤起 WPS AI，弹出输入框和列表框，如图 1-12 所示。该列表框中显示了 AI 写作助手提供的相关功能，例如“AI 帮我写”和“AI 帮我改”等。

2. 段落柄唤起

在 WPS 文字文档中，❶单击页面左侧的“段落柄”按钮⠿；❷在弹出的列表中显示了“AI 帮我改”相关功能；❸选择“更多”选项，如图 1-13 所示。执行操作后，即可唤起 WPS AI，弹出输入框和列表框。

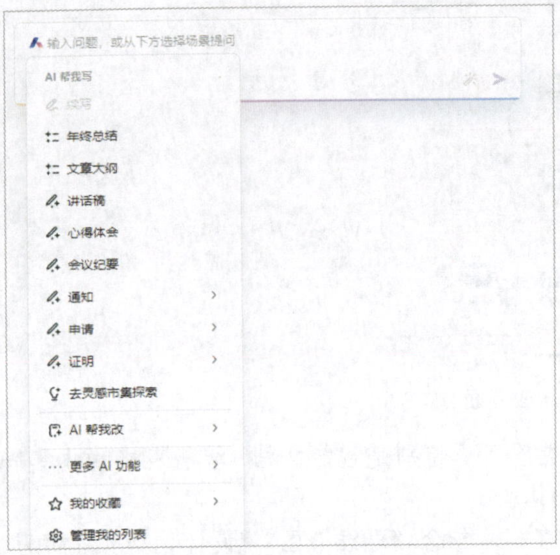

图 1-12 唤起 WPS AI 输入框和列表框

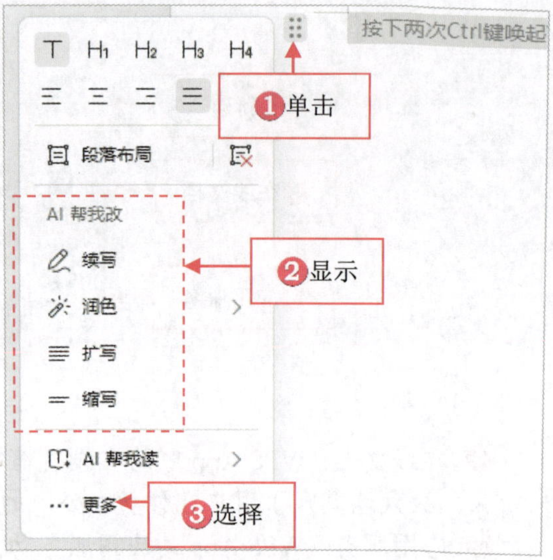

图 1-13 选择“更多”选项

3. 菜单栏唤起

在 WPS 文字文档的菜单栏中，单击“WPS AI”标签，即可弹出列表框，如图 1-14 所示，其中显示了“AI 写作助手”“AI 阅读助手”“AI 设计助手”和“AI 专业助手”所提供的相关功能。

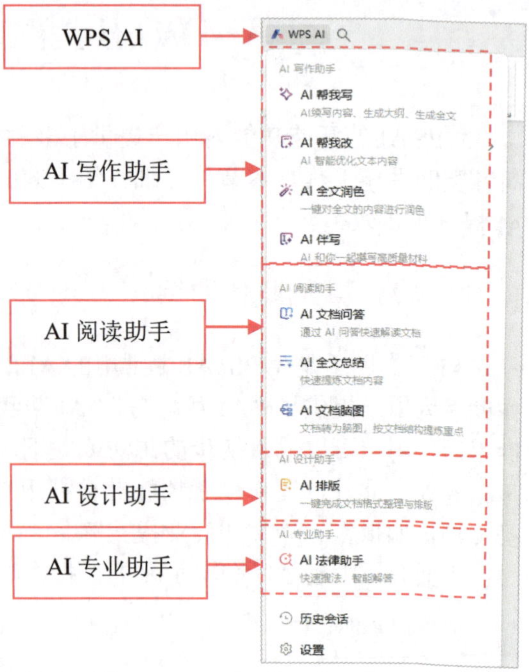

图 1-14 单击 WPS AI 标签

4．悬浮面板唤起

在 WPS 文档页面中，❶选择输入的文字，即可弹出一个设置文字的悬浮面板，❷在面板中单击按钮，可以唤起 WPS AI，弹出输入框和列表框；❸单击右侧的···按钮，弹出列表框，其中显示了“AI 写作助手”的几个相关功能；❹选择“唤起 WPS AI”选项，可以唤起 WPS AI，弹出输入框和列表框，如图 1-15 所示。此外，单击鼠标右键，会弹出悬浮面板，如图 1-16 所示。

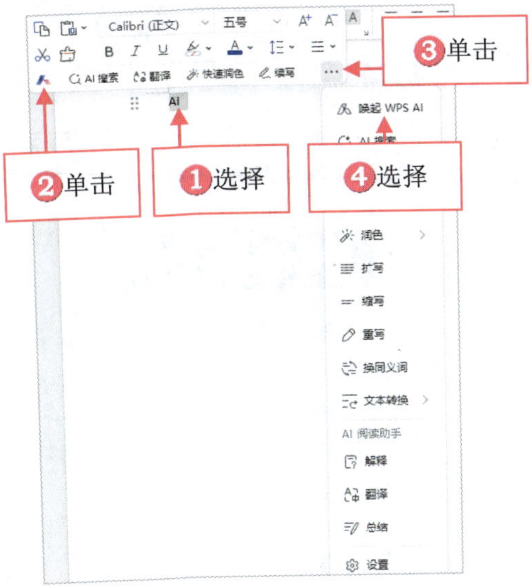

图 1-15　选择“唤起 WPS AI”选项

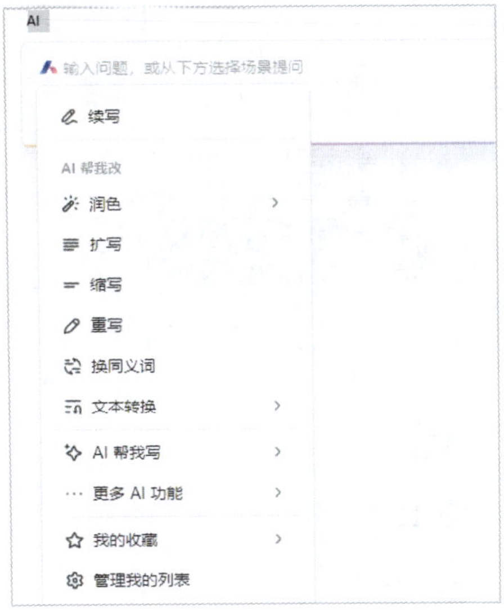

图 1-16　悬浮面板

5．单击按钮唤起

创建一个智能文档，在其中单击“WPS AI”按钮，如图 1-17 所示，即可唤起 WPS AI，弹出输入框和列表框。此外，❶单击“插入内容”按钮+，弹出相应输入框；❷选择“AI 帮我写”选项，如图 1-18 所示，也可唤起 WPS AI，弹出输入框和列表框。

图 1-17　单击“WPS AI”按钮

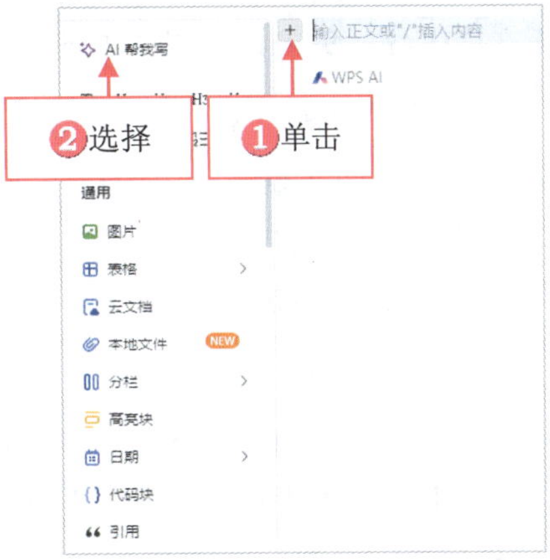

图 1-18　选择“AI 帮我写”选项

6．输入“/”唤起

在 WPS 智能文档中，❶输入“/”符号；❷在弹出的下拉列表框中选择“AI 帮我写”选项，如图 1-19 所示，即可唤起 WPS AI，弹出输入框和列表框。

7．功能区唤起

在 WPS 智能文档的功能区中，❶单击“WPS AI”按钮，可以弹出列表框，其中会显示 AI 写作助手的“AI 帮我写”和“AI 帮我改”功能；❷单击“插入”按钮；❸在弹出的下拉列表框中选择“AI 帮我写”选项，如图 1-20 所示，也可以唤起 WPS AI，弹出输入框和列表框。

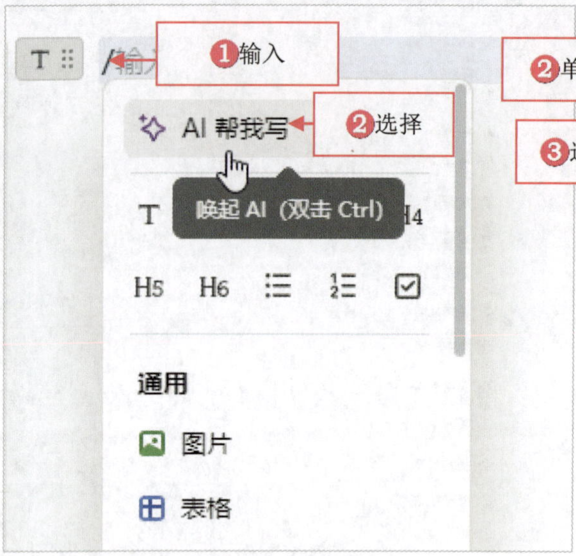

图 1-19　选择“AI 帮我写”选项（1）

图 1-20　选择“AI 帮我写”选项（2）

1.3.2　WPS AI 的阅读助手

AI 阅读助手具备两大主要功能，分别是“AI 文档问答”和“AI 全文总结”。使用“AI 文档问答”功能，可以让 AI 快速解读文章，为用户答疑解惑；使用“AI 全文总结”功能，能够快速提炼文档内容，免去长文阅读烦恼。AI 阅读助手共有 3 个使用入口，分别如下。

1．PDF 文档唤起

在 PDF 文档的菜单栏中，❶单击“WPS AI”标签，弹出列表框；❷其中显示了 AI 阅读助手提供的两大功能，如图 1-21 所示。选择相应选项，即可唤起 WPS AI，弹出相应面板，用户可以在面板中通过对话的方式向 AI 进行提问。

2．文字文档唤起

在 WPS 文字文档的菜单栏中，单击“WPS AI”标签，弹出列表框，其中便显示了 AI 阅读助手提供的相关功能（如图 1-14 所示）。

3．智能文档唤起

在 WPS 智能文档的菜单栏中，❶单击“WPS AI”标签，弹出列表框；❷其中显示了 AI 阅读助手提供的两大功能，如图 1-22 所示。

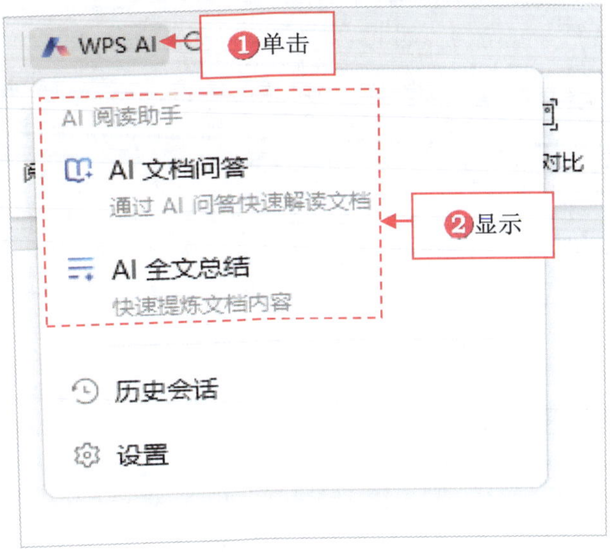

图 1-21　PDF 文档唤起

图 1-22　智能文档唤起

1.3.3　WPS AI 的数据助手

打开 WPS 表格，❶在菜单栏中单击“WPS AI”标签，弹出列表框；❷其中显示了 AI 数据助手提供的“AI 数据问答”“AI 写公式”和“AI 表格助手”功能，如图 1-23 所示。

图 1-23　唤起 AI 数据助手

使用“AI 写公式”功能，可以快速生成函数公式；使用“AI 表格助手”可以唤起 WPS AI，弹出 AI 表格助手面板，如图 1-24 所示。

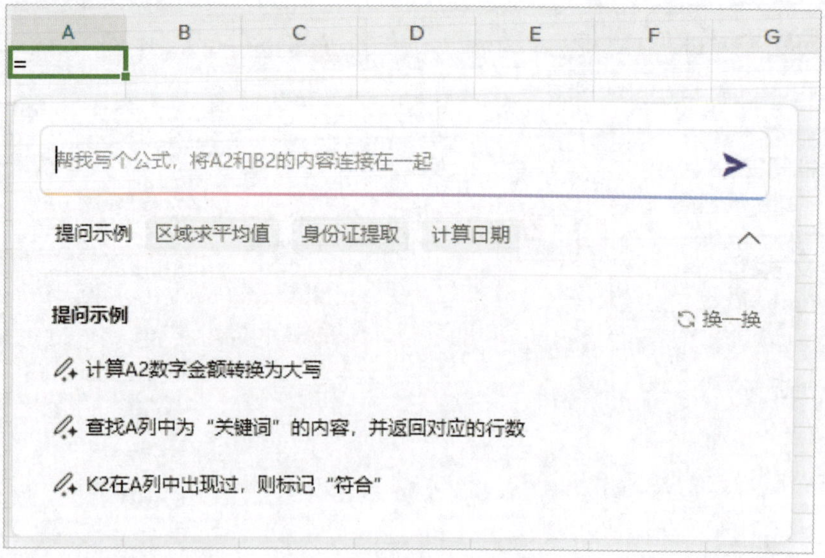

图 1-24　AI 表格助手面板

连续按两次【Ctrl】键，也可以弹出 AI 表格助手面板，该面板提供了“AI 数据问答”“AI 操作表格”“AI 批量生成”及“AI 快速建表”等功能。此外，用户也可以直接在输入框中输入相关指令，指导 AI 进行数据处理。

除了“AI 数据问答”“AI 写公式”和“AI 表格助手”功能外，用户还可以使用“AI 设计助手”提供的“AI 条件格式”功能对表格数据进行标记，标记后的数据单元格高亮显示在表格中。

❶在任意一个单元格中输入“=”符号；❷将弹出“AI 写公式”按钮，如图 1-25 所示。单击该按钮，将唤起 WPS AI。在弹出的输入框中输入计算指令或要求，AI 将根据指令或要求编写函数公式。

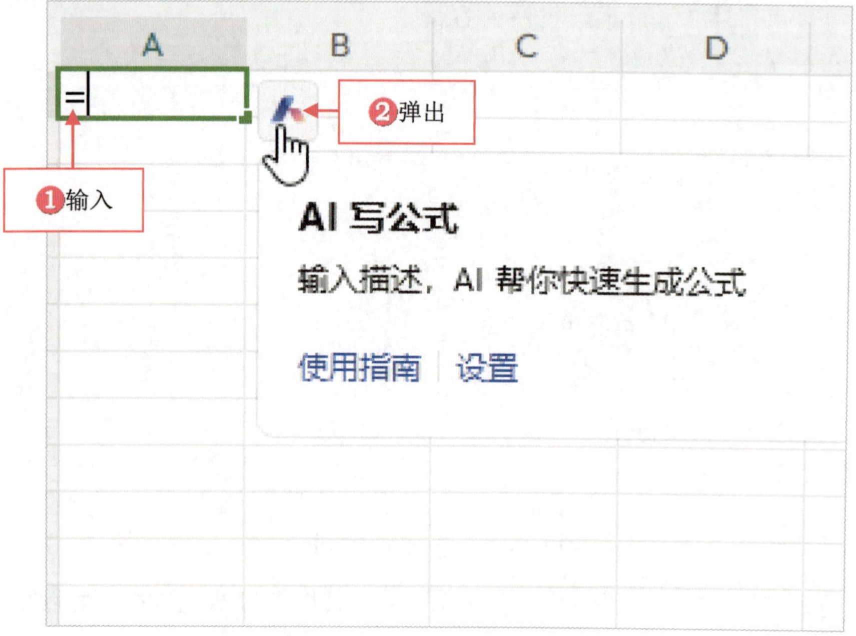

图 1-25　弹出“AI 写公式”按钮

▶ 专家指点

在智能表格中，AI 数据助手的使用入口与 WPS 表格基本相同，都可以通过单击菜单栏中的“WPS AI”标签唤起 WPS AI。

此外，在智能表格的“数据”功能区中，单击“AI 数据问答”按钮，也可以唤起 WPS AI，弹出“AI 数据问答”面板。

1.3.4　WPS AI 的设计助手

AI 设计助手有多个使用入口，且不同的使用入口，所显示的功能也有所区别。例如，在前文所述的 WPS 文档中，单击菜单栏中的“WPS AI”标签，弹出列表框，其中 AI 设计助手所提供的功能为“AI 排版”，旨在帮助用户一键整理与排版文档；在 WPS 表格中，AI 设计助手所提供的功能则为“AI 条件格式”，旨在帮助用户按条件标记数据，使数据高亮显示。

在 PPT 的制作过程中，AI 设计助手能够帮助用户快速生成专业、美观的演示文稿。在 WPS 演示文稿中，唤起 AI 设计助手的操作同样是单击菜单栏中的“WPS AI”标签，如图 1-26 所示。在弹出的列表框中显示了“AI 生成 PPT”功能和 AI 设计助手提供的“AI 生成单页/多页”“AI 生成图片”功能，以及 AI 写作助手提供的“AI 帮我写”和“AI 帮我改”功能。

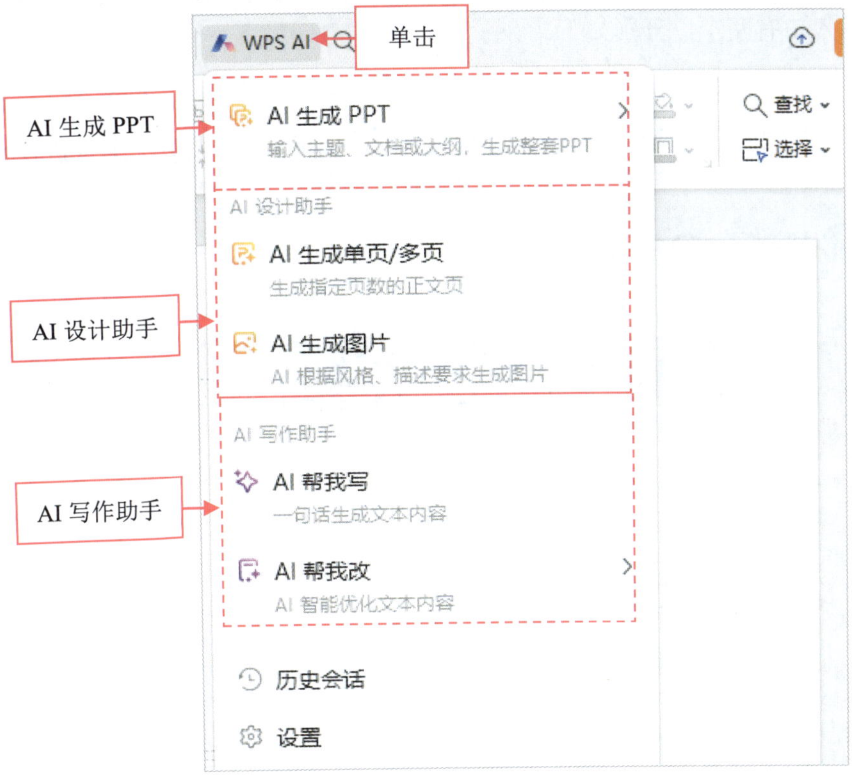

图 1-26　唤起 AI 设计助手

此外，❶选择幻灯片中的文本框；连续按两次【Ctrl】键，也可以快速唤起 WPS AI，❷弹出输入框，进入“主题生成”模式，如图 1-27 所示，用户只需要在文本框中输入对应的主题、字数和风格，AI 即可快速生成 PPT 内容。

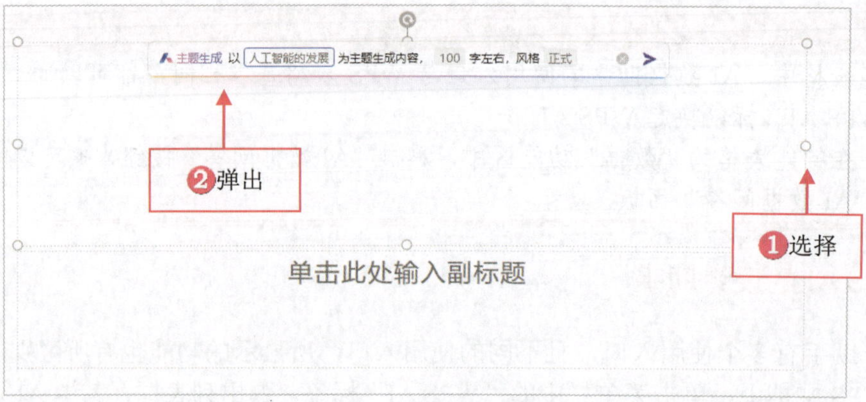

图 1-27 “主题生成”模式

1.3.5 WPS AI 的灵犀助手

AI 灵犀助手指的是 WPS 灵犀，WPS 灵犀为 AI 集成化应用，能够提供个性化的办公支持，为用户提供了强大的信息处理和内容生成能力。通过先进的自然语言处理和机器学习技术，WPS 灵犀能够理解用户的需求，快速生成用户需要的内容，使得用户在办公过程中更加高效和便捷。

WPS 灵犀的使用入口有两个，分别如下。

1. 电脑版唤起

打开 WPS，在首页左侧的导航栏中，单击“灵犀”按钮，如图 1-28 所示，即可进入“WPS 灵犀”界面。

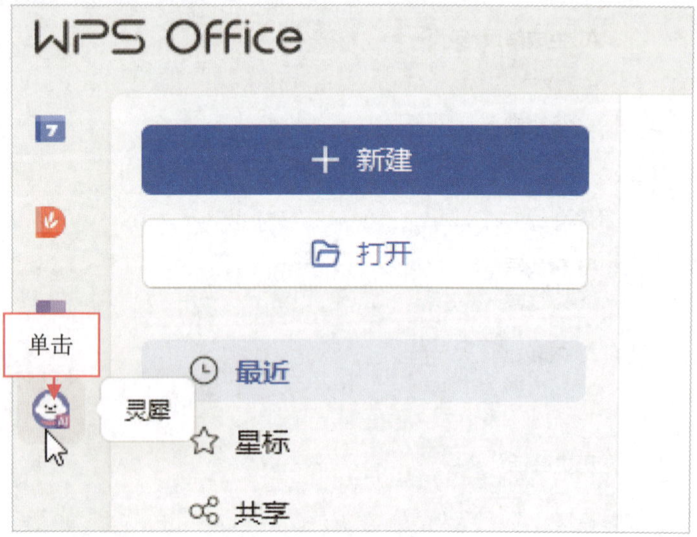

图 1-28 单击“灵犀”按钮

2. 网页版唤起

❶在浏览器中搜索“WPS 灵犀”；❷单击“WPS 灵犀”网页链接，如图 1-29 所示，即可进入“WPS 灵犀”页面。

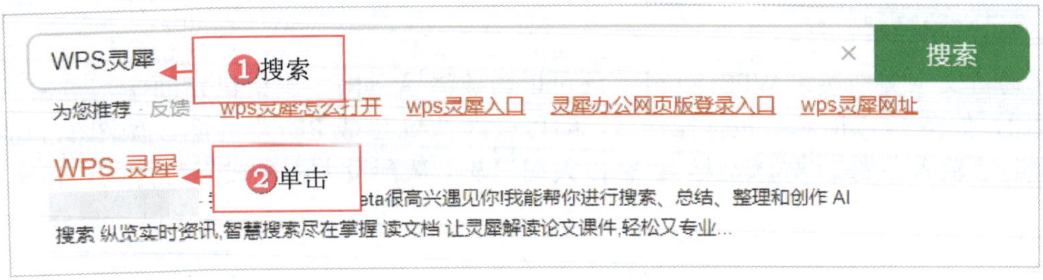

图 1-29　单击“WPS 灵犀”网页链接

1.3.6　WPS AI 的手机助手

WPS App 同样具备强大的 AI 助手功能，特别是在 WPS 文字文档中，WPS AI 提供了与电脑版类似的功能，包括“AI 帮我写”“AI 帮我改”和“AI 生成 PPT”等。下面介绍唤起 AI 手机助手的方法。

1. 文字文档唤起

打开 WPS App，新建文字文档，即可进入相应界面，点击“智能创建”按钮，如图 1-30 所示，可以快速创建一个文字文档并唤起 WPS AI，弹出“AI 帮我写”列表框。

此外，在新建界面中，点击“空白文档”按钮，新建一个空白的文字文档，点击工具栏中的按钮，如图 1-31 所示。执行操作后，即可唤起 WPS AI，弹出“AI 帮我写”列表框，如图 1-32 所示。

图 1-30　点击“智能创建”按钮

图 1-31　点击按钮

图 1-32　“AI 帮我写”列表框

滑动“AI 帮我写”列表框，还可以找到“AI 帮我改”“去灵感市集探索”及“更多 AI 功能”等选项，用户可以根据需要进行使用。此外，用户还可以直接在输入框中输入需求或指令，让 AI 直接生成内容。

2. 演示文稿唤起

除了通过文字文档唤起 WPS AI 外，还可以新建演示文稿。在新建界面中，点击“AI 生成 PPT”按钮，如图 1-33 所示。执行操作后，即可进入“AI 生成 PPT”界面，如图 1-34 所示。用户可以通过“输入主题”“导入文档”“空白大纲”及“从预设大纲生成”等方式，让 AI 一键生成 PPT。

图 1-33　点击“AI 生成 PPT”按钮

图 1-34　“AI 生成 PPT”界面

本章小结

本章主要讲述了 WPS AI 智能办公助手的相关基础知识。首先介绍了 WPS AI 的基本概念，阐述了从传统办公到智能办公的演变过程，强调了这一转变带来的诸多优势，详细探讨了 WPS AI 的具体应用场景；其次介绍了 WPS 软件安装与工作界面，展示了 WPS 各类界面的功能特点；最后介绍了 WPS AI 的互动入口，包括唤起不同的智能助手，为用户提供便捷的操作方式，帮助其在日常工作中充分发挥 WPS AI 的智能优势。通过本章的学习，读者能够全面理解 WPS AI 的功能和应用，可以为后续深入使用打下坚实的基础。

课后实训

课后实训

鉴于本章知识的重要性，为了更好地掌握所学知识，将通过课后实训帮助读者进行简单的知识回顾和补充。

实训任务： 打开 WPS 文字文档，用连续按两次【Ctrl】键的方式唤起 WPS AI，生成一份会议纪要，相关操作如下。

Step 01 在 WPS 文字文档中，连续按两次【Ctrl】键，唤起 WPS AI 弹出输入框和列表框，在列表框中选择“会议纪要”选项，如图 1-35 所示。

图 1-35　选择“会议纪要”选项

Step 02 执行操作后，进入“会议纪要”模式，并自动在输入框中填入指令模板，如图 1-36 所示。

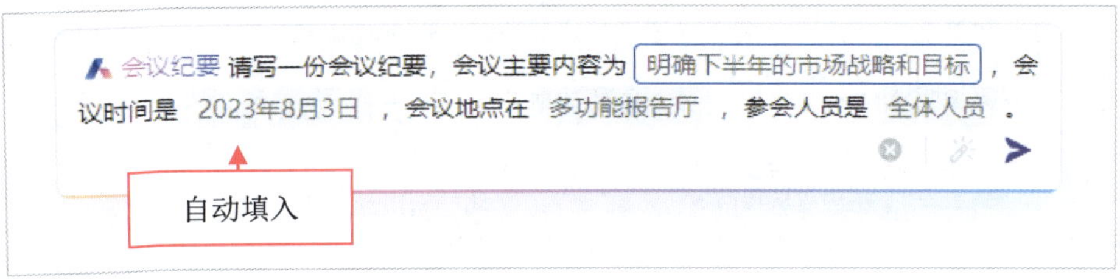

图 1-36　自动填入指令模板

Step 03 根据需要修改指令文本框中的内容，单击发送按钮➤，发送指令，稍等片刻即可获得 AI 生成的会议纪要。案例指令及回复内容如下。

提问

请写一份会议纪要，会议主要内容为[明确下半年的市场战略和目标]，会议时间是[2025 年 8 月 3 日]，会议地点在[多功能报告厅]，参会人员是[全体人员]。

WPS AI

会议纪要

会议名称：下半年市场战略和目标明确会议

会议时间：2025 年 8 月 3 日

会议地点：多功能报告厅

主持人：张三

参会人员：全体人员

会议主要内容

市场分析：对当前市场趋势进行深入分析，识别潜在机会和挑战。

目标设定：明确下半年的销售目标和市场占有率目标。

策略部署：讨论并确定下半年的市场推广策略和产品定位。

资源分配：根据战略需要，合理分配市场推广和销售资源。

风险评估：分析可能面临的风险，并制定相应的应对措施。

会议决定

决定采用多渠道营销策略，包括线上推广和线下活动。

确定了重点市场和目标客户群，以便更精准地进行市场定位。

同意增加研发投资，以确保产品竞争力。

决定建立市场反馈机制，快速响应市场变化。

任务计划

任务一：在接下来的一个月内，完成市场推广计划的制定和审批流程。

任务二：在第三季度末前，完成对重点市场的调研和分析报告。

任务三：在第四季度初，根据市场反馈调整产品策略。

任务四：确保在年底前，所有销售团队完成销售目标的 80%。

第 2 章

WPS AI 指令的优化与应用

在快速发展的人工智能时代，要让 AI 生成令人满意的内容，掌握编写指令的技巧至关重要。本章将讲述 10 个实用的指令编写技巧，旨在帮助读者更有效地与 AI 进行互动，从而激发创意并提升工作效率。此外，还将带领读者在 WPS 的灵感市集中，探索不同场景下指令模板的应用，以进一步增强学习效果。

本章重点

- 掌握 WPS AI 优化指令的方法
- 熟悉 WPS AI 的实际工作应用

素质目标

- 培养读者掌握 AI 指令编写技巧的实操能力
- 提升读者在多样化工作场景中运用 AI 指令的迁移能力

2.1 WPS AI 优化指令的方法

为了提高指令的有效性和准确性，掌握一些实用的指令编写技巧是非常有必要的。本节将介绍 10 个优化指令的方法，以帮助用户更好地与 AI 互动，让 AI 能够更好地理解用户的指令，提供更加个性化和精准的服务。

2.1.1 核心目标明确法

用户在输入指令之前，首先要明确指令的核心目标与意图，即清晰地表达希望 AI 完成的任务或达成的结果，有助于避免误解。

例如，“生成一篇关于可持续发展的文章”比“写一篇文章”要明确得多。想要让 WPS AI 生成一篇关于某个主题的文章，就要明确文章的主题、字数及写作风格等要求。案例指令及回复内容如下。

提问

以“无人机技术的应用”为主题，撰写一篇介绍文章，要求：不超过 500 字，写作风格应结合专业知识与生动案例，使内容既易于理解又引人入胜

WPS AI

标题：天空中的新使者：无人机技术的应用

在现代科技的浪潮中，无人机技术以其独特的优势和广泛的应用领域，成为人们关注的焦点。

无人机，或称无人驾驶航空器（unmanned aerial vehicle，UAV），在军事、民用多个领域发挥着重要作用。

在民用领域，无人机技术同样展现出惊人的潜力。农业领域就是一个典型的例子。无人机可以搭载高清摄像头和多光谱传感器，对农田进行精确的监测，帮助农民及时发现病虫害，优化灌溉和施肥计划，从而提高作物产量和质量。

在灾难救援中，无人机也扮演着重要角色。例如，在 2015 年尼泊尔地震后，无人机被用于评估受灾区域、寻找幸存者，以及为救援队伍提供实时的地形和建筑破坏情况。它们的灵活性和机动性使得救援工作更加迅速和高效。

此外，无人机在摄影和电影制作中也开辟了新的视角。它们能够捕捉到传统摄影机难以企及的空中镜头，为观众带来前所未有的视觉体验。在体育赛事中，无人机拍摄的镜头也给观众带来了全新的观赛体验。

当然，随着无人机技术的普及，其安全和隐私问题也日益受到关注。各国政府正在制定相关法规，以确保无人机的合理使用，防止滥用带来的风险。

综上所述，无人机技术的应用正逐步改变我们的世界。从民用到军用，从农业到娱乐，无人机正成为天空中的新使者，为人类社会带来无限可能。

……

指令编写技巧：清晰、具体且详细的指令是 AI 生成高质量内容的关键。指令需准确无歧义，用专业术语描述特征，全面覆盖主题要点。这样做能引导 AI 精准捕捉用户意图，减少错误偏差，确保生成内容满足需求。在利用 AI 生成内容时，注重指令的制定和优化，发挥 AI 技术潜力，提供优质、高效的内容生成服务，是提升内容质量和用户体验的有效途径。

2.1.2 启发性信息指令法

在设计指令内容时，要追求质量而非数量，尽可能提供详细、准确、具有启发性的信息，以激发 AI 的创造力。同时，还要避免提供过多的限制性信息，给 AI 留下一定的自由发挥空间。案例指令及回复内容如下。

提问

设计一段关于城市绿化带的文案，要求详细阐述技术优势，并留出空间让 AI 自由发挥，提出至少 3 个创新和设计方面的建议。

WPS AI

【绿意盎然，未来城市之肺】

在繁忙都市的喧嚣中，我们致力于打造一片宁静的绿洲。我们的城市绿化带不仅美化了城市环境，更提升了居民的生活质量。以下是我们的技术优势。

1.智能灌溉系统：采用先进的土壤湿度传感器和天气预测算法，确保植物得到恰到好处的水分，既节约水资源，又保证植物健康生长。

2.生态多样性设计：我们精心挑选本地植物种类，构建一个生态平衡的绿色空间，吸引各种鸟类和昆虫，促进生物多样性。

3.可持续材料使用：在建设过程中，我们使用可回收材料和环保建材，减少对环境的影响，同时确保结构的耐久性和安全性。

现在，我们邀请 AI 来发挥创意，提出至少 3 个创新和设计方面的建议。

1.AI 智能植物监测：利用 AI 图像识别技术，实时监测植物的生长状况和健康水平，及时发现病虫害并采取措施。

2.互动式市民参与平台：开发一个应用程序，让市民可以参与到绿化带的规划和维护中来，比如通过投票选择植物种类，或参与定期的植树活动。

3.绿色能源集成：在绿化带中集成太阳能板和风力发电设备，将绿色空间转变为能源生产地，实现能源自给自足，同时为城市提供可再生能源。让我们携手共创一个更加绿色、智能、和谐的未来城市。

▶ 专家指点

提供详细的信息对于 AI 生成符合用户需求的内容来说至关重要。AI 系统依赖于对输入信息的深入分析和理解来构建其生成的输出。当用户提供的指令或数据足够详细时，AI 系统能够更好地把握用户的期望和偏好，从而生成更加贴合用户需求的内容。

指令编写技巧：提供足够的信息和要求（详细阐述技术优势），鼓励 AI 产生有深度的创意。通过“让 AI 自由发挥”来避免限制性信息，从而激发 AI 的创造力，促使其提出新颖的应用场景。最后，要求至少提供 3 个创新和设计方面的建议，使指令更具针对性和可操作性。

2.1.3 自然语言的表达方法

自然语言是指人们日常使用的语言，包括口语和书面语。与计算机语言不同，自然语言是人们用来表述问题或需求的方式，几乎所有人都能轻松理解；而计算机语言则是人们为了与计算机进行交互而设计的特定语言，一般人是无法理解的。

在与 AI 对话的过程中，用户要尽量使用自然语言来编写指令，避免使用过于复杂或专业的语言，可以让 AI 更好地理解用户的需求，并生成自然、流畅的回答。案例指令及回复内容如下。

提问

请帮我写 10 条有吸引力的商品标题文案，商品为[食品托盘]

WPS AI

1.美味随行，食品托盘——您的餐桌新伙伴！

2.整洁美食，一盘搞定——多功能食品托盘！

3.创意生活，品味升级——时尚食品托盘，尽显格调！

4.轻松携带，美味不散——便携式食品托盘，旅途必备！

5.环保材质，健康生活——优质食品托盘，守护您的每一餐！

6.创意设计，美食盛宴——个性食品托盘，让用餐更有趣！

7.整洁有序，美味随手可得——家用食品托盘，厨房好帮手！

8.时尚简约，美观实用——现代食品托盘，提升用餐体验！

9.轻松分餐，健康生活——分隔式食品托盘，家庭聚餐新选择！

10.创意生活，品味升级——多功能食品托盘，让您的餐桌更精彩！

指令编写技巧：这个指令通过自然语言的方式，呈现了明确的任务指示、具体的商品限定、开放的创意激发、简洁的结构设计及良好的适应性和灵活性，有效地增强了 AI 对任务的理解力，从而提高了生成内容的质量和效率。用户输入的指令内容可以简洁明了，避免使用过多的词汇或语句，过多的修饰反而会让 AI 抓不住重点，从而影响它生成内容的质量。

2.1.4 示例引导创意法

用户在指令中可以给 AI 提供一些示例和引导，从而激发 AI 的创意。例如，用户可以提供相关的话题、关键词或短语，或者描述一个场景、故事，以便 AI 能够准确捕捉意图并生成符合要求的内容。案例指令及回复内容如下。

提问

请生成一段关于[生态环境保护]的文章，关键词包括[“双碳”目标、绿化、环境保护]，并描述一个成功的案例，激励其他城市效仿。

WPS AI

在当今全球面临气候变化和环境恶化的双重挑战下，生态环境保护显得尤为重要。中国政府提出了“双碳”目标，即力争在 2030 年前实现碳达峰，2060 年前实现碳中和。这一目标不仅体现了中国在全球环境保护中的责任担当，也为各地区和城市指明了绿色发展的方向。绿化作为环境保护的重要组成部分，对于改善空气质量、调节气候、保护生物多样性等方面具有不可替代的作用。通过大规模植树造林、城市绿化带建设、湿地恢复等措施，可以有效提升城市的生态环境质量，为实现“双碳”目标奠定坚实基础。

环境保护不仅需要政府的引导和政策支持，更需要全社会的共同参与。一个成功的案例是深圳市的生态环境保护工作。深圳市通过实施“绿色低碳发展”战略，大力推进绿化工程和环境保护的措施，取得了显著成效。

首先，深圳市在城市绿化方面做出了巨大努力。全市大力推进公园建设，打造了大量城市绿地和生态公园，有效提升了城市的绿化覆盖率。同时，深圳市还实施了屋顶绿化和立体绿化项目，充分利用城市空间，增加绿色植被面积。

其次，深圳市在环境保护方面采取了一系列有力措施。例如，大力推广新能源汽车，减少机动车尾气排放；加强工业污染治理，推动企业采用清洁生产技术；实施垃圾分类和资源化利用，减少垃圾对环境的影响。

这些措施的实施使得深圳市的空气质量得到明显改善，碳排放得到有效控制，生态环境质量显著提升。

……

指令编写技巧：编写此指令时，应提供明确的示例、关键词或场景描述，以便 AI 准确理解意图并生成创意内容。通过具体的引导，激发 AI 的创造性输出。用户可以参考指令结构进行编写：请根据以下示例或关键词生成创意内容，示例或关键词包括“话题/关键词/短语”，也可以根据以下场景或故事进行创作“场景或故事描述”，内容应符合这些引导，并展现出创造性。

2.1.5　问题精准导向法

用户可以采用问问题的形式，提出希望 AI 回答或讨论的内容，例如“什么是新媒体运营及其应用领域”。注意，问题要明确具体，不要太宽泛，避免像“告诉我关于新媒体运营的全部内容”这样过于开放式的问题。另外，用户还可以使用“如何”“为什么”“什么”等提问词来构建指令。案例指令及回复内容如下。

提问

什么是“人工智能”，它如何改善人们的生活质量？请提供 3 个实际应用示例进行说明。

WPS AI

人工智能是一种模拟人类智能行为和思维的技术，通过机器学习、深度学习、自然语言处理等技术手段，计算机系统能够执行复杂的任务，如理解语言、识别图像、做出决策等。它正在深刻改变着人们的生活方式，提升了生活质量。

以下是 3 个实际应用示例:

一、智能家居

通过物联网技术，人工智能将家中的各种设备连接起来，实现了远程控制和智能化管理。用户可以根据自己的生活习惯和需求，设置个性化的场景模式，如“离家模式”和“回家模式”。在“离家模式”下，系统会自动关闭不必要的电器并启动安防系统;而在“回家模式”下，系统则会提前开启空调、灯光等设备，营造温馨舒适的氛围。这种智能化的家居系统不仅提升了生活的便利性，还实现了节能减排，提供了绿色生活。

二、智能医疗

人工智能在医疗领域的应用同样广泛。通过人工智能技术，医疗服务变得更加便捷和高效。例如，远程医疗咨询平台让人们无须出门即可获得专业医生的诊断和建议。

……

指令编写技巧：通过使用“什么”和“如何”等明确提问词，聚焦具体方面，确保指令具有针对性，以引导 AI 生成详细且深入的分析内容。

2.1.6　细节丰富的指令法

详细的指令会促使 AI 生成更全面和具体的内容。用户在指令中提供具体、详细的细节和信息，可以帮助 AI 更全面地理解任务要求，从而生成更准确、具体的回复。案例指令及回复内容如下。

提问

为学校的户外运动制定一个策划方案，包括主题、时间、预算、场地选择等细节。

WPS AI

策划方案：春季阳光运动会

主题

“活力春日，运动同行”春季阳光运动会

时间

2025 年 5 月 15 日(星期日)上午 9：00 至下午 4：00

预算

总预算：15 000 元

场地租赁费：3 000 元

运动器材及设备：2 000 元

奖品及证书：2 500 元

宣传费用：1 500 元

食品及饮料：3 000 元

医疗及安全设备：1 000 元

志愿者及工作人员费用：2 000 元

场地选择

主场地：市立体育公园

备选场地：学校操场及周边空地

活动流程

上午

9：00 至 9：30 开幕式及运动员入场

……

通过以上策划方案，我们希望为全校师生提供一个充满活力与乐趣的春季运动会，促进校园体育活动的开展，增强学生体质，培养团队精神。

指令编写技巧：通过明确列出策划方案的各个要素（如主题、时间、预算、场地选择），用户为 AI 提供了清晰的框架和方向。这种细节丰富的指令有助于 AI 生成更具针对性和实用性的内容，避免模糊和广泛的回复。此外，明确的要求可以减少反复修订的过程，提高工作效率，使最终输出更符合用户期望。通过细致的指令，用户能够引导 AI 深入探索特定主题，产生创新和实用的方案。

2.1.7　指定格式输出法

用户可以明确指定 AI 输出的格式要求，例如以列表形式回复、限定字数长度等，以便得到更精准的回复。案例指令及回复内容如下。

提问

请列出 10 个关于 AI 生图的文章标题，要求标题包含数字并用问句格式生成，例如：如何用 AI 文生图？1 分钟教会你！

WPS AI

1.5 分钟学会：如何用 AI 文生图？

2.10 个步骤教你用 AI 生图，效果惊人！

3.AI 生图技巧大揭秘：3 个简单方法！

4.你试过用 AI 生图吗?7 个理由告诉你为什么应该尝试！

5.AI 生图教程：如何在 2 分钟内创造艺术作品！

6.用 AI 生图，如何实现 100%原创设计？

7.AI 生图新手指南：5 个常见问题解答！

8.8 个 AI 生图技巧，让你的作品脱颖而出！

9.AI 生图：如何用 10 个步骤打造完美图像？

10.用 AI 生图，如何快速制作个性化头像？

指令编写技巧：这个指令展现了高度的条理性和规范性。首先，通过“10 个关于 AI 生图的文章标题”的指令，明确了内容的范围和数量要求。其次，要求 AI 采用“数字 + 问句”的格式生成标题，进一步强化了标题的结构统一性，使标题符合预设的格式要求。此外，这种明确的格式指令有助于提高生成内容的可读性和规范性，使 AI 能够按照预期风格和形式呈现符合标准的输出。

2.1.8 上下文连贯逻辑法

用户可以在指令中提供足够的上下文信息，以便 AI 能够理解用户的意图，并生成准确且具有一致性和逻辑性的内容。案例指令及回复内容如下。

提问

请帮我撰写一篇旅游风景文案，需包含以下信息。

标题：都市天际线背后的自然故事。

开头：夜幕下，都市天际线与星辰争辉。

高潮：有一种时空交错之感，引人无限遐想。

要求：语言通顺、感情真挚，字数控制在 300 字左右。

WPS AI

标题：都市天际线背后的自然故事

开头：夜幕下，都市天际线与星辰争辉。霓虹灯的闪烁与夜空的繁星交织出一幅现代与自然和谐共存的画卷。在这座城市的高楼大厦之间，我们仿佛能听到时间的低语，感受到历史的脉动。

高潮：站在城市的高处，有一种时空交错之感，引人无限遐想。高楼的轮廓在夜色中勾勒出一道道锐利的线条，而远处的山峦则以柔和的曲线回应。在这都市的天际线背后，是大自然的宁静与深邃。河流如银带般蜿蜒流淌，树木在微风中轻轻摇曳，仿佛在诉说着古老的故事。

每一次仰望星空，都像是在与遥远的宇宙对话，探寻着人类与自然之间永恒的联系。

在这座城市的喧嚣与宁静之间，我们找到了一种平衡。都市的天际线不仅代表着人类文明的成就，更是自然故事的一部分。让我们在这灯火辉煌的夜晚，一同感受都市天际线背后的自然之美，体验那份属于夜晚的宁静与神秘。

指令编写技巧：编写此指令时，需提供足够的上下文信息，如标题、开头和高潮部分，确保结构清晰。同时，指令应包括风格和情感的指引（如“语言通顺、感情真挚”），以及字数限制，确保 AI 输出符合预期的格式和风格要求。

2.1.9　肯定句激发积极回应法

在指令中使用肯定句，可以最大限度地激发 AI 积极回应，提高指令的有效性，从而让 AI 生成更符合要求的结果。案例指令及回复内容如下。

提问

你是一个专业的摄影师，对摄影方面都非常了解，请根据我的需求为我推荐几项运动项目展示摄影技能。我的需求：高质量的摄影设备、技能能力和市场推广以满足多样化的拍摄项目和客户服务。

WPS AI

基于您对高质量摄影设备、技能能力和市场推广的需求，我推荐以下几项运动项目，这些项目不仅适合展示摄影技能，也具有较高的市场推广潜力：

一、足球比赛摄影

足球比赛场地大，对器材要求高，特别是长焦镜头和大光圈镜头，能够捕捉到运动员的精彩瞬间。同时，足球比赛的全球影响力和观众基础广泛，是展示摄影技能和进行市场推广的理想平台。

推荐摄影设备：佳能 1Dx 系列或尼康 D4 系列相机，搭配 400 mm F/2.8 或 70 ~ 200 mm 长焦镜头。

二、篮球比赛摄影

篮球比赛场地相对较小，但运动员动作迅速，需要摄影师具备快速对焦和捕捉动态画面的能力。此外，篮球比赛同样拥有庞大的观众群体，适合进行市场推广。

推荐摄影设备：佳能 90D 或尼康 D7100 系列相机，搭配 70 ~ 200 mm 长焦镜头。

三、网球比赛摄影

网球比赛场地适中，运动员动作优雅且速度快，需要摄影师具备精准的对焦和构图能力。网球比赛同样具有广泛的观众基础，适合进行摄影作品展示和市场推广。

推荐摄影设备：佳能 EOS-1Dx 系列或尼康 D5 系列相机，搭配 70 ~ 200 mm 或 300 mm 长焦镜头。

除了上述推荐的运动项目外，您还可以考虑拍摄其他具有市场潜力的体育赛事，如田径、游泳、体操等。这些赛事同样需要高质量的摄影设备和专业的摄影技能来捕捉运动员的精彩瞬间。

在技能能力方面，建议您不断提升自己的摄影技巧，包括对焦、曝光、构图等方面。同时，需要熟悉不同运动项目的规则和特点，以便更好地捕捉运动员的动作和表情。

……

▶ 专家指点

肯定句的表达方式往往带有一种明确的指示性，类似于给 AI 发出命令，要求其生成符合用户特定需求的内容。这种指令性的语言结构，使得 AI 能够清晰地理解用户的意图，并据此生成满足用户需求的结果。通过明确、具体的肯定句，用户可以有效地指导 AI 进行创作或执行任务，确保最终输出的内容既贴合需求又符合预期。

指令编写技巧：这条指令通过肯定句开头“你是一个专业的摄影师”，明确了 AI 的角色，增强了回应的积极性。具体描述需求“高质量的摄影设备、技能能力”让指令更具针对性，同时“市场推广以满足多样化的拍摄项目和客户服务”给予了创作灵活性。

2.1.10 角色模拟增强代入感法

用户可以假设一个角色的身份并提出问题，这样可以为 AI 提供更明确的情境。需要注意的是，角色设置要具体和明确，如学生、医生和客户等，避免过于泛泛的角色设置。同时，背景情境要尽量描述充分，帮助 AI 更好地理解该角色的视角。

另外角色的请求要尽量用第一人称表达，增加代入感和逼真度。案例指令及回复内容如下。

提问

作为一名司机，我希望学习如何在日常生活中保持健康的饮食习惯和生活作息。请从我的视角出发，分享一些营养餐建议和作息时间建议。

WPS AI

作为司机，保持健康的饮食习惯和生活作息对于你的身心健康和驾驶安全都至关重要。以下是一些建议，希望能帮助你建立健康的生活方式。

营养餐建议

早餐：建议你在早上 7 点左右吃早餐。选择富含蛋白质和碳水化合物的食物，如全麦面包搭配煎蛋和牛奶，或者燕麦粥搭配坚果和水果。这样的早餐能提供充足的能量，让你在上午保持精力充沛。

午餐：中午 12 点半左右，选择一份丰盛的午餐，包含主食、蔬菜和肉类。主食可以选择糙米饭或全麦面条，搭配一份绿叶蔬菜和肉类（瘦肉或鱼肉）。这样的午餐营养均衡，能为你下午的驾驶提供足够的能量。

晚餐：晚上 6 点到 7 点之间吃晚餐，选择清淡易消化的食物，如蔬菜沙拉搭配瘦肉或豆腐，或者一份小米粥搭配蔬菜。晚餐不宜过饱，以免影响睡眠。

加餐：如果你在上午或下午感到饥饿，可以选择一些健康的小零食，如水果、坚果或酸奶。这些零食能为你提供额外的能量，同时不会增加过多的热量。

作息时间

早上：建议你在早上 6 点到 7 点之间起床，进行简单的晨练，如散步或慢跑，以提高身体活力。之后，你可以享受一份营养的早餐，为一天的工作做好准备。

中午：中午 1 点左右，你可以安排一段短暂的午休时间，大约半小时到一小时，以恢复体力和精神。

……

指令编写技巧：通过“作为一名忙碌的司机”清晰地设定了角色和背景，使 AI 能够准确理解用户的背景和需求。使用第一人称“我希望学习如何……”增强代入感，提供个人色彩。具体需求“保持健康的饮食习惯和生活作息”指向明确，便于 AI 生成相关建议。同时，提及角色的忙碌状态，有助于 AI 理解实际情况，提供切合的建议，从而提高内容的相关性和实用性。

2.2　WPS AI 的实际工作应用

在 WPS 中，AI 为用户提供了灵感市集指令模板，包含了多个不同的场景，例如教案设计、邀请函、心得体会、转正总结、高考作文、发言素材及工作周报等。当用户没有创作灵感，或者不知道如何编写指令时，即可在灵感市集使用这些指令模板，这些模板不仅为用户提供了便利，还能帮助用户在工作过程中提升效率。本节将主要介绍灵感市集场景指令，为创作注入新的灵感。

2.2.1　教案的设计

教案的设计

灵感市集的教案计划场景指令是 WPS AI 专为教师设计的指令，它能高效生成教案文档。这不仅提升了创作效率，更保证了教案设计的质量。尽管 WPS AI 也擅长其他文档类型，但此刻，让用户专注于教案设计，看 WPS AI 如何助力教育创新。下面以生成教案设计为例介绍具体的操作方法。

Step 01 打开 WPS，单击“新建”按钮，如图 2-1 所示，在弹出的“新建”面板中，单击“文字”按钮。

Step 02 执行操作后，即可新建一个空白文档，连续按两次【Ctrl】键，唤起 WPS AI，在输入框下方的列表框中，选择“去灵感市集探索”选项，如图 2-2 所示。

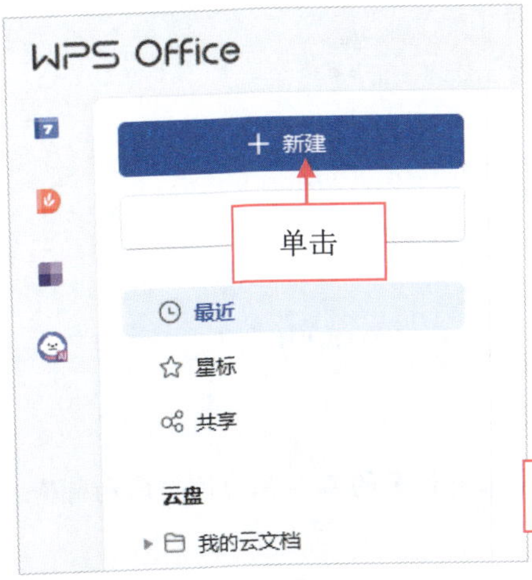

图 2-1　单击“新建”按钮

图 2-2　选择“去灵感市集探索”选项

Step 03 弹出“灵感市集”面板，其中显示了职场办公、教育教学、人资行政、法律合同、社交媒体、写作创作及营销策划等不同类型的指令模板，如图 2-3 所示。

图 2-3　显示了不同类型的指令模板

Step 04 ❶选择“热门”选项卡；❷单击“教案设计”指令模板中的“使用”按钮，如图 2-4 所示。

图 2-4　单击“使用”按钮

Step 05 执行操作后，即可套用“教案设计”指令模板，模板中标灰的文本框为待确认和待输入的内容，如图 2-5 所示。

Step 06 ❶单击第 1 个“请选择”文本框，在弹出的列表框中选中需要的单选按钮即可；❷这里将鼠标移至“突出互动性”选项前面的单选按钮上，如图 2-6 所示，单击鼠标左键选中，即可将所选内容自动填入文本框中。

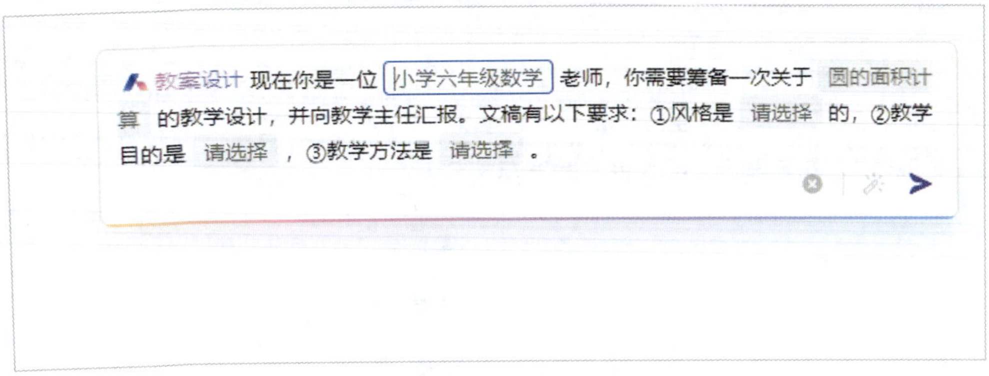

图 2-5　套用“教案设计”指令模板

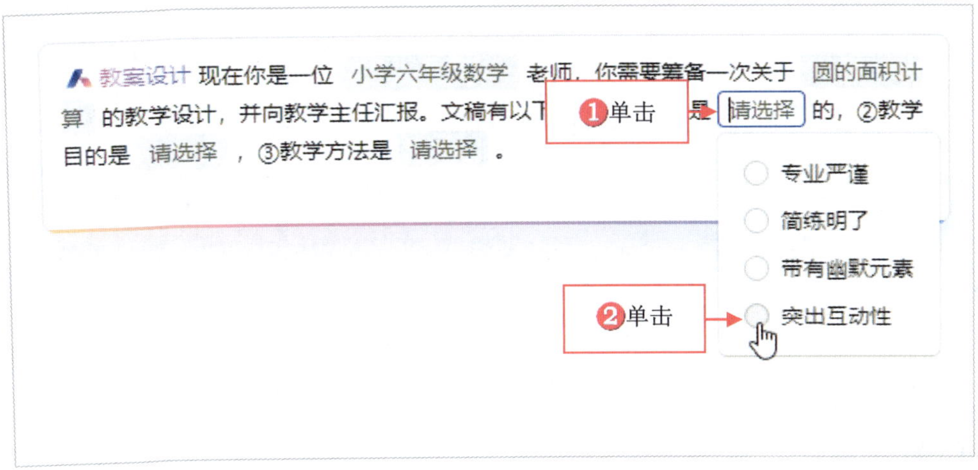

图 2-6　选中“突出互动性”单选按钮

Step 07　❶单击第 2 个“请选择”文本框；❷选中需要的单选按钮，如图 2-7 所示，即可将所选内容自动填入文本框中。

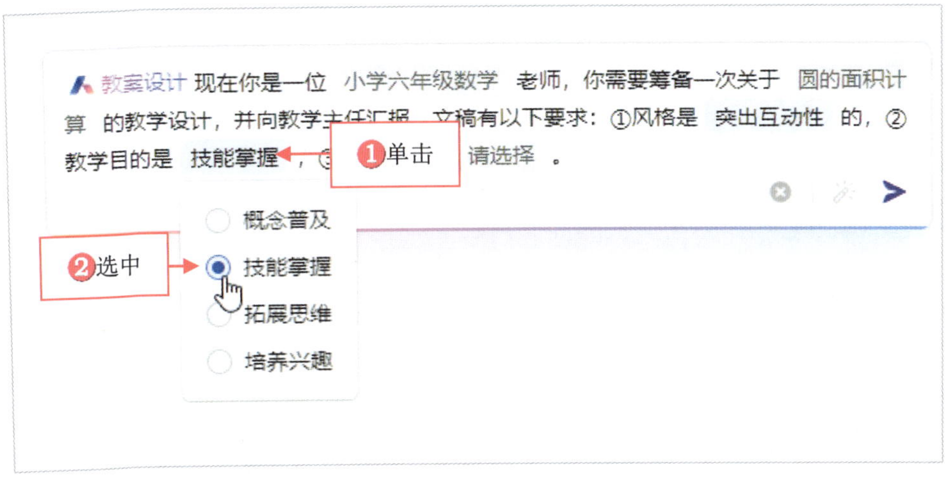

图 2-7　选中需要的单选按钮

Step 08　❶单击第 3 个“请选择”文本框；❷将鼠标移至“互动问答”选项前面的复选框上，单击鼠标左键选中，即可将所选内容自动填入文本框中，如图 2-8 所示。

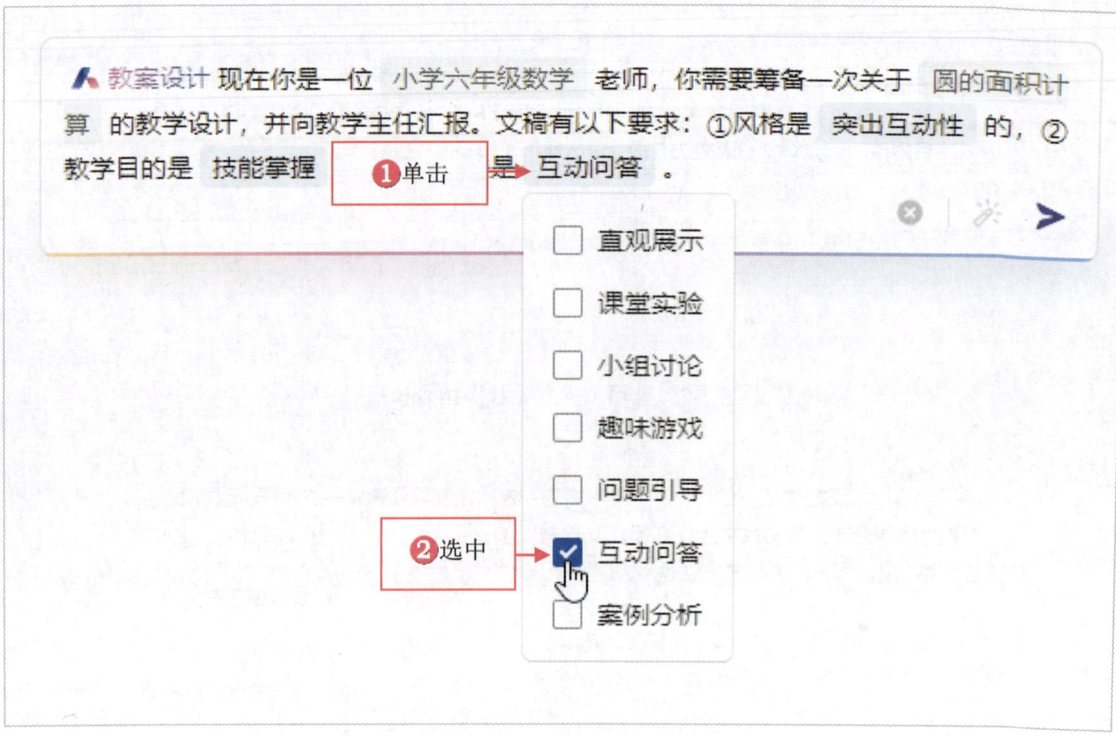

图 2-8　选中“互动问答”复选框

Step 09　单击➤按钮，稍等片刻，即可获得 AI 生成的教案设计，相关内容如下。

WPS AI

1.教学目标

本次课程的目标是让学生掌握计算圆面积的技能。通过互动问答的方式，学生将能够理解并应用圆面积的计算公式（$S=\pi r^2$），其中 S 表示面积，r 表示圆的半径。

2.教学准备

圆形纸片若干

直尺和量角器

互动白板或黑板

计算器（供学生使用）

3.课程流程

引入新课

互动问答环节 1：提问学生关于圆的基本知识，如圆心、半径、直径等概念。

互动问答环节 2：讨论圆的周长和面积的区别，并强调面积的重要性。

知识讲解

互动问答环节 3：引导学生回忆圆周长的计算公式（$C=2\pi r$），并解释圆面积公式（$S=\pi r^2$）的由来。

互动问答环节 4：通过实例演示如何测量圆的半径，并计算面积。

实践操作

互动问答环节 5：分组活动，每组学生使用圆形纸片和量角器测量半径，计算面积，并在互动白板上展示他们的计算过程。

互动问答环节 6：讨论不同大小圆的面积计算结果，理解面积与半径平方的关系。

……

2.2.2　邀请函的撰写

邀请函的撰写

在邀请函的撰写方面，AI 指令模板能够提供极大的便利，帮助用户快速生成专业的邀请邮寄文本。

通过预设的模板，用户可以节省大量时间，同时确保邀请函的格式和内容符合标准要求。此外，模板还支持个性化编辑，使得每一份邀请函都能根据具体的活动和受邀对象进行调整，既保持了专业性，又体现了对受邀者的尊重和诚意。下面以生成邀请函为例介绍具体的操作方法。

Step 01　在 WPS 中，新建一个空白文档，唤起 WPS AI，进入“灵感市集”面板，❶选择“热门”选项卡；❷单击“邀请函”指令模板中的“使用”按钮，如图 2-9 所示。

图 2-9　单击“使用”按钮

Step 02　执行操作后，即可套用“邀请函”指令模板，模板中标灰的文本框为待确认和待输入的内容，效果如图 2-10 所示。

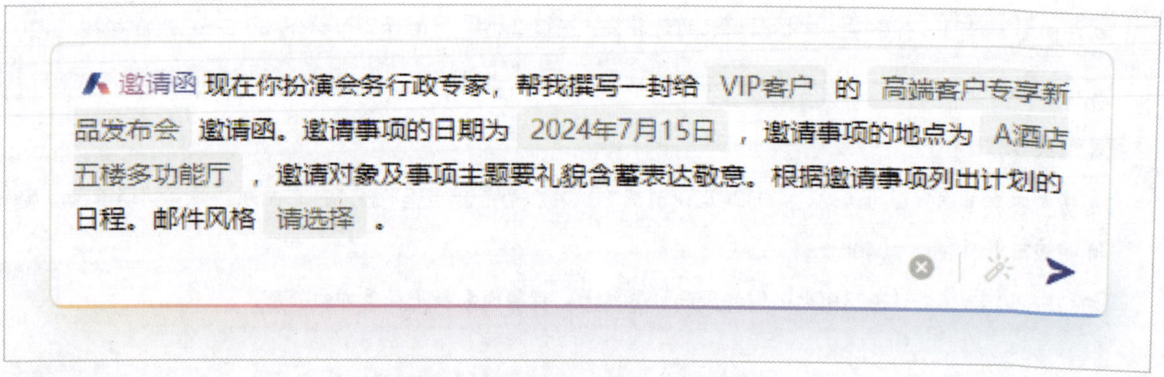

图 2-10 套用“邀请函”指令模板

Step03 参考前文所学操作，适当修改标灰文本框中的内容，完善指令后，单击➤按钮，即可获得 AI 生成的邀请函。案例指令及回复内容如下。

提问

现在你扮演会务行政专家，帮我撰写一封给 VIP 客户高端客户专享新品发布会邀请函。邀请事项的日期为 2024 年 7 月 15 日，邀请事项的地点为 A 酒店五楼多功能厅，邀请对象及事项主题要礼貌含蓄表达敬意。根据邀请事项列出计划的日程。邮件风格正式。

WPS AI

VIP 客户专享新品发布会邀请函

尊敬的[客户姓名或公司名称],

我们诚挚地邀请您参加我们即将举办的高端客户专享新品发布会。此次活动将展示我们最新研发的产品，并为您带来一场视觉与体验的盛宴。我们相信，您的出席将为此次活动增添无限光彩。

会议详情

日期：2024 年 7 月 15 日

时间：下午 2：00—5：00

地点：A 酒店五楼多功能厅

主题：“未来科技，共创辉煌”——[公司名称]新品发布会

日程安排

14：00—14：30|迎宾及签到

14：30—14：45|开场致辞

14：45—15：30|新品介绍及展示

15：30—15：45|茶歇

15：45—16：30|互动体验环节

16：30—17：00|问答环节及闭幕致辞

17：00—18：00|自由交流及晚宴

我们期待与您共同见证这一激动人心的时刻，并希望您能与我们分享您宝贵的意见和建议。请您于 2024 年 7 月 10 日前确认您的出席，以便我们为您准备最佳的会议体验。

请您携带此邀请函，以便在活动当天签到。若您有任何疑问或需要特别安排，请随时与我们联系。

衷心感谢您一直以来对[公司名称]的支持与信任。我们期待着在发布会上与您相见。

此致

敬礼！

……

2.2.3　心得体会的撰写

利用灵感市集中的指令模板，AI 可以根据文章主体生成符合心意的心得体会。下面以生成心得体会为例介绍具体的操作方法。

心得体会的撰写

Step 01　在 WPS 中，新建一个空白文档，唤起 WPS AI，进入“灵感市集”面板，❶选择“热门”选项卡；❷单击“心得体会”指令模板中的“使用”按钮，如图 2-11 所示。

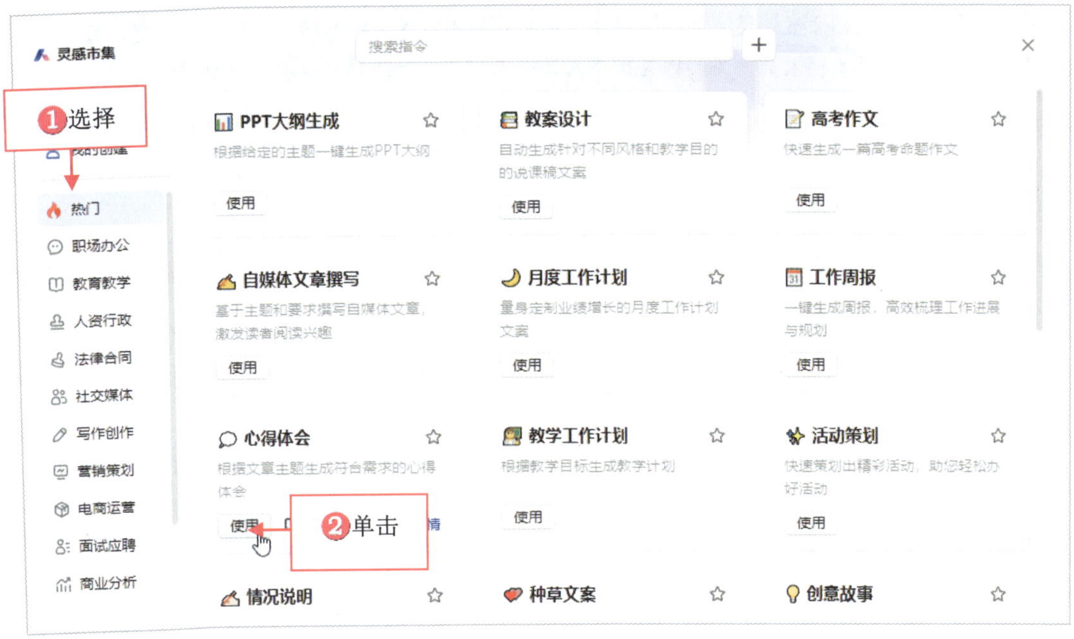

图 2-11　单击“使用”按钮

Step 02　执行操作后，即可套用“心得体会”指令模板，模板中标灰的文本框为待确认和待输入的内容，如图 2-12 所示。

Step 03　适当修改标灰文本框中的内容，完善指令后，单击➤按钮，即可获得 AI 生成的心得体会。案例指令及回复内容如下。

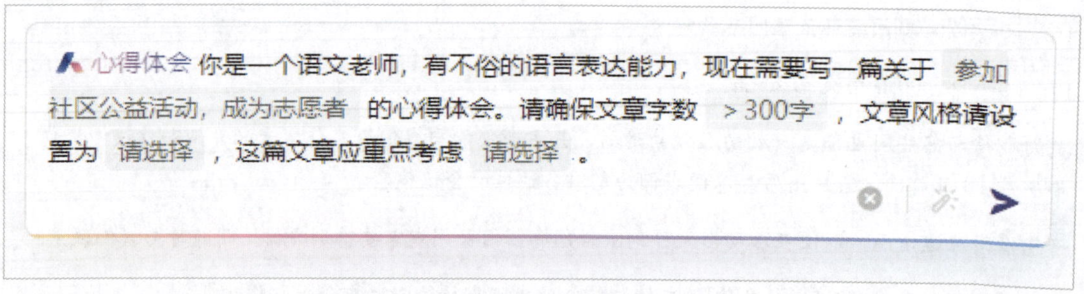

图 2-12　套用“心得体会”指令模板

提问

你是一个语文老师，有不俗的语言表达能力，现在需要写一篇关于参加社区公益活动，成为志愿者的心得体会。请确保文章字数＞300 字，文章风格请设置为深入浅出，这篇文章应重点考虑提出建议。

WPS AI

参与社区公益活动，成为志愿者，不仅是一种奉献，更是一种自我成长的过程。作为一位语文老师，我有幸参与了社区组织的多项公益活动，这些经历让我深刻体会到，成为志愿者不仅能够帮助他人，还能丰富自己的人生体验。

在参与活动的过程中，我首先感受到的是团队合作的重要性。

无论是组织活动、策划方案还是现场执行，每一步都需要团队成员之间的密切配合。我建议每一位志愿者都应该学会倾听和尊重他人的意见，因为每个人的观点都可能为活动的成功贡献独特的价值。

其次，我认识到沟通技巧在志愿服务中的重要性。与社区居民、其他志愿者及组织者之间的有效沟通，能够确保信息的准确传递和活动的顺利进行。因此，我建议志愿者们在参与活动前，可以接受一些基础的沟通技巧培训，这将大大提高活动的效率和质量。

另外，我体会到作为志愿者，我们需要具备一定的应变能力。在面对突发事件时，能够迅速做出反应并采取措施，是每一位志愿者应具备的基本素质。

因此，我建议在活动前进行一些关于应急处理的培训，比如急救知识、火灾逃生等，以便在必要时能够保护自己和他人的安全。

最后，我深刻感受到志愿服务带来的精神满足。帮助他人、服务社区，让我获得了极大的心理满足和幸福感。我建议每位志愿者在参与活动后，都应该花时间反思和总结，这不仅有助于个人成长，也能为未来的志愿服务提供宝贵的经验。

2.2.4　转正总结的撰写

利用灵感市集中的指令模板，AI 能够自动化生成试用期转正总结文案。下面以生成转正总结为例介绍具体的操作方法。

转正总结的撰写

Step 01 在 WPS 中，新建一个空白文档，唤起 WPS AI，进入“灵感市集”面板，❶选择“热门”选项卡；❷单击“转正总结”指令模板中的“使用”按钮，如图 2-13 所示。

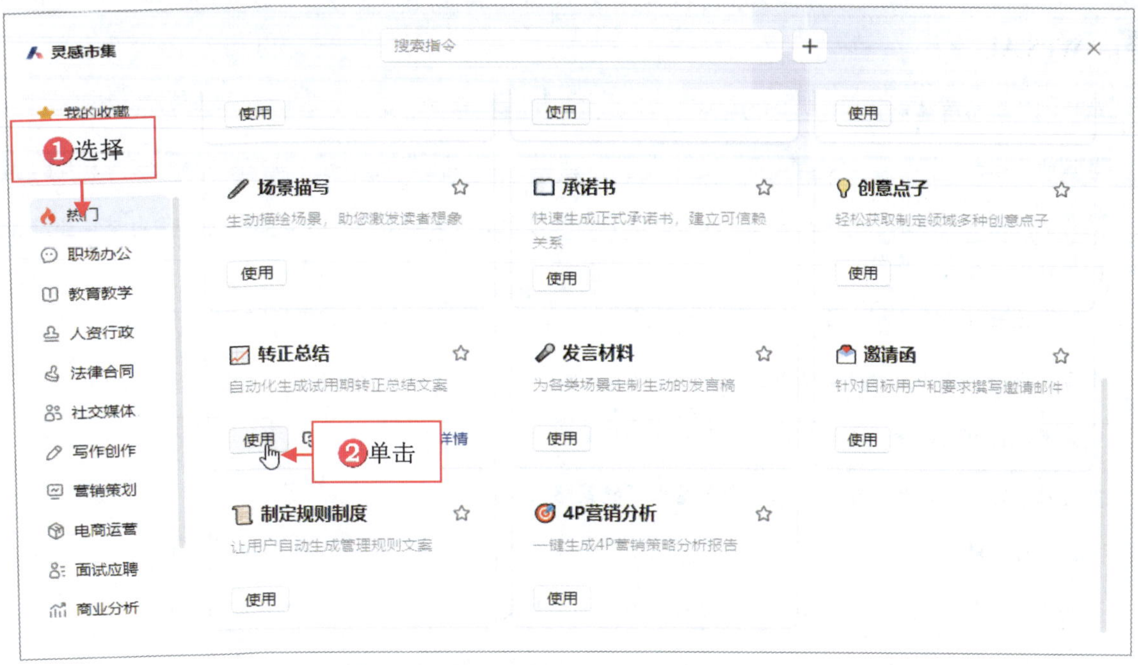

图 2-13　单击“使用”按钮

Step 02 执行操作后，即可套用“转正总结”指令模板，模板中标灰的文本框为待确认和待输入的内容，如图 2-14 所示。

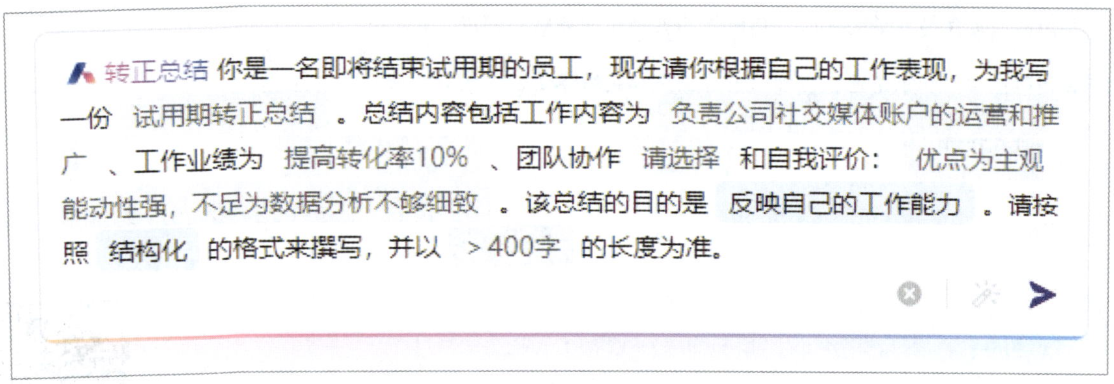

图 2-14　套用“转正总结”指令模板

Step 03 适当修改标灰文本框中的内容，完善指令后，单击➤按钮，即可获得 AI 生成的转正总结。案例指令及回复内容如下。

提问

你是一名即将结束试用期的员工，现在请你根据自己的工作表现，为我写一份试用期转正总结。总结内容包括工作内容为负责公司社交媒体账户的运营和推广、工作业绩为提高转化率 10%、团队协作贡献意见和自我评价：优点为主观能动性强，不足为数据分析不够细致。该总结的目的是展示自己的价值。请按照自由发挥的格式来撰写，并以>400 字的长度为准。

WPS AI

试用期转正总结报告

尊敬的领导：

随着试用期即将结束，我在此对过去几个月的工作进行一个简要的总结。以下是我的工作内容、业绩、团队协作情况及自我评价。

一、工作内容

负责公司社交媒体账户的运营和推广。

制定并执行社交媒体内容计划，以吸引和增加目标受众的参与度。

监控社交媒体活动的表现，并根据分析结果调整策略。

二、工作业绩

成功提高了社交媒体转化率 10%，通过优化内容和调整发布时间，增加了用户互动和参与度。

通过定期分析用户行为数据，调整推广策略，有效提升了广告投放的投资回报率。

三、团队协作

积极参与团队讨论，提出创新的社交媒体运营方案。

与团队成员保持良好的沟通，确保信息流畅和任务顺利完成。

在团队中担任积极角色，协助同事解决在社交媒体运营中遇到的问题。

四、自我评价

……

2.2.5 高考命题作文的撰写

高考命题作文的撰写

在学习教育领域，利用灵感市集中的指令模板，AI 能够帮助用户快速生成高考作文内容。下面以生成一篇高考命题作文为例介绍具体的操作方法。

Step 01 在 WPS 中，新建一个空白文档，唤起 WPS AI，进入“灵感市集”面板，❶选择“热门”选项卡；❷单击“高考作文”指令模板中的“使用”按钮，如图 2-15 所示。

Step 02 执行操作后，即可套用“高考作文”指令模板，模板中标灰的文本框为待确认和待输入的内容，如图 2-16 所示。

图 2-15　单击“使用”按钮

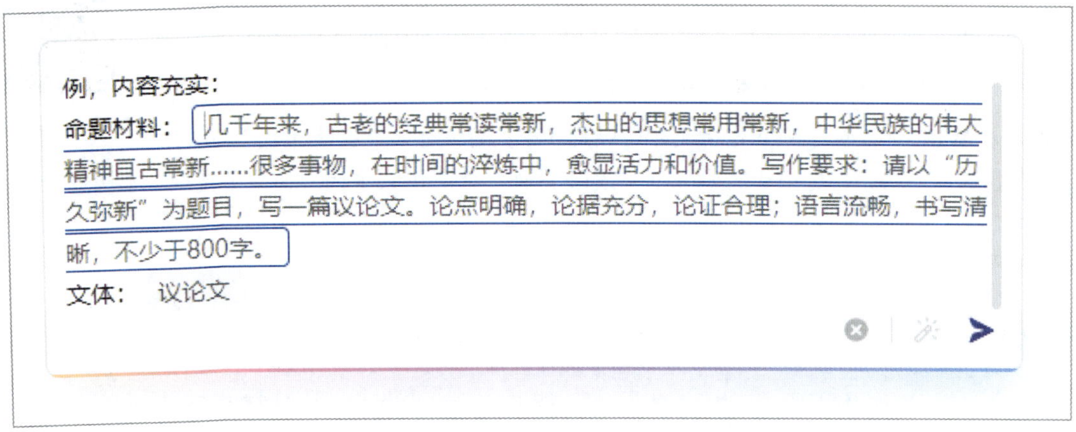

图 2-16　套用“高考作文”指令模板

Step 03　不需要修改内容，单击 ➤ 按钮，即可获得 AI 生成的一篇高考命题作文。案例指令及回复内容如下。

提问

基于以下命题帮我写一篇作文，要求结合时事热点论证，引用中外名人事例，内容充实。命题材料：几千年来，古老的经典常读常新，杰出的思想常用常新，中华民族的伟大精神亘古常新……很多事物，在时间的淬炼中，愈显活力和价值。写作要求：请以“历久弥新”为题目，写一篇议论文。论点明确，论据充分，论证合理；语言流畅，书写清晰，不少于 800 字。
文体：议论文。

WPS AI

题目：历久弥新

在人类文明的长河中，有些事物历经岁月的洗礼，不仅没有被遗忘，反而愈发显示出其独特的价值和魅力。这种现象，我们称之为“历久弥新”。无论是古老的经典著作，还是杰出的思想理论，抑或是民族的精神内核，它们都以各自的方式证明了时间的淬炼非但没有削弱它们，反而使它们更加熠熠生辉。

首先，让我们以经典著作为例。《论语》作为儒家思想的集大成之作，自春秋时期成书至今已有两千多年的历史。孔子的教诲，如“学而时习之，不亦说乎？”“己所不欲，勿施于人”等，至今仍被广泛引用，影响着人们的行为准则和价值观念。在现代社会，人们依然可以从《论语》中汲取智慧，指导生活和工作。这正是经典著作历久弥新的最好证明。再来看杰出的思想理论。卡尔·马克思的马克思主义理论，自 19 世纪中叶提出以来，已经历了近两个世纪的考验。它不仅在理论上深刻影响了世界历史的进程，而且在实践中指导了众多国家的社会变革。即便在今天，马克思主义关于社会发展的基本原理和对资本主义社会的批判，仍然具有重要的现实意义和指导价值。

……

2.2.6　发言材料的撰写

发言材料的撰写

利用灵感市集中的指令模板，AI 能够帮助作者生成为各类场景定制生动的发言稿。下面以生成发言材料为例介绍具体的操作方法。

Step 01　在 WPS 中，新建一个空白文档，唤起 WPS AI，进入“灵感市集”面板，❶选择“热门”选项卡；❷单击“发言材料”指令模板中的“使用”按钮，如图 2-17 所示。

图 2-17　单击“使用”按钮

Step 02　执行操作后，即可套用“发言材料”指令模板，模板中标灰的文本框为待确认和待输入的内容，如图 2-18 所示。

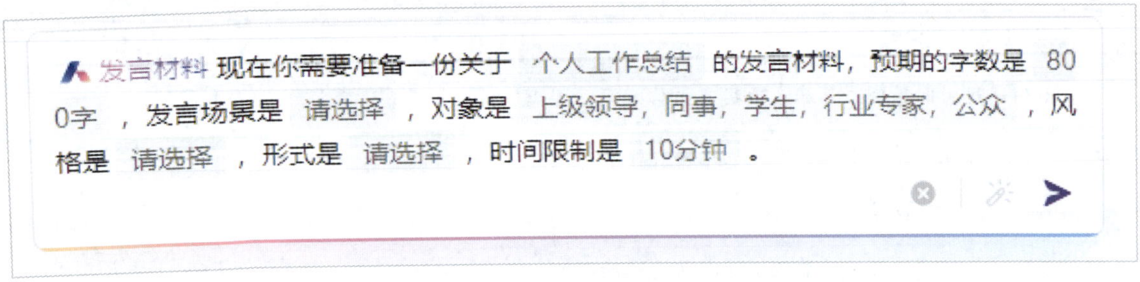

图 2-18　套用“发言材料”指令模板

Step 03　适当修改标灰文本框中的内容，完善指令后，单击➤按钮，即可获得 AI 生成相应场景的发言材料。案例指令及回复内容如下。

提问

现在你需要准备一份关于个人工作总结的发言材料，预期的字数是 800 字，发言场景是座谈会，对象是上级领导、同事、学生、行业专家、公众，风格是正式，形式是事例讲述，时间限制是 10 分钟。

WPS AI

个人工作总结发言材料

1.引言

尊敬的领导、同事们、各位专家、同学们及在座的各位，非常荣幸能在这里与大家分享过去一年的工作经验与心得。今天，我将从几个方面回顾我的工作，并尝试提炼出一些对大家可能有所启发的实践经验。

2.工作回顾

在过去的一年中，我主要负责了以下几个项目。

2.1 项目 A 的实施与挑战：

描述项目 A 的目标和重要性。

分享在项目实施过程中遇到的主要挑战。

讲述如何克服这些挑战，并总结经验教训。

2.2 项目 B 的创新尝试：

介绍项目 B 的创新点和预期目标。

分析创新尝试带来的积极影响和存在的问题。

探讨如何在未来的项目中更好地运用创新思维。

2.3 个人技能提升：

列举在过去一年中学习的新技能和知识。

分享学习过程中的心得体会和实践应用。

3.经验分享

3.1 时间管理与效率提升:

分享如何通过时间管理工具和方法提高工作效率。

讨论在高压环境下保持专注和效率的策略。

3.2 团队协作与沟通:

强调团队合作的重要性，并举例说明有效沟通的案例。

分析在跨部门合作中遇到的困难及解决办法。

3.3 持续学习与适应变化:

……

2.2.7 工作周报的撰写

工作周报的撰写

利用灵感市集中的指令模板，AI 能够帮助用户一键生成周报，高效梳理工作进展与规划。下面以生成工作周报为例介绍具体的操作方法。

Step 01 在 WPS 中，新建一个空白文档，唤起 WPS AI，进入“灵感市集”面板，❶选择“热门”选项卡；❷单击“工作周报”指令模板中的“使用”按钮，如图 2-19 所示。

图 2-19 单击“使用”按钮

Step 02 执行操作后，即可套用“工作周报”指令模板，模板中标灰的文本框为待确认和待输入的内容，如图 2-20 所示。

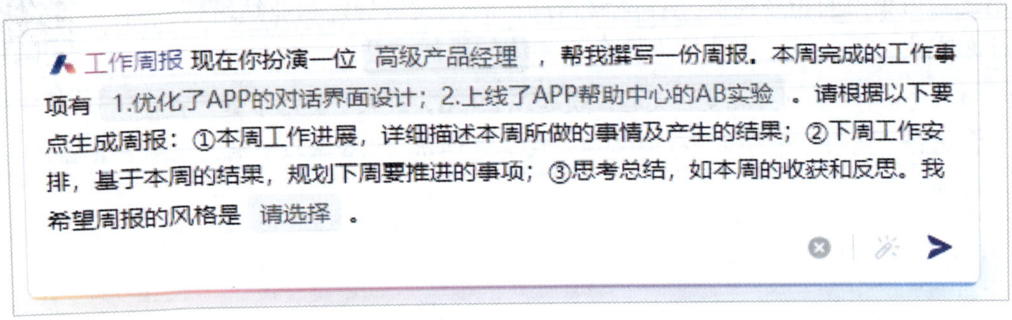

图 2-20 套用“工作周报”指令模板

Step 03 适当修改标灰文本框中的内容，完善指令后，单击➤按钮，即可获得 AI 生成的工作周报。案例指令及回复内容如下。

提问

现在你扮演一位高级产品经理，帮我撰写一份周报。本周完成的工作事项有：1.优化了 APP 的对话界面设计；2.上线了 APP 帮助中心的 AB 实验。请根据以下要点生成周报：①本周工作进展，详细描述本周所做的事情及产生的结果；②下周工作安排，基于本周的结果，规划下周要推进的事项；③思考总结，如本周的收获和反思。我希望周报的风格是以故事为主。

WPS AI

1.本周工作进展

本周，我们团队在产品优化的道路上迈出了坚实的步伐。首先，我们对 APP 的对话界面进行了精心的优化。通过细致的用户研究和设计迭代，我们成功地简化了用户与 AI 对话的流程，使得界面更加直观易用。用户反馈显示，新设计的对话界面不仅提高了用户的操作效率，还增强了整体的用户体验。

此外，我们还上线了 APP 帮助中心的 AB 实验，通过对比不同版本的帮助内容和布局，我们期待能够找到最能帮助用户解决问题的设计方案。

2.下周工作安排

基于本周的成果，下周我们将继续深化用户研究，收集并分析 AB 实验的数据，以确定帮助中心的最佳实践。同时，我们将开始规划下一阶段的产品迭代，重点关注用户反馈中提到的其他界面和功能的改进点。我们计划开展新一轮的设计评审会议，确保每一项改进都能精准地解决用户痛点。

3.思考总结

本周，我们通过团队的紧密合作和对细节的不懈追求，成功地提升了产品的用户体验。我深刻体会到，持续的用户研究和快速迭代是产品成功的关键。同时，我也认识到在设计过程中，保持对用户需求的敏感性和对市场趋势的洞察力同样重要。下周，期待能够带领团队进一步优化产品，并在实践中不断学习和成长。

2.2.8 工作计划的撰写

利用灵感市集中的指令模板，AI 能够帮助读者生成量身定制业绩增长的月度工作计划文案。下面以工作计划为例介绍具体的操作方法。

工作计划的撰写

Step 01 在 WPS 中，新建一个空白文档，唤起 WPS AI，进入“灵感市集”面板，❶选择“热门”选项卡；❷单击“月度工作计划”指令模板中的“使用”按钮，如图 2-21 所示。

图 2-21 单击“使用”按钮

Step 02 执行操作后，即可套用“月度工作计划”指令模板，模板中标灰的文本框为待确认和待输入的内容，如图 2-22 所示。

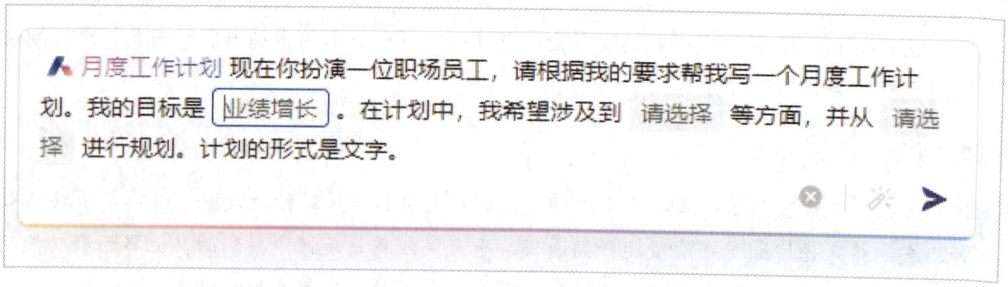

图 2-22 套用“月度工作计划”指令模板

Step 03 适当修改标灰文本框中的内容，完善指令后，单击➤按钮，即可获得 AI 生成的月度工作计划。案例指令及回复内容如下。

提问

现在你扮演一位职场员工，请根据我的要求帮我写一个月度工作计划。我的目标是业绩增长。在计划中，我希望涉及工作业绩等方面，并从长期目标进行规划。计划的形式是文字。

WPS AI

月度工作计划

一、总体目标

本月，我的核心目标是推动业绩增长。我将致力于扩大市场份额，提升客户满意度，以实现公司的长期发展目标。

二、具体策略

1.市场调研与分析

我将深入研究市场动态，了解竞争对手的策略，分析客户需求和趋势。这将有助于我制定更有效的销售策略，以满足客户需求，抢占市场先机。

2.销售策略优化

基于市场调研，我将调整销售策略，针对不同客户群体制定差异化方案。同时，我将加大产品推广力度，提升品牌知名度，吸引更多潜在客户。

3.客户关系管理

我将加强与客户的沟通，定期收集客户反馈，及时解决客户问题。通过提升服务质量，增强客户忠诚度，实现客户资源的可持续利用。

……

2.2.9　自媒体文章的撰写

自媒体文章的撰写

利用“灵感市集”中的指令模板，AI 能够生成基于主题和要求撰写自媒体文章，激发读者阅读兴趣。下面以生成自媒体文章为例介绍具体的操作方法。

Step 01 在 WPS 中，新建一个空白文档，唤起 WPS AI，即可进入“灵感市集”面板，❶选择“热门”选项卡；❷单击“自媒体文章撰写”指令模板中的“使用”按钮，如图 2-23 所示。

Step 02 执行操作后，即可套用“自媒体文章撰写”指令模板，模板中标灰的文本框为待确认和待输入的内容，如图 2-24 所示。

Step 03 适当修改标灰文本框中的内容，完善指令后，单击 > 按钮，即可获得 AI 生成的基于主题和要求撰写的自媒体文章。案例指令及回复内容如下。

图 2-23　单击“使用”按钮

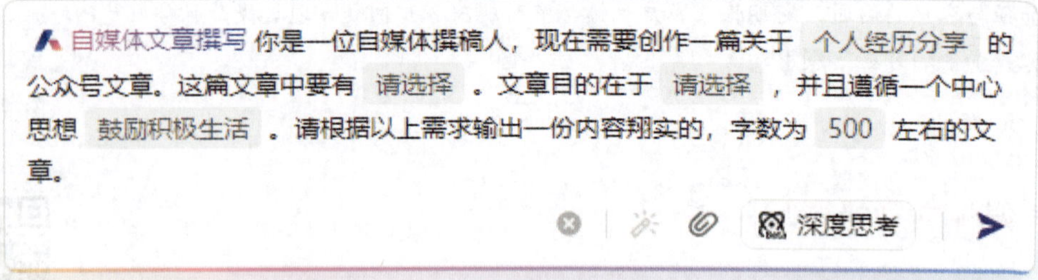

图 2-24　套用“自媒体文章撰写”指令模板

提问

你是一位自媒体撰稿人，现在需要创作一篇关于个人经历分享的公众号文章。这篇文章中要有真实的情感。文章目的在于传递正能量，并且遵循一个中心思想——鼓励积极生活。请根据以上需求输出一份内容翔实的，字数为 500 左右的文章。

WPS AI

逆境中的阳光：我的生活重启之旅

生活，就像一场没有彩排的戏，我们每个人都是即兴的演员。在人生的舞台上，我曾跌跌撞撞，但每一次的挫折都让我更加坚强。今天，我想和大家分享我的故事，希望我的经历能给你们带来一些启示和力量。

从高峰到低谷

几年前，我曾站在人生的高峰。我拥有了一份令人羡慕的工作，一个温馨的家庭，以及朋友们的羡慕。然而，好景不长，一场突如其来的变故让我失去了一切。我的公司倒闭了，我失去了工作；紧接着，家庭也出现了问题，我感到前所未有的孤独和无助。

沉沦与觉醒

在那段灰暗的日子里，我沉沦过，甚至怀疑过生活的意义。我开始逃避现实，沉迷于虚拟世界，试图用短暂的快乐来麻痹自己。但这种逃避并没有持续太久，我意识到，如果我不站起来，就真的再也站不起来了。

重拾希望

一次偶然的机会，我参加了一个志愿者活动。在那里，我看到了许多比我更不幸的人，他们依然在微笑着面对生活。那一刻，我被深深触动了。我开始反思自己的生活态度，决定要重新站起来。

重启生活

我开始给自己设定小目标，比如每天跑步半小时，阅读一本书，学习一项新技能。慢慢地，我找回了自信，也重新找到了生活的乐趣。我开始尝试写作，记录自己的所思所感，没想到这些文字竟然得到了许多人的共鸣。

传递正能量

现在，我通过我的公众号分享我的故事和感悟，希望能够鼓励那些处于困境中的人们。生活不可能一帆风顺，但只要我们保持积极的态度，勇敢面对挑战，就一定能够找到属于自己的阳光。

结语

我的故事还在继续，我相信未来会更加美好。希望我的经历能够激励你们，无论遇到什么困难，都不要放弃，因为生活总有无限可能。让我们一起加油，一起向阳而生！

这篇文章以真实的情感和经历为基础，传递了积极向上的生活态度，鼓励读者在逆境中寻找希望，勇敢地面对生活中的挑战。

2.2.10　活动策划的撰写

活动策划的撰写

在活动策划中，利用“灵感市集”中的指令模板，AI 能够迅速理解用户需求，结合市场趋势和用户偏好，为用户提供定制化的活动策划方案。这不仅节省了策划时间，还确保了活动的创新性和吸引力，能够轻松、高效地举办成功的活动。下面以生成活动策划为例介绍具体操作方法。

Step 01 在 WPS 中新建一个空白文档，唤起 WPS AI，进入“灵感市集”面板，选择“热门”选项卡，进入“热门”选项区，单击“活动策划”指令模板中的“使用”按钮，如图 2-25 所示。

Step 02 执行操作后，即可套用“活动策划”指令模板，模板中标灰的文本框为待确认和待输入的内容，如图 2-26 所示。

图 2-25　单击“使用”按钮

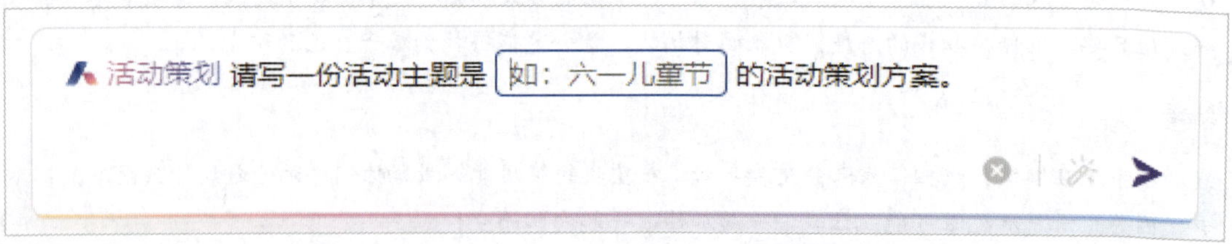

图 2-26　套用“活动策划”指令模板

Step 03　适当修改标灰文本框中的内容，完善指令后，单击 > 按钮，即可获得 AI 生成的一份活动策划。案例指令及回复内容如下。

提问

请写一份活动主题是元旦的活动策划方案。

WPS AI

元旦狂欢夜

一、活动主题

“迎新岁，共庆元旦”

二、活动目的

1.增强团队凝聚力，促进员工间的交流与合作。

2.营造节日氛围，提升员工的幸福感和归属感。

3.总结过去一年的成就，展望新一年的发展目标。

三、活动时间

2023 年 12 月 31 日 18：00—2024 年 1 月 1 日 00：30。

四、活动地点

公司多功能厅及户外活动区。

五、组织单位

人力资源部。

六、参加人员

全体员工及特邀嘉宾。

七、活动流程

18：00-18：30

签到入场，发放纪念品。

18：30—19：30

开场致辞及年度总结报告。

19：30—20：30

晚宴及互动游戏。

20：30—21：30

舞台表演及抽奖环节。

……

2.2.11　情况说明的撰写

情况说明的撰写

在日常生活中，当用户需要撰写各种情况说明时，利用“灵感市集”中丰富的指令模板，AI 技术能够迅速捕捉并理解用户的具体需求。

它不仅会根据当前的实际情况和趋势进行分析，还会深度融合用户的个人偏好与习惯，从而为用户量身打造出既符合规范又具个性化的说明文档。这一过程极大地节省了用户的时间，确保了工作的效率，使用户能够以快速、高效且条理清晰的方式，向用户精准说明各类情况。下面以情况说明为例介绍具体的操作方法。

Step 01 在 WPS 中，新建一个空白文档，唤起 WPS AI，进入“灵感市集”面板，❶选择“热门”选项卡；❷单击“情况说明”指令模板中的“使用”按钮，如图 2-27 所示。

图 2-27　单击“使用”按钮

Step 02　执行操作后，即可套用“情况说明”指令模板，模板中标灰的文本框为待确认和待输入的内容，如图 2-28 所示。

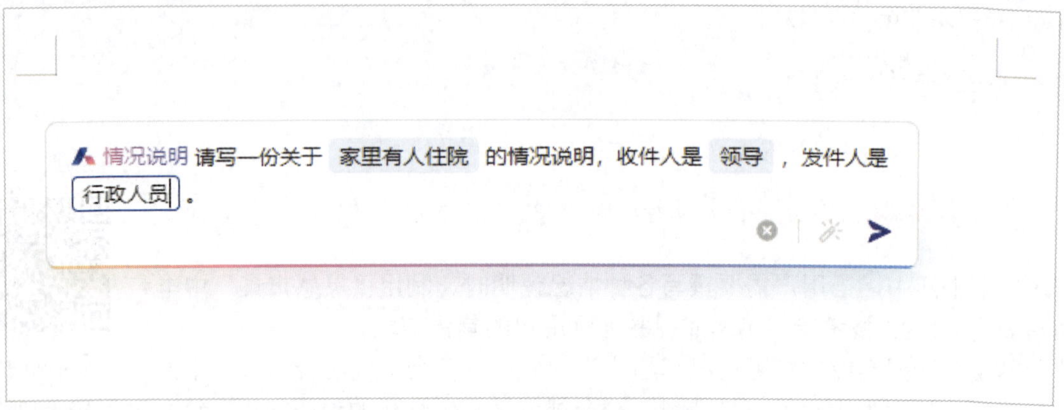

图 2-28　套用“情况说明”指令模板

Step 03　单击➤按钮，即可获得 AI 生成的情况说明。案例指令及回复内容如下。

提问

请写一份关于家里有人住院的情况说明，收件人是领导，发件人是行政人员

WPS AI

家里有人住院的情况说明

尊敬的领导：

我谨在此说明，由于家中直系亲属突然住院，需要我进行照料，因此在接下来的一段时间内，我将不得不请假。

在此期间，我将尽量安排好工作交接，确保我的职责能够得到妥善处理。如有紧急事务，请联系我的同事××，他／她将协助处理相关事宜。

对于因我的缺席可能给团队带来的不便，我深表歉意，并承诺尽快处理好家中事务，恢复工作。

行政人员

××××年××月××日

▶ 专家指点

在“灵感市集”这个色彩斑斓的平台上，用户会发现众多精美的模板等待着他们的探索。这些模板风格多样，设计巧妙，能够满足从社交媒体封面到工作报告等各种创作需求。尽管模板各异，但使用步骤却大同小异。用户只需简单摸索和实践，便能轻松掌握编辑技巧。通过调整配色、增减元素等操作，用户可以将所学内容灵活应用于不同项目中，实现个性化创作。

这一过程不仅丰富了创作的多样性，还极大提升了便捷性和效率。即便没有深厚的设计背景，用户也能借助“灵感市集”快速产出高质量的作品，享受创作带来的乐趣。总之，“灵感市集”不仅是一个汇聚创意资源的宝库，更是用户展现自我风格、实现创意梦想的得力助手。

本章小结

本章主要讲述了 WPS AI 指令编写技巧。首先介绍了 10 个实用的指令编写技巧，包括明确目标、启发性信息和自然语言等方法，为用户优化与 AI 的互动提供了基础，并介绍了每个技巧的具体应用，帮助用户理解如何更有效地编写指令；其次展示了 WPS AI 灵感市集中的指令模板，如教案设计、邀请函等，为用户提供实用的参考。通过本章的学习，读者可以在不同场景中提升创作效率，激发灵感，实现更高的工作成效。

课后实训

课后实训

鉴于本章知识的重要性，为了更好地掌握所学知识，将通过课后实训帮助读者进行简单的知识回顾和补充。

实训任务：打开 WPS 空白文档，唤起 WPS AI，根据前文所学，编写一份指令，生成营销分析方法。案例指令及回复内容如下。

提问

现在你是一位营销分析大师，要对度度智能音箱进行 4P 营销分析，详细分析其产品（product）、价格（price）、地点（place）、促销（promotion）方面的策略。请针对以下几个方面进行分析：其产品特点与竞争力、定价策略、渠道选择与开发、推广与促销方法等。

WPS AI

1.产品特点与竞争力

度度智能音箱的产品特点主要集中在以下几个方面。

智能语音助手：内置先进的语音识别技术，能够理解并回应用户的语音指令。

音质表现：提供高保真音质，满足用户对音乐播放的需求。

智能家居控制：与多种智能家居设备兼容，可以作为智能家居的控制中心。

个性化服务：通过机器学习不断优化用户体验，提供个性化推荐和服务。

设计与便携性：时尚的设计和便携性，适合各种家居环境。

2.竞争力分析

技术优势：如果度度智能音箱采用的是行业领先的技术，那么它在市场上的竞争力会很强。

品牌效应：如果度度智能音箱背后有强大的品牌支持，这将有助于提升产品的市场接受度。

价格定位：如果产品定价合理，且在功能和性能上与竞品相比具有优势，那么它将具有较强的市场竞争力。

生态系统：如果度度智能音箱能够很好地融入或构建一个强大的生态系统，这将大大增强其竞争力。

3.定价策略

度度智能音箱的定价策略需要考虑以下因素。

成本加成：基于生产成本、运营成本和预期利润来设定价格。

市场定位：根据目标市场和消费者群体的支付能力来确定价格区间。

竞争对手定价：分析同类竞品的定价策略，以确定自身产品的价格竞争力。

价值定价：根据产品的独特价值和用户对这些价值的认可程度来定价。

4.可能的定价策略

渗透定价：初期设定较低的价格以快速占领市场，之后逐步提高。

高低定价：高端产品定高价以树立品牌形象，低端产品定低价以吸引价格敏感型消费者。

心理定价：利用消费者的心理预期，如定价为 999 元而不是 1 000 元，以吸引购买。

……

第 3 章

WPS AI 指令的写作助手

WPS AI 中的 AI 写作助手为文档创作带来了前所未有的便利。本章将讲述如何让 AI 帮你写作，涵盖从优化文本质量到拓展写作边界功能的各个方面，以全面提升工作效率和文档质量。

本章重点

- 掌握 AI 帮我写功能
- 熟知 AI 帮我改功能
- 熟悉 AI 伴写功能

素质目标

- 培养读者技术驱动型效率突破思维
- 培养读者运用 AI 工具时的数据严谨意识

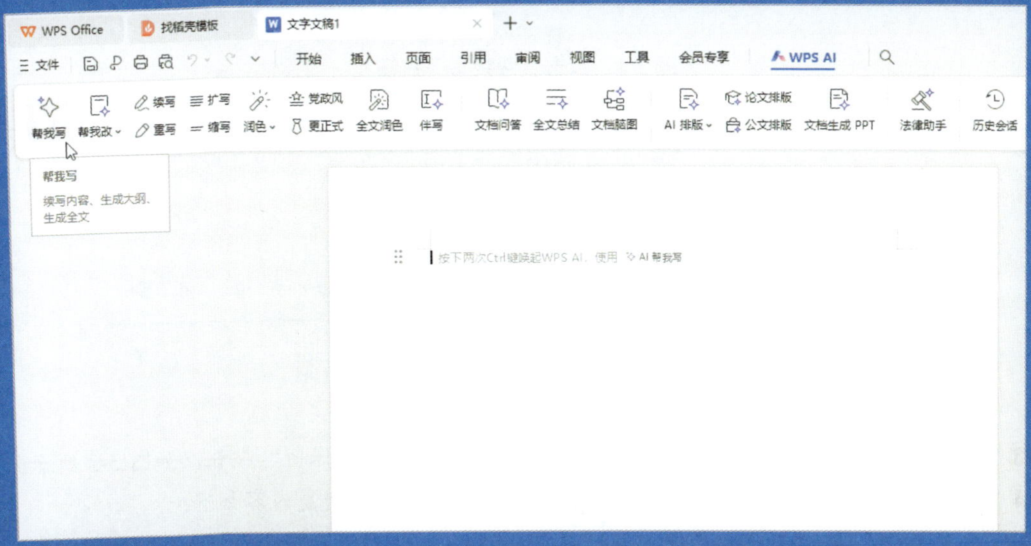

3.1 AI 帮我写

在文档创作的初始阶段，WPS AI 的 AI 写作助手为用户提供了“AI 帮我写”功能，可以帮助用户快速生成所需内容。本节将介绍如何通过“AI 帮我写”功能生成需要的问题、进行场景提问、快速起草文档及续写和完善现有内容。

3.1.1 输入问题获得回复

输入问题获得回复

WPS AI 基于自然语言处理技术，可以理解用户输入的问题或指令，自动生成回复文章和报告等文本内容。这一功能的应用使得用户能够在撰写文档时，快速获取准确的信息和分析，为后续的写作奠定基础。

当用户使用 WPS AI 的“AI 帮我写”功能进行创作时，可以通过简单的指令或输入具体问题来传达想法和要求，AI 便能迅速生成相关回复。其具体操作如下。

Step 01 打开一个 WPS 空白文档，①在菜单栏中单击 WPS AI 标签；②在功能区中单击“帮我写”按钮，如图 3-1 所示。

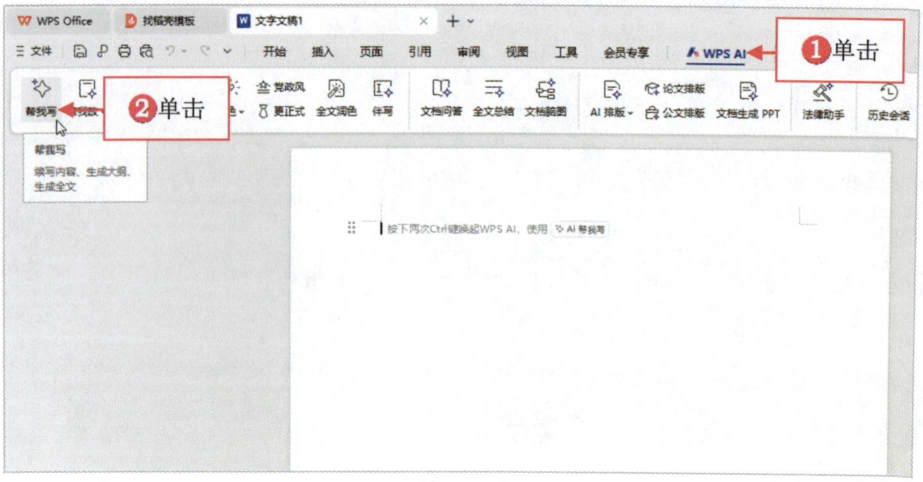

图 3-1 单击“帮我写”按钮

Step 02 唤起 WPS AI，在输入框中输入问题“当前职场的主要趋势是什么？”，如图 3-2 所示。

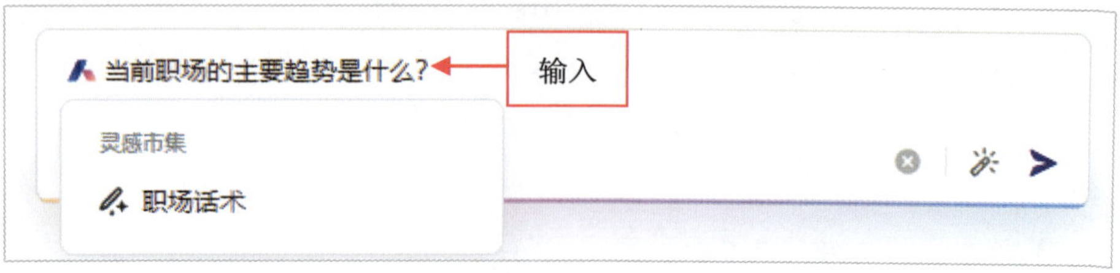

图 3-2 在输入框中输入问题

Step 03 单击 ➤ 按钮，稍等片刻，AI 即可生成回复内容，单击“保留”按钮，如图 3-3 所示。

Step 04 执行操作后，即可将回复的内容自动插入文档中。相关回复内容如下。

图 3-3　单击“保留”按钮

WPS AI

当前职场的主要趋势包括以下几点。

一、技能迭代加速与跨界融合

在数字时代，编程、数据分析等技能已成为职场人的通用语言，不再局限于 IT 领域。同时，跨界融合成为新风尚，如设计思维与技术应用、商业策略与人工智能的结合，正成为职场中的热门技能组合。

二、远程办公成为新常态

随着技术的发展和工作方式的变革，远程办公已成为职场的新常态。灵活办公模式不仅提高了工作效率，还提升了员工的生活质量。然而，这也要求职场人具备更强的自我管理能力，以在云端职场中保持自律和高效。

三、终身学习文化的兴起

企业越来越重视员工的个人成长和职业发展，纷纷拥抱终身学习文化。通过提供在线课程、微学位等学习资源，鼓励员工不断自我增值，以适应快速变化的职场环境。

四、平衡工作与生活成为新宠

“加班文化”逐渐退出历史舞台，取而代之的是对工作和生活的平衡追求。企业开始重视员工的身心健康，提供健身房、冥想室、心理辅导等福利，以营造更加健康、和谐的工作环境。

五、国企与事业单位的吸引力增强

根据脉脉高聘发布的《2024 年度人才流动趋势报告》，国企与事业单位在职场人心目中的吸引力占据首位，成为职场人求职的首选之地。这反映了职场人对于稳定职业和良好福利的追求。

……

▶ 专家指点

如果用户对 AI 生成的回复内容不满意，可以单击“重写”按钮，让 AI 重新生成；或单击“弃用”按钮，放弃使用 AI 生成的回复内容；还可以单击“调整”下拉按钮，在弹出的列表框中，选择“续写”“润色”“扩写”及“缩写”等选项，让 AI 改写内容；也可以直接在“继续输入”文本框中输入指令或要求，让 AI 根据要求再次生成新的内容。

3.1.2 生成大纲和全文

除了直接在 WPS AI 输入框中提问外，用户还可以在输入框下方的列表框中选择对应的场景进行提问。下面以让 WPS AI 生成文章大纲和全文为例介绍具体的操作方法。

生成大纲和全文

Step 01 打开一个 WPS 空白文档，在菜单栏中单击 WPS AI 标签，在功能区中单击“帮我写”按钮，唤起 WPS AI，在输入框下方的列表框中，选择“文章大纲”选项，如图 3-4 所示。

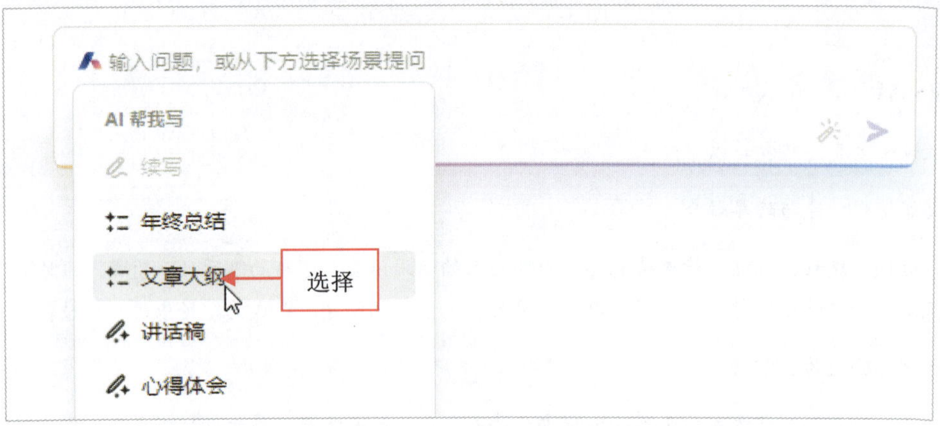

图 3-4 选择“文章大纲”选项

Step 02 执行操作后，即可套用“文章大纲”指令模板，修改标灰文本框中的内容为大纲主题，如图 3-5 所示。

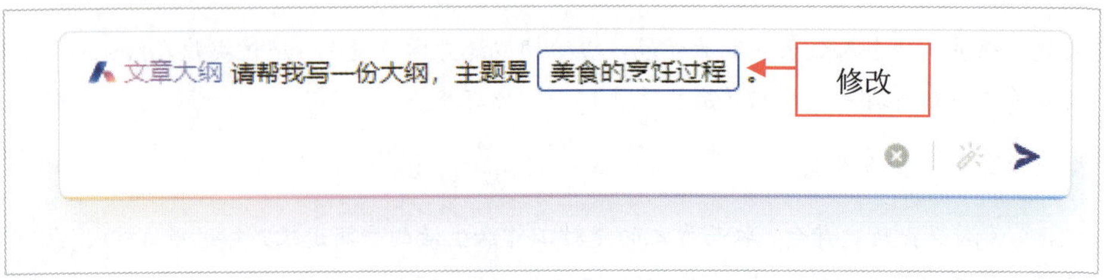

图 3-5 修改标灰文本框中的内容为大纲主题

Step 03 单击➤按钮，AI 即可生成大纲，如图 3-6 所示。此时，如果用户单击“插入大纲”按钮，将在文档中仅插入生成的文章大纲；单击“生成全文（约 12 千字）”按钮，AI 将根据大纲生成完整的文章内容。

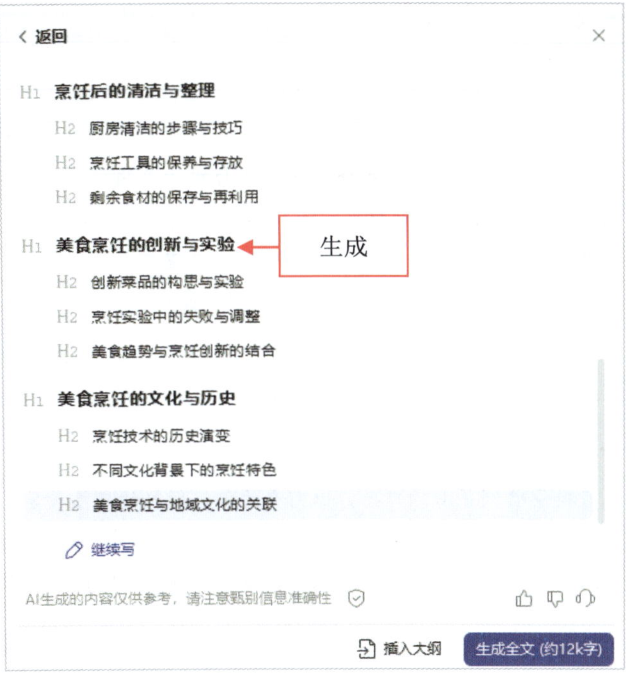

图 3-6　AI 生成大纲

Step 04 这里单击“生成全文（约 12 千字）”按钮，稍等片刻，AI 即可生成完整的文章内容，单击“保留”按钮，如图 3-7 所示。

图 3-7　单击“保留”按钮

Step 05 执行操作后，即可将 AI 生成的全文内容插入文档中。相关回复内容如下。

WPS AI

美食烹饪的艺术：从选材到上桌的全过程解析

一、美食烹饪的准备阶段

1.1 选择新鲜食材的重要性

在烹饪艺术的殿堂中，选择新鲜食材是构建美食佳肴的基石。新鲜食材不仅能够保证菜肴的口感和营养价值，更是对食客味蕾的尊重。据研究显示，食材的新鲜度与食物中的维生素和矿物质含量呈正相关，新鲜食材能够提供更丰富的营养素。例如，新鲜蔬菜在采摘后数小时内，其维生素 C 的含量会迅速下降。因此，及时采购并妥善保存新鲜食材，对于保持食物的营养价值至关重要。

在烹饪实践中，厨师们常常引用法国名厨奥古斯特·埃科菲（Auguste Escoffier）的话："烹饪的艺术在于将最好的食材以最简单的方式呈现。"这强调了食材本身品质的重要性。新鲜的食材能够为菜肴带来天然的鲜味，减少对调味料的依赖，从而让食物的原味得以充分展现。例如，新鲜的海鲜无须复杂的烹饪手法，简单的清蒸或刺身便能让人品尝到海洋的鲜美。

此外，食材的新鲜度还直接影响到菜肴的口感。以肉类为例，新鲜的肉质紧实、色泽鲜亮，烹饪后口感多汁而富有弹性。而陈旧的肉类则可能口感干涩、味道不佳。在烹饪过程中，食材的新鲜度还决定了烹饪方法的选择。新鲜的蔬菜适合生食或快速烹饪，以保留其脆嫩口感；而陈旧的蔬菜则可能需要更长时间的炖煮来软化纤维。

……

3.1.3　生成一份放假通知

在 WPS 的"新建文档"页面中，可以直接通过"帮我写"缩略图唤起 WPS AI，快速生成一份放假通知。其具体操作如下。

生成一份放假通知

Step 01　打开 WPS，单击"新建"按钮，如图 3-8 所示，在弹出的"新建"面板中单击"文字"按钮。

Step 02　进入"新建文档"页面，单击"AI 帮我写"缩略图，如图 3-9 所示。

图 3-8　单击"新建"按钮

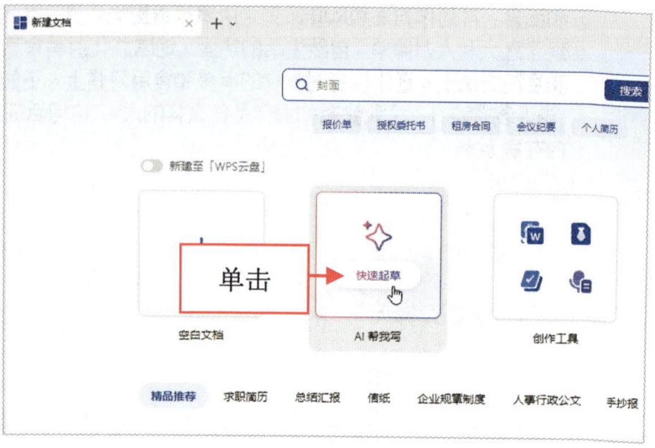

图 3-9　单击"AI 帮我写"缩略图

Step03　执行操作后，即可快速创建一个 WPS 文字文档，并唤起 WPS AI，在输入框下方的列表框中，选择“通知”|“放假通知”选项，如图 3-10 所示。

Step04　执行操作后，即可套用“放假通知”指令模板，模板中标灰的文本框为待确认和待输入的内容，如图 3-11 所示。

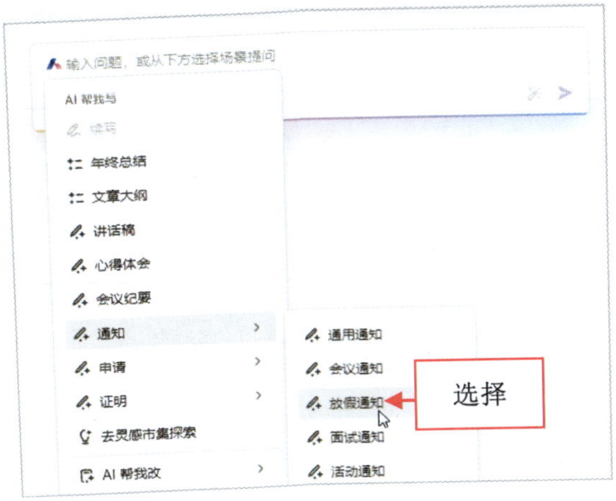

图 3-10　选择“放假通知”选项

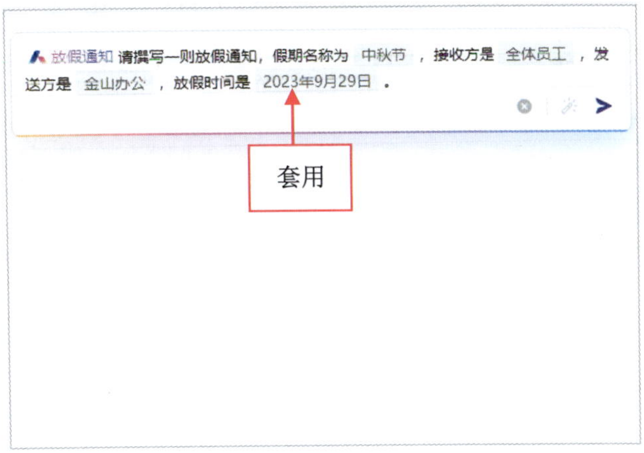

图 3-11　套用“放假通知”指令模板

Step05　适当修改标灰文本框中的内容，完善指令后，单击 按钮，即可获得 AI 生成的放假通知。案例指令及回复内容如下。

提问

请撰写一则放假通知，假期名称为国庆节，接收方是全体员工，发送方是金山办公，放假时间是 2025 年 10 月 1 日。

WPS AI

国庆节放假通知

全体员工：

通知如下：

一、放假时间：2025 年 10 月 1 日。

二、公司决定，全体员工于 2025 年 10 月 1 日享受国庆节假期。请各位员工提前做好工作安排，确保假期期间工作的连续性与安全性。

金山办公

××××年××月××日

3.1.4　内容的续写与完善

WPS AI 可以根据用户提供的上下文信息，例如文章的主题、摘要和段落结构等信息，自动续写内容。下面以完善传统工艺内容为例介绍 AI 续写的操作方法。

Step 01 打开一个传统工艺文档，其中已经编写好了一部分传统工艺内容，在文本结束位置另起一行，唤起 WPS AI，在输入框下方的列表框中选择“续写”选项，如图 3-12 所示。

内容的续写与完善

Step 02 稍等片刻，WPS AI 即可续写传统工艺内容，单击“插入”按钮，如图 3-13 所示。

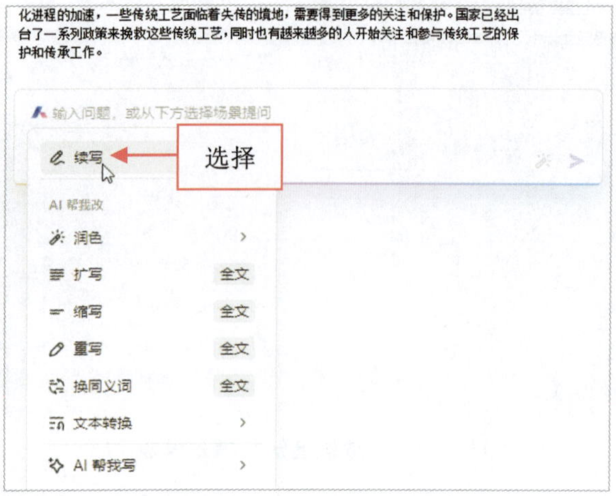

图 3-12　选择“续写”选项

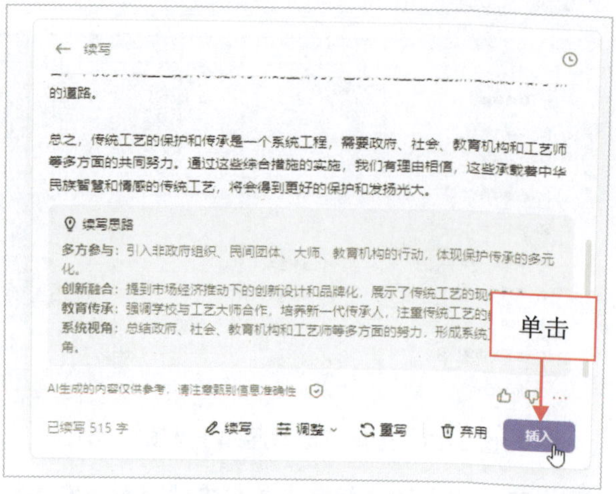

图 3-13　单击“插入”按钮

Step 03 执行操作后，即可将 AI 续写的内容插入到文档中。相关回复内容如下。

WPS AI

传统工艺指采用天然材料制作，具有鲜明的民族风格和地方特色的工艺品种和技艺，一般具有百年以上历史及完整工艺流程，是历史和文化的载体。中国传统工艺世代相传，采用天然材料制作，具有鲜明的民族风格和地方特色。以下是一些具体的传统工艺分类：

1.工具器械制作工艺：包括罗盘制作工艺、舟车类（如木船、木车制作工艺）、乐器类（如芦笙、箫笛、弦乐器、民族乐器制作工艺）及日用器具类（如扇子、油纸伞、锁、舟、筏、马鞍等制作工艺）。

2.传统饮食加工工艺：涵盖制茶类（如绿茶、红茶、乌龙茶、白茶、武夷岩茶等制作工艺）、酿造类（如酒、醋、酱油、豆豉、腐乳酿造工艺）、制盐类（如井盐、海盐、池盐等制作工艺）、腌制类（如火腿、咸菜等腌制工艺）及制碱类。

3.传统建筑营造工艺：包括传统建筑（如木作、瓦作、油漆彩绘、石作、搭材、园林叠造等工艺）、民居和少数民族建筑类（如汉族传统民居、少数民族如土楼、吊脚楼、草墙、草房、蒙古包、毡房营造工艺）、功能性建筑类（如传统瓷窑作坊营造工艺）及桥梁类（如廊桥、石桥营造工艺）。

4.雕塑工艺：包含玉石雕类（如玉雕、翡翠雕刻、水晶、玛瑙雕工艺等）、石雕类（如文房石雕中的砚台、印章、把玩件等，大型石雕如青田石雕、曲阳石雕、寿山石雕、惠安石雕、徽州三雕、彩绘石刻等）、木雕类（如朱金器木雕、黄杨木雕、潮州木雕、东阳木雕、湘东傩面具、木偶制作等工艺）、竹刻类（如嘉定竹刻、宝庆竹刻工艺）及泥塑类（包括大型泥塑如石窟塑像、庙宇塑像，民间泥塑如天津泥人、惠山泥人、泥咕咕、凤翔泥塑等制作工艺）和面塑技艺（如面人、花馍）。

5.织染工艺：包括桑蚕丝织类（如桑蚕丝织、蜀锦、宋锦、云锦、缂丝、织锦、黎锦、壮锦、绫绢、苗锦、侗锦、丝绸织染等工艺）、棉纺织类（如棉纺织、土布纺织等工艺）、麻纺织类（如夏布织造工艺）及印染类（如蓝印花布印染、蜡染、扎染、夹缬染色、香云纱染整工艺等）。

……

3.2　AI 帮我改

在文档创作完成后，用户经常需要对文档内容进行修改或润色，WPS AI 提供了“帮我改”功能，可以帮助用户提升文档的质量。本节将详细介绍 AI 的“润色”“扩写”“缩写”“重写”及“语病修正”等功能。

3.2.1　内容润色

内容润色

让 WPS AI 进行内容润色是一种高效且自动化的方法，可以帮助用户提升文本质量和可读性。下面介绍让 AI 进行内容润色的操作方法。

Step 01　打开一个文档，其中是已经编写好的文本内容，选择正文内容，唤起 WPS AI，在输入框下方的列表框中，选择“润色”|“更正式”选项，如图 3-14 所示。

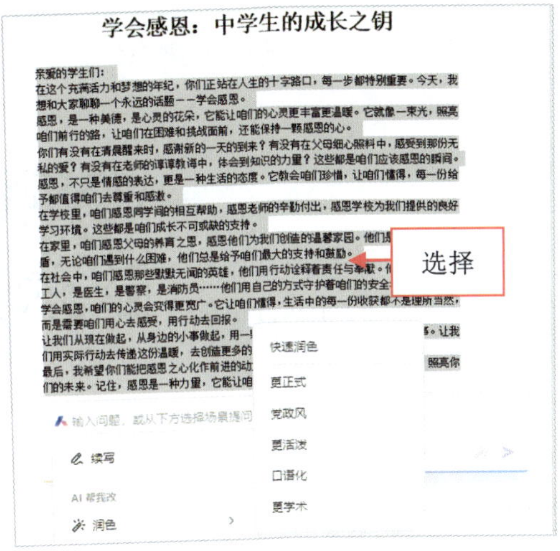

图 3-14　选择“更正式”选项

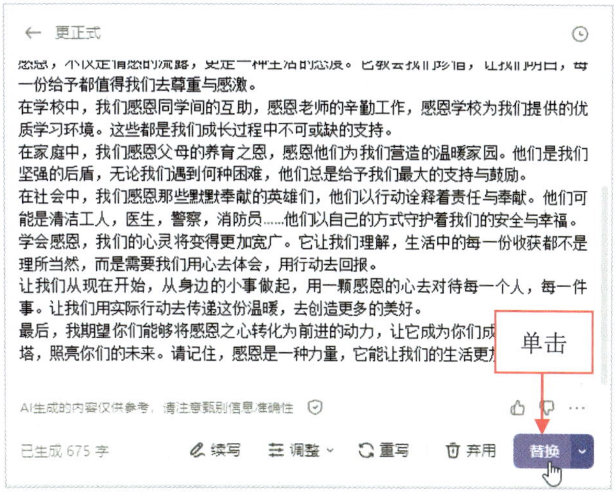

图 3-15　单击“替换”按钮

Step 02　稍等片刻，WPS AI 即可改写内容，并提供润色思路，单击“替换”按钮，如图 3-15 所示。

Step 03　执行操作后，即可将 AI 润色的内容替换到文档中。相关回复内容如下。

WPS AI

学生们：

在这个充满活力与梦想的时期，你们正面临人生的重要抉择，每一步都至关重要。今日，我想与诸位探讨一个永恒的主题——学会感恩。

感恩，乃是一种美德，是心灵之花，它能够丰富并温暖我们的心灵。它犹如一束光芒，照亮我们前进的道路，使我们在面对困难与挑战时，仍能保持一颗感恩之心。

你们是否曾在清晨醒来时，感激新的一天的降临？是否在父母的细心照料中，感受到那份无私的爱？是否在老师的耐心教导中，领悟到知识的力量？这些都是我们应当感恩的时刻。

感恩，不仅是情感的流露，更是一种生活的态度。它教会我们珍惜，让我们明白，每一份给予都值得我们去尊重与感激。

在学校中，我们感恩同学间的互助，感恩老师的辛勤工作，感恩学校为我们提供的优质学习环境。这些都是我们成长过程中不可或缺的支持。

在家庭中，我们感恩父母的养育之恩，感恩他们为我们营造的温暖家园。他们是我们坚强的后盾，无论我们遇到何种困难，他们总是给予我们最大的支持与鼓励。

在社会中，我们感恩那些默默奉献的英雄们，他们以行动诠释着责任与奉献。他们可能是清洁工人、医生、警察、消防员……他们以自己的方式守护着我们的安全与幸福。

学会感恩，我们的心灵将变得更加宽广。它让我们理解，生活中的每一份收获都不是理所当然，而是需要我们用心去体会，用行动去回报。

让我们从现在开始，从身边的小事做起，用一颗感恩的心去对待每一个人，每一件事。让我们用实际行动去传递这份温暖，去创造更多的美好。

最后，我期望你们能够将感恩之心转化为前进的动力，让它成为你们成长道路上的灯塔，照亮你们的未来。请记住，感恩是一种力量，它能让我们的生活更加精彩。

3.2.2 扩展内容

对于需要增加文章深度的用户，WPS AI 的“扩写”功能能够根据所选内容生成更加详细的段落，丰富内容的细节，这一功能特别适合撰写需要深入分析的文档。下面介绍让 AI 扩写内容的操作方法。

扩展内容

Step 01 打开一个文档，其中是已经编写好的文本内容，选择需要扩写的内容，如图 3-16 所示。

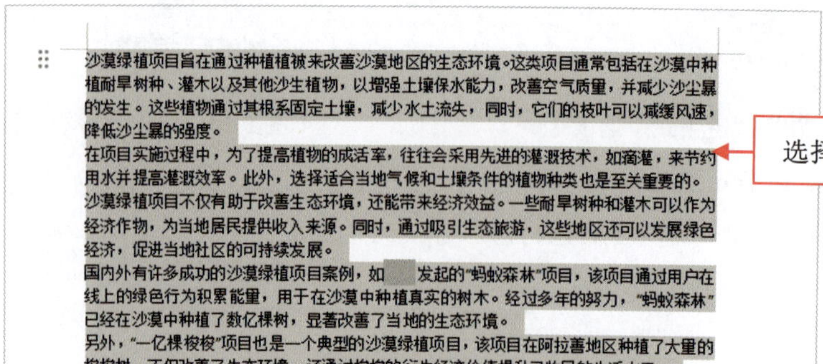

沙漠绿植项目旨在通过种植植被来改善沙漠地区的生态环境。这类项目通常包括在沙漠中种植耐旱树种、灌木以及其他沙生植物，以增强土壤保水能力，改善空气质量，并减少沙尘暴的发生。这些植物通过其根系固定土壤，减少水土流失，同时，它们的枝叶可以减缓风速，降低沙尘暴的强度。

在项目实施过程中，为了提高植物的成活率，往往会采用先进的灌溉技术，如滴灌，来节约用水并提高灌溉效率。此外，选择适合当地气候和土壤条件的植物种类也是至关重要的。

沙漠绿植项目不仅有助于改善生态环境，还能带来经济效益。一些耐旱树种和灌木可以作为经济作物，为当地居民提供收入来源。同时，通过吸引生态旅游，这些地区还可以发展绿色经济，促进当地社区的可持续发展。

国内外有许多成功的沙漠绿植项目案例，如[redacted]发起的“蚂蚁森林”项目，该项目通过用户在线上的绿色行为积累能量，用于在沙漠中种植真实的树木。经过多年的努力，“蚂蚁森林”已经在沙漠中种植了数亿棵树，显著改善了当地的生态环境。

另外，“一亿棵梭梭”项目也是一个典型的沙漠绿植项目，该项目在阿拉善地区种植了大量的梭梭树，不仅改善了生态环境，还通过梭梭的衍生经济价值提升了牧民的生活水平。

总之，沙漠绿植项目是一项具有深远意义的环保行动，它有助于改善沙漠地区的生态环境，促进可持续发展，并为当地居民带来实实在在的好处。

图 3-16　选择需要扩写的内容

Step 02 在菜单栏中，❶单击 WPS AI 标签；❷单击“帮我改”按钮；❸在弹出的列表框中选择“扩写”选项，如图 3-17 所示。

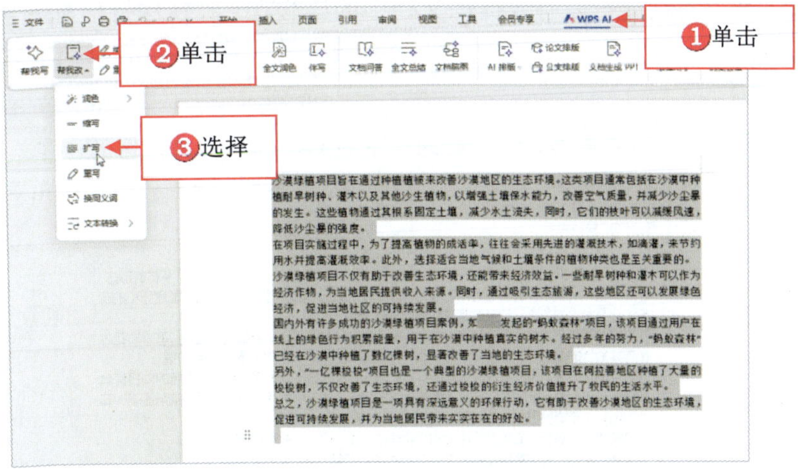

图 3-17　选择“扩写”选项

Step 03 稍等片刻，WPS AI 即可扩写内容，单击“替换”按钮，即可将 AI 扩写的内容替换到文档中。相关回复内容如下。

WPS AI

沙漠绿植项目的核心目标是通过种植各种植被来显著改善沙漠地区的生态环境。这类项目通常涉及在沙漠地带种植耐旱的树种、灌木及适应沙漠环境的其他植物，目的是为了增强土壤的保水能力，从而改善当地的空气质量，并且有效减少沙尘暴的频繁发生。这些植物通过它们的根系能够牢固地固定土壤，从而减少水土流失的现象。同时，植物的枝叶能够减缓风速，进而降低沙尘暴的强度，对周边环境产生积极影响。

在沙漠绿植项目的实施过程中，为了确保植物能够有较高的成活率，项目团队往往会采用各种先进的灌溉技术，例如滴灌技术，这种技术能够有效节约用水并显著提高灌溉效率。此外，选择那些能够适应当地气候和土壤条件的植物种类，对于项目的成功同样至关重要。

沙漠绿植项目不仅对改善生态环境有着重要的作用，它还能带来显著的经济效益。一些耐旱的树种和灌木可以作为经济作物来种植，为当地居民提供稳定的收入来源。同时，通过吸引生态旅游，这些地区可以发展绿色经济，促进当地社区的可持续发展，为居民带来更多的就业机会和经济利益。

在国内外，有许多沙漠绿植项目的成功案例，例如由知名企业家 XX 发起的“蚂蚁森林”项目。该项目通过用户在线上的绿色行为积累能量，这些能量随后被转化为真实的树木种植在沙漠中。经过多年的不懈努力，“蚂蚁森林”已经在沙漠中种植了数亿棵树，对当地的生态环境产生了显著的改善效果。

另一个典型的沙漠绿植项目是“一亿棵梭梭”项目，该项目在阿拉善地区种植了大量的梭梭树。梭梭树不仅对改善生态环境有着积极的作用，而且它们的衍生经济价值也帮助提升了当地牧民的生活水平，为他们带来了额外的收入来源。

综上所述，沙漠绿植项目是一项具有深远意义的环保行动。它不仅有助于改善沙漠地区的生态环境，促进可持续发展，还能够为当地居民带来实实在在的好处，包括改善生活质量和经济收入的增加。

3.2.3 缩写内容

WPS AI 的“缩写”功能可以有效提炼文档中的核心观点，在保持信息完整的前提下，获得更加简洁的文本，适用于汇报或摘要等工作。下面介绍让 AI 缩写内容的操作方法。

缩写内容

Step 01 打开一个文档，其中是已经编写好的文本内容，选择需要缩写的内容，如图 3-18 所示。

Step 02 在菜单栏中，❶单击 WPS AI 标签；❷单击“帮我改”按钮；❸在弹出的列表框中选择“缩写”选项，如图 3-19 所示。

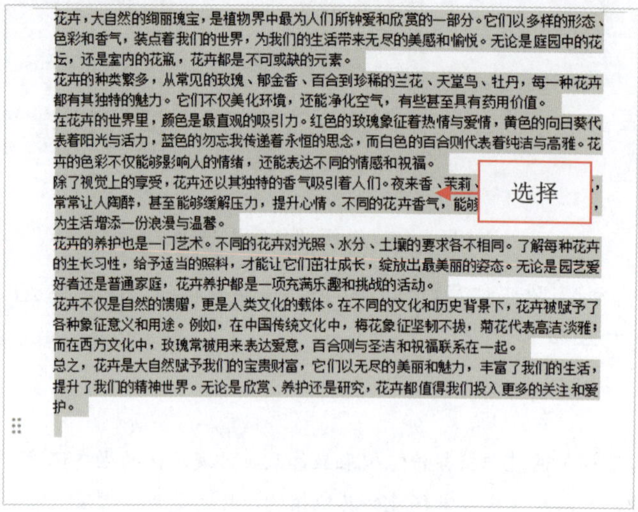
花卉，大自然的绚丽瑰宝，是植物界中最为人们所钟爱和欣赏的一部分。它们以多样的形态、色彩和香气，装点着我们的世界，为我们的生活带来无尽的美感和愉悦。无论是庭园中的花坛，还是室内的花瓶，花卉都是不可或缺的元素。

花卉的种类繁多，从常见的玫瑰、郁金香、百合到珍稀的兰花、天堂鸟、牡丹，每一种花卉都有其独特的魅力。它们不仅美化环境，还能净化空气，有些甚至具有药用价值。

在花卉的世界里，颜色是最直观的吸引力。红色的玫瑰象征着热情与爱情，黄色的向日葵代表着阳光与活力，蓝色的勿忘我传递着永恒的思念，而白色的百合则代表着纯洁与高雅。花卉的色彩不仅能够影响人的情绪，还能表达不同的情感和祝福。

除了视觉上的享受，花卉还以其独特的香气吸引着人们。夜来香、茉莉……常常让人陶醉，甚至能够缓解压力，提升心情。不同的花卉香气，能够……为生活增添一份浪漫与温馨。

花卉的养护也是一门艺术。不同的花卉对光照、水分、土壤的要求各不相同。了解每种花卉的生长习性，给予适当的照料，才能让它们茁壮成长，绽放出最美丽的姿态。无论是园艺爱好者还是普通家庭，花卉养护都是一项充满乐趣和挑战的活动。

花卉不仅是自然的馈赠，更是人类文化的载体。在不同的文化和历史背景下，花卉被赋予了各种象征意义和用途。例如，在中国传统文化中，梅花象征坚韧不拔，菊花代表高洁淡雅；而在西方文化中，玫瑰常被用来表达爱意，百合则与圣洁和祝福联系在一起。

总之，花卉是大自然赋予我们的宝贵财富，它们以无尽的美丽和魅力，丰富了我们的生活，提升了我们的精神世界。无论是欣赏、养护还是研究，花卉都值得我们投入更多的关注和爱护。

图 3-18 选择需要缩写的内容

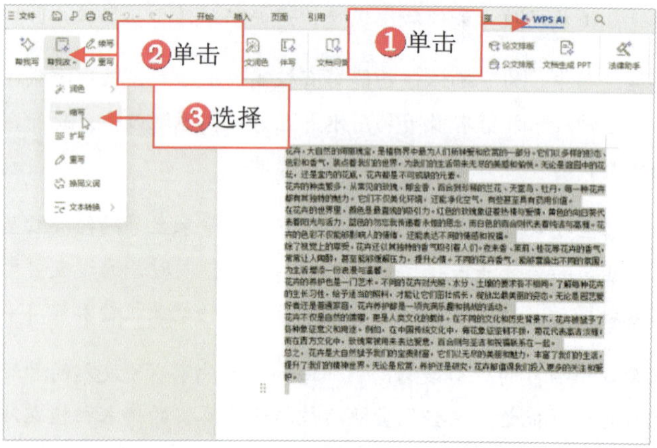

图 3-19 选择“缩写”选项

Step 03 稍等片刻，WPS AI 即可缩写内容，单击“替换”按钮，即可将 AI 缩写的内容替换到文档中。相关回复内容如下。

WPS AI

花卉是植物界中受人喜爱的部分，以多样的形态、色彩和香气美化我们的世界。它们在庭园和室内都占有一席之地。

花卉种类繁多，从常见到珍稀，每种都有独特魅力。它们美化环境，净化空气，有些还有药用价值。

花卉颜色丰富，能影响情绪，表达情感和祝福。红色玫瑰代表热情，黄色向日葵象征活力，蓝色勿忘我传递思念，白色百合代表纯洁。

花卉香气独特，如夜来香、茉莉、桂花，能缓解压力，营造浪漫氛围。

花卉养护是一门艺术，需了解其生长习性，给予适当照料，让它们健康成长。

花卉不仅是自然的馈赠，也是文化载体，具有丰富的象征意义和用途。

花卉是宝贵的自然财富，以美丽和魅力丰富生活，提升精神世界，值得我们关注和爱护。

3.2.4　重写内容

当文本的表达风格不符合预期时，WPS AI 的“重写”功能可以根据用户的需求重新调整文本的结构和用词，确保文档在风格上的一致性。下面介绍让 AI 重写内容的操作方法。

重写内容

Step 01　打开一个文档，其中是已经编写好的文本内容，选择需要重写的内容，如图 3-20 所示。

Step 02　在菜单栏中，❶单击 WPS AI 标签；❷在功能区中单击“重写”按钮，如图 3-21 所示。

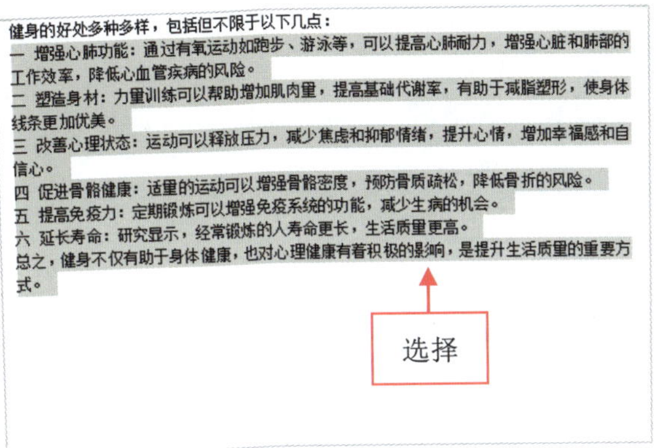

图 3-20　选择需要重写的内容

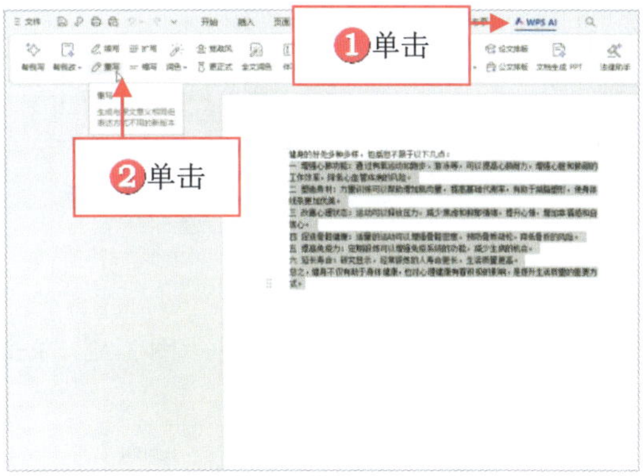

图 3-21　单击“重写”按钮

Step 03　稍等片刻，WPS AI 即可重写内容，单击“替换”按钮，即可将 AI 重写的内容替换到文档中。相关回复内容如下。

WPS AI

健身的好处多种多样，包括但不限于以下几点。

一、提升心肺耐力：参与跑步、游泳等有氧活动，能够增强心脏与肺部的效率，减少心血管疾病的风险，同时提高心肺功能。

二、优化体型：进行力量训练有助于肌肉增长，提升新陈代谢，有助减肥和塑造体型，身体轮廓更加动人。

三、调节心理状态：运动能够释放压力，减轻焦虑和抑郁，提高情绪，增进幸福感和自信。

四、增强骨骼健康：适度的体育活动可以强化骨骼密度，预防骨质疏松症，降低骨折的可能性。

五、增强免疫力：规律性的锻炼有助于强化免疫系统，减少患病的几率。

六、延长寿命：多项研究表明，经常运动的人往往寿命更长，生活品质更高。

综上所述，健身不仅对身体健康有益，对心理健康的正面作用也不容忽视，是提高生活品质的关键途径。

3.2.5 语病修正

语病修正

在 WPS 的智能文档中，提供了“语病修正”功能，当用户不确定文档中是否存在语法错误或错别字时，使用该功能，AI 能够自动检测识别出错误并及时改正错误。其具体操作如下。

Step 01 打开 WPS，❶单击“新建”按钮；❷在弹出的“新建”面板中单击“智能文档”按钮，如图 3-22 所示。

Step 02 进入“新建智能文档”页面，单击“空白智能文档”缩略图，如图 3-23 所示，即可新建一个 WPS 智能文档。

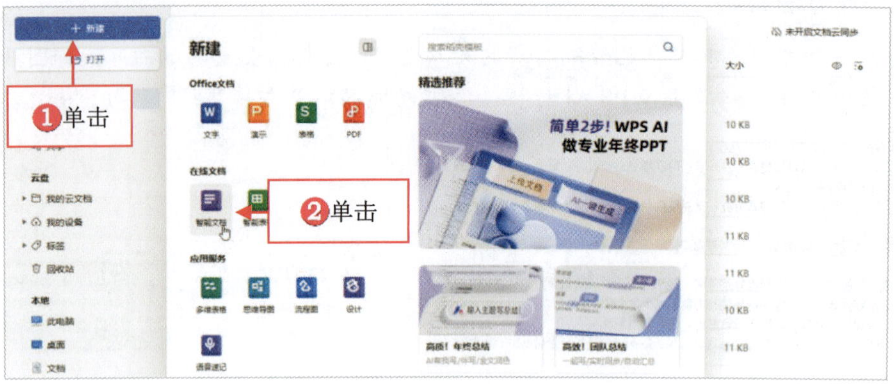

图 3-22 单击“智能文档”按钮

图 3-23 单击“空白智能文档”缩略图

Step 03 在智能文档中，输入一段文本内容，如图 3-24 所示。为了方便大家更直观地了解“AI 语病修正”功能的作用，这里输入的文本中有几个错别字，例如“家庭”的“家”“不放弃”的“弃”及“发现”的“现”。

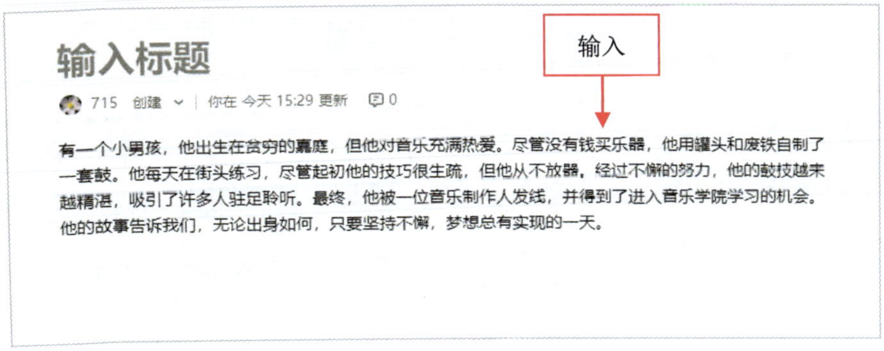

图 3-24　输入一段文本内容

Step 04　❶选择输入的文本内容，弹出悬浮面板；❷在弹出的列表框中选择“语病修正”选项，如图 3-25 所示。

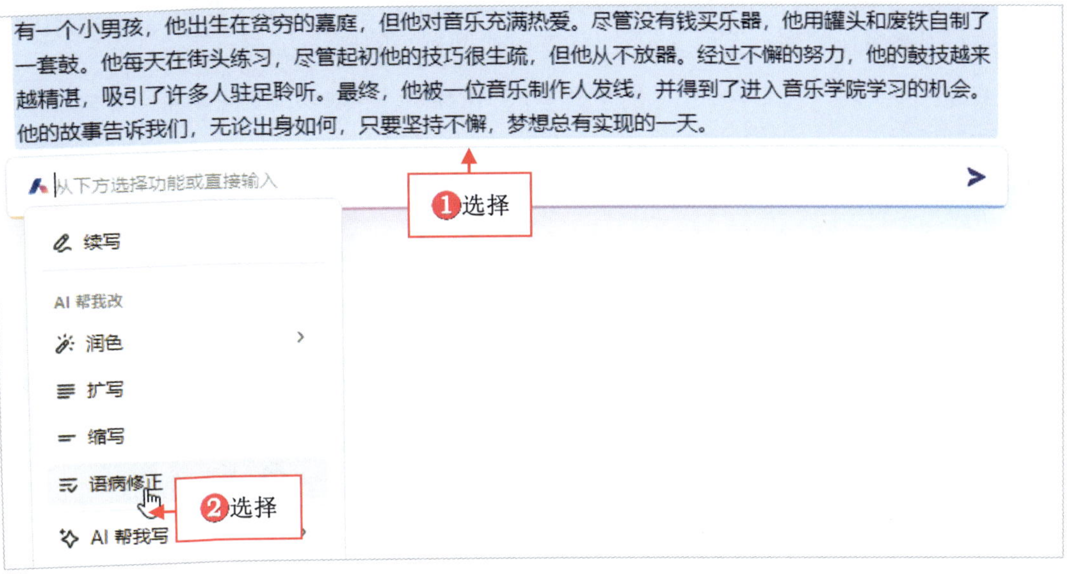

图 3-25　选择“语病修正”选项

Step 05　执行操作后，WPS AI 即可识别并修改错误内容，单击“替换”按钮，即可获得 AI 修改后的内容。相关回复内容如下。

WPS AI

有一个小男孩，他出生在贫穷的家庭，但他对音乐充满热爱。尽管没有钱买乐器，他用罐头和废铁自制了一套鼓。他每天在街头练习，尽管起初他的技巧很生疏，但他从不放弃。经过不懈的努力，他的鼓技越来越精湛，吸引了许多人驻足聆听。最终，他被一位音乐制作人发现，并得到了进入音乐学院学习的机会。他的故事告诉我们，无论出身如何，只要坚持不懈，梦想总有实现的一天。

▶ 专家指点

生成内容后，用户应对 AI 生成的内容进行检查，以避免出现错误。如果发现了，可以在错误处进行适当的修改。

3.3 AI 伴写

在追求写作效率与创意的旅途中，多彩功能的引入无疑为写作者开辟了新天地。本节将介绍 AI 伴写的实时协助，让写作过程变得不再孤单；排版美化功能则让文档面貌焕然一新，更显专业风范。法律咨询与表格转换两大功能，轻松解决了专业知识与数据处理上的难题。标题脑暴功能更是激发了无限创意，而行政通知功能则确保了信息的清晰准确传达。这些功能携手并进，共同拓展了写作的边界，显著提升了创作体验。

3.3.1 AI 实时协助撰写

AI 实时协助撰写

“AI 伴写”功能可以在用户进行写作时，跟随用户的思路帮用户撰写下一句，快速生成文本内容，同时提供语言润色和创意激发，使写作过程更加流畅和高效，提高写作效率。下面介绍让 AI 实时协助撰写的操作方法。

Step 01 新建一个文档，在菜单栏中，❶单击 WPS AI 标签；❷在功能区中单击“伴写”按钮，如图 3-26 所示。

Step 02 执行操作后，即可弹出“AI 伴写”面板，同时开启“AI 伴写”功能，如图 3-27 所示。

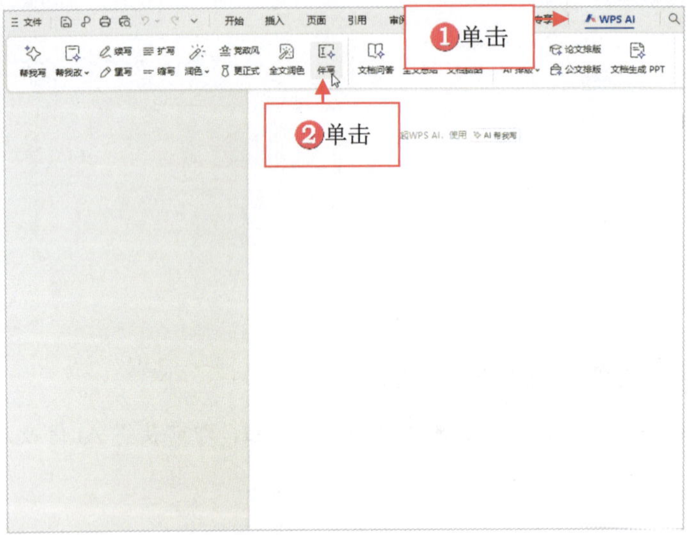

图 3-26 单击“伴写”按钮

图 3-27 开启“AI 伴写”功能

▶ 专家指点

在“AI 伴写”面板中，单击“角色”下方的卡片或下拉按钮，可以更换写作角色，例如“通用”角色，适用于多种写作内容；“行政”角色，适用于撰写通知、行政规定等；“教师”角色，适用于撰写教案、学生评语等；“运营”角色，适用于融媒体文案、运营方案等。此外，单击“参考资料”下方的卡片，即可上传资料文档或网址，以便 AI 伴写的内容更符合用户的需求。

Step 03　在文档中，❶输入一段文本内容；❷停止输入内容时将显示灰色的文字，这便是 AI 自动续写的内容，如图 3-28 所示。

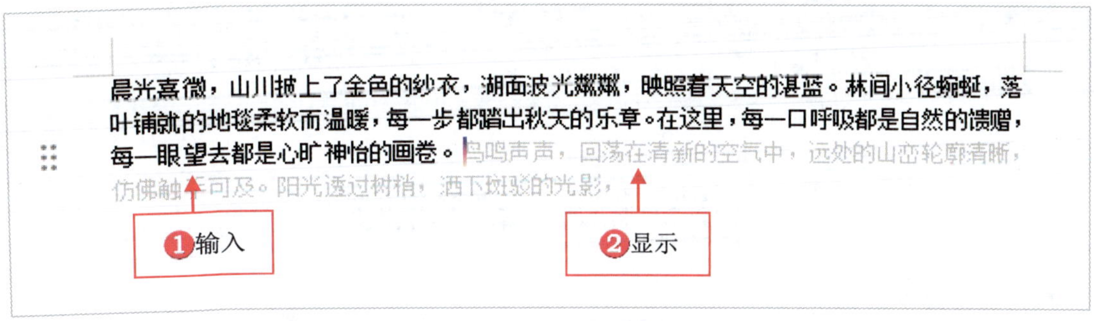

图 3-28　显示 AI 自动续写的内容

▶ 专家指点

启用“AI 伴写”功能写作时，当光标停留在段末时，AI 将伴随用户的构思提供续写建议，此时按下【Tab】键，即可采用续写内容；按下【Esc】键，即可放弃续写内容；按下【Alt + ↓】键，即可生成更多内容，享受文思泉涌的写作快感。

Step 04　按下【Alt + ↓】键，弹出相应面板，其中显示了 AI 生成的更多内容，用户可以根据需要选择对应的内容，如图 3-29 所示，即可将所选内容插入文档中。

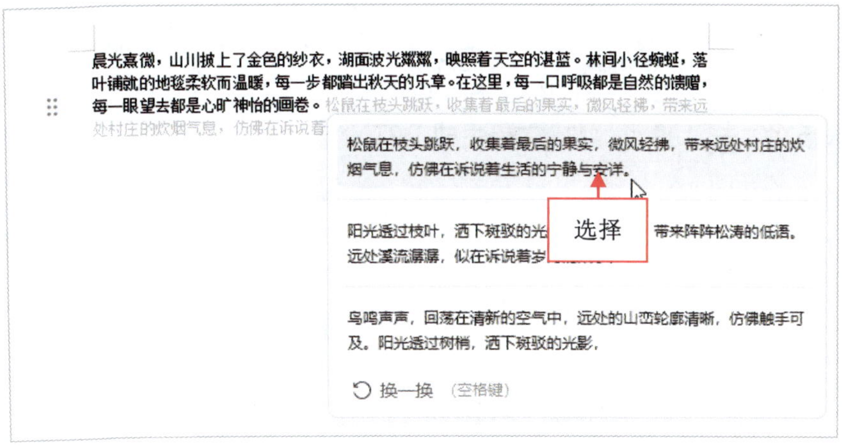

图 3-29　选择对应的内容

3.3.2　美化文档结构

美化文档结构

在 WPS 文档中，AI 技术的巧妙融入，让用户得以享受一键排版的便捷与高效。以美化文档排版为例，WPS AI 凭借其强大的智能分析能力，能够精准地根据文档内容自动进行段落划分，科学设置标题层级，合理调整字体大小与样式，从而打造出结构清晰、条理分明的文档。

这一功能不仅大大节省了用户手动排版的时间与精力，还使得文档的阅读体验得到显著提升，让接收者能够轻松排版并且美化文档，具体操作方法如下。

Step 01 打开一个 WPS 文档，需要通过 WPS AI 对文档内容进行一键排版，在菜单栏中单击 WPS AI 标签，如图 3-30 所示。

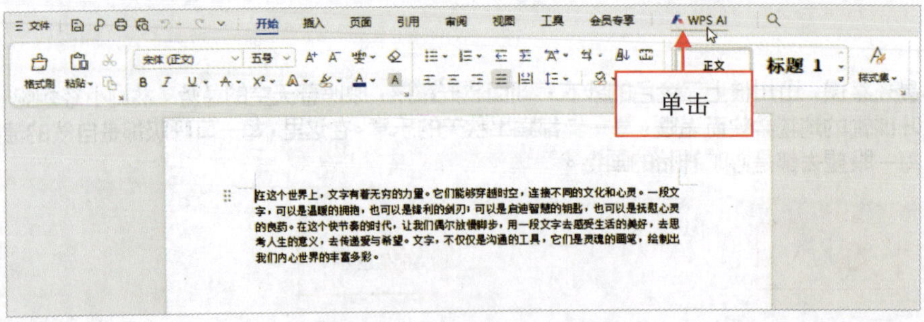

图 3-30 单击 WPS AI 标签

Step 02 弹出功能区，单击“AI 排版”按钮，如图 3-31 所示。

Step 03 弹出“AI 排版”面板，选择“更多类型排版”选项，弹出相应面板，单击“招投标文书”中的“开始排版”按钮，如图 3-32 所示。

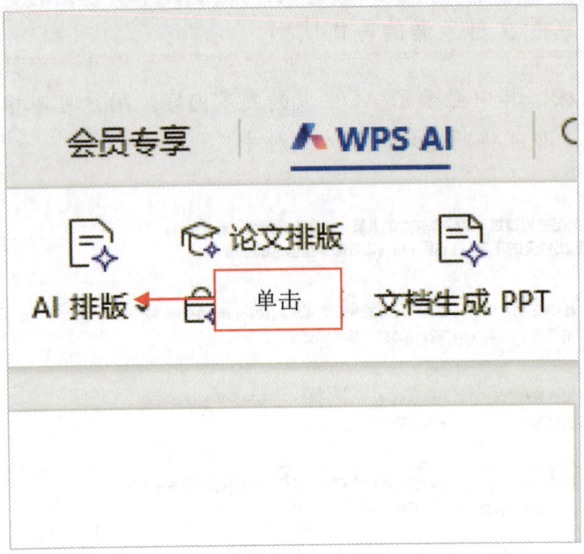

图 3-31 单击“AI 排版”按钮

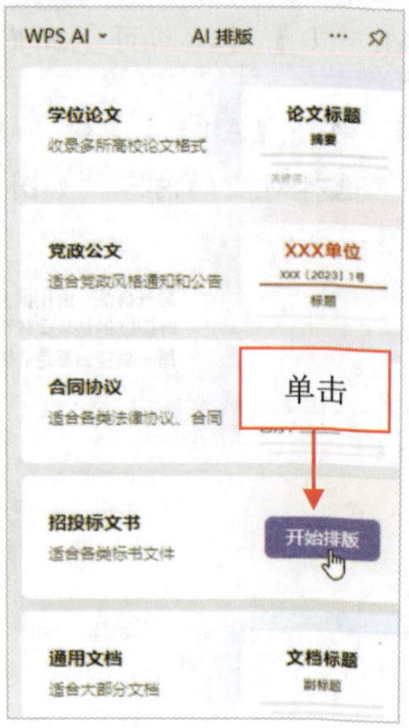

图 3-32 单击“开始排版”按钮

Step 04 稍等片刻，即可开始排版，并弹出相应面板，单击“应用到当前”按钮，如图 3-33 所示。

Step 05 执行操作后，即可完成排版操作，效果如图 3-34 所示。

图 3-33 单击“应用到当前”按钮

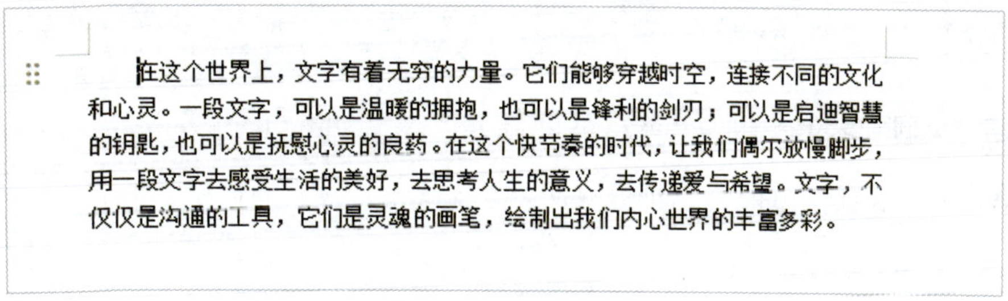

在这个世界上，文字有着无穷的力量。它们能够穿越时空，连接不同的文化和心灵。一段文字，可以是温暖的拥抱，也可以是锋利的剑刃；可以是启迪智慧的钥匙，也可以是抚慰心灵的良药。在这个快节奏的时代，让我们偶尔放慢脚步，用一段文字去感受生活的美好，去思考人生的意义，去传递爱与希望。文字，不仅仅是沟通的工具，它们是灵魂的画笔，绘制出我们内心世界的丰富多彩。

图 3-34　AI 排版效果

3.3.3　快速搜法与解答

快速搜法与解答

在 WPS 中，“AI 法律助手”功能可以快速搜法、智能解答法律方面的疑虑，能够提供快速准确的法律信息查询、法律文书自动生成、合同审查、风险评估及法律咨询服务，帮助用户节省时间，提高工作效率，同时减少因人为疏忽导致的错误。

AI 法律助手通过自然语言处理和机器学习技术，能够理解复杂的法律问题，并提供基于大数据分析的建议。对于非专业人士来说，AI 法律助手是一个易于访问的法律知识来源，有助于普及法律知识，提高公众的法律意识。下面介绍“AI 法律助手”功能的使用方法。

Step 01　新建一个文档，在菜单栏中，❶单击 WPS AI 标签；❷在功能区中单击“法律助手”按钮，如图 3-35 所示。

Step 02　执行操作后，弹出“AI 法律助手”面板，如图 3-36 所示，在输入框中可以输入法律相关问题，也可以输入生成法律文件的指令，让 AI 生成相应内容。

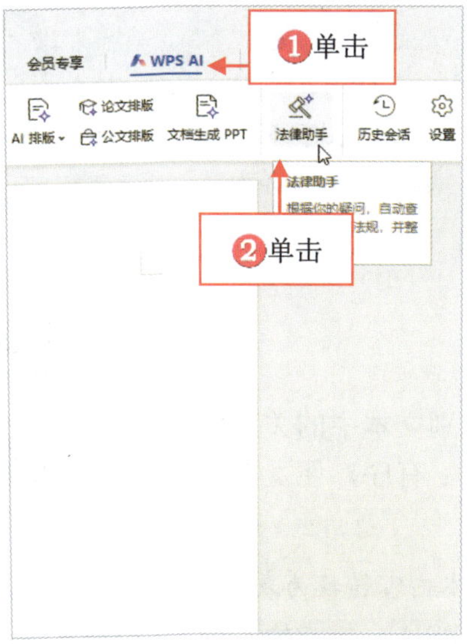

图 3-35　单击“法律助手”按钮

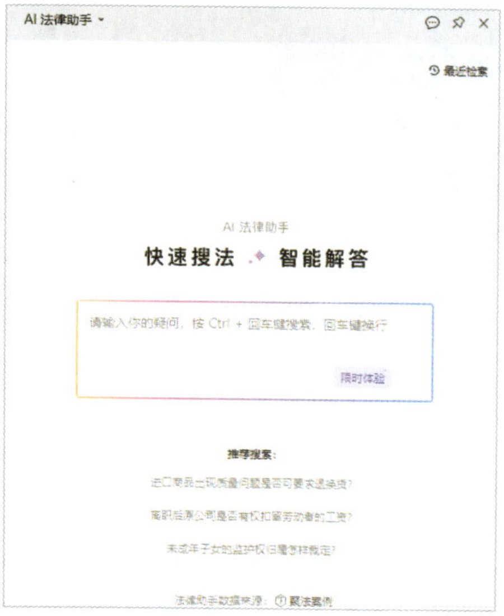

图 3-36　弹出“AI 法律助手”面板

Step 03　这里在输入框中输入法律相关问题，单击 ➤ 按钮，即可获得 AI 生成的回复。案例指令及回复内容如下。

提问

一审和二审之间间隔多久？

WPS AI

一审和二审之间间隔多久？

一审和二审之间的间隔时间并非固定，而是根据案件类型、审理程序及具体情况有所不同。一般情况下，民事案件的上诉案件应当在第二审立案之日起一定期限内审结，但具体时间受多种因素影响。

一、问题分析

一审和二审之间的间隔时间主要取决于案件的审理程序、案件类型及是否存在特殊情况。

1.民事案件：根据《中华人民共和国民事诉讼法（2007）》第一百五十九条，人民法院审理对判决的上诉案件，应当在第二审立案之日起三个月内审结。有特殊情况需要延长的，由本院院长批准。

2.同时，根据《最高人民法院关于严格执行案件审理期限制度的若干规定》第二条，审理对民事判决的上诉案件，审理期限为三个月；有特殊情况需要延长的，经本院院长批准，可以延长三个月。

3.刑事案件：刑事案件的二审审理期限也受类似规定约束，但是具体时间可能因案件复杂性和法律程序的不同而有所变化。

4.行政案件：行政案件的二审审理期限同样受到法律约束，但也可能因案件具体情况而有所调整。

5.特殊情况：在特殊情况下，如案件涉及重大、复杂问题，或者需要等待其他案件结果等，二审审理期限可能会相应延长。

二、法律依据

《中华人民共和国民事诉讼法（2007）》第一百五十九条："人民法院审理对判决的上诉案件，应当在第二审立案之日起三个月内审结。有特殊情况需要延长的，由本院院长批准"。

……

3.3.4 文本生成表格

文本生成表格

WPS AI 支持"文本生成表格"功能，能够智能识别文本中的关键信息并转换为规范的表格格式，使数据或文本内容更加清晰、有序，便于查看、分析和处理。其具体操作如下。

Step 01 打开一个 WPS 文档，需要利用 WPS AI 将文本内容转换为表格，❶按【Ctrl + A】组合键全选文本内容，连续按两下【Ctrl】键，唤起 WPS AI；❷在输入框下方的列表框中选择"更多 AI 功能"｜"文本生成表格"选项，如图 3-37 所示。

图 3-37　选择“文本生成表格”选项

Step 02 执行操作后，即可切换为“文本生成表格”模式，在输入框中会自动输入指令，发送指令后即可获得 AI 转换的表格。相关指令和回复内容如下。

提问

请把选中文本转换为表格。

WPS AI

员工信息表

姓名	年龄	职位	部门	入职日期	绩效评分
熊皓	21	行政	人事部	2024 年 5 月	79
张红	27	人事	人事部	2021 年 10 月	89
江一	31	技术专员	管理部	2016 年 12 月	91

3.3.5　更多模板

更多模板

WPS 智能文档中的 AI 模板具有标准化和自动化的特点，简化了文档编辑的过程。例如，“根据食材生成菜谱”模板专为在日常烹饪中，面对琳琅满目的食材，如何巧妙搭配、创新菜谱常常让人绞尽脑汁。接下来将介绍一种基于食材生成菜谱的创意方式，它不仅能够激发烹饪灵感，还能让每一道菜肴都充满新意与惊喜。

AI 模板有两个使用入口，下面介绍从“新建智能文档”页面使用“根据食材生成菜谱”模板的操作方法。

Step 01 打开 WPS，❶单击“新建”按钮；❷在弹出的“新建”面板中单击“智能文档”按钮，如图 3-38 所示。

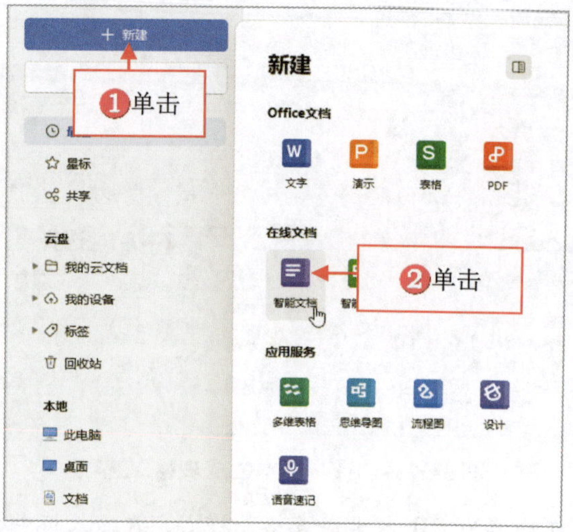

图 3-38 单击“智能文档”按钮

Step 02 进入“新建智能文档”页面，单击“AI 模板”右侧的“查看更多”按钮，如图 3-39 所示。

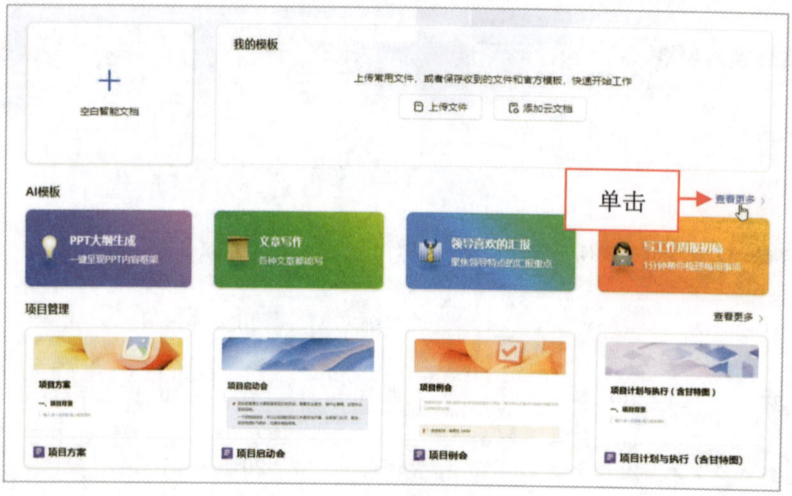

图 3-39 单击“查看更多”按钮

Step 03 进入“AI 模板”选项卡，选择“根据食材生成菜谱”模板，如图 3-40 所示。

图 3-40　选择“根据食材生成菜谱”模板

Step 04　执行操作后，即可使用“根据食材生成菜谱”模板，文档右侧会弹出“AI 模板设置”面板，文档中会显示示例内容，如图 3-41 所示。

图 3-41　弹出“AI 模板设置”面板

Step 05　在“AI 模板设置”面板中，根据需要输入“现有食材”，这里分别输入“牛肉”“辣椒”，如图 3-42 所示。

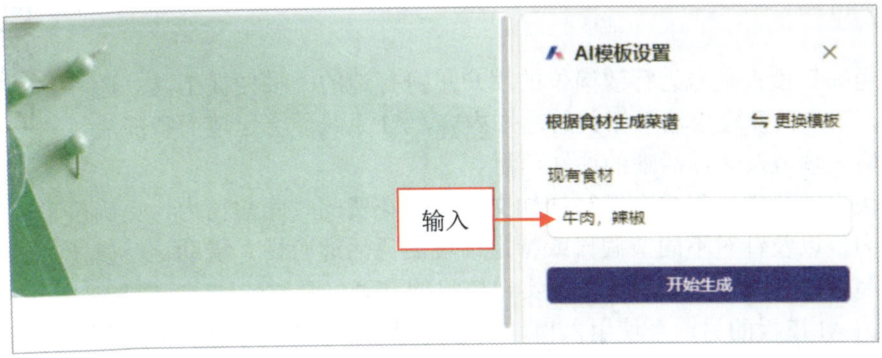

图 3-42　输入相应内容

Step 06　单击“开始生成”按钮，弹出“是否重新生成”对话框，提示当前文档中的示例内容将会被删除，单击“确定”按钮，如图 3-43 所示。

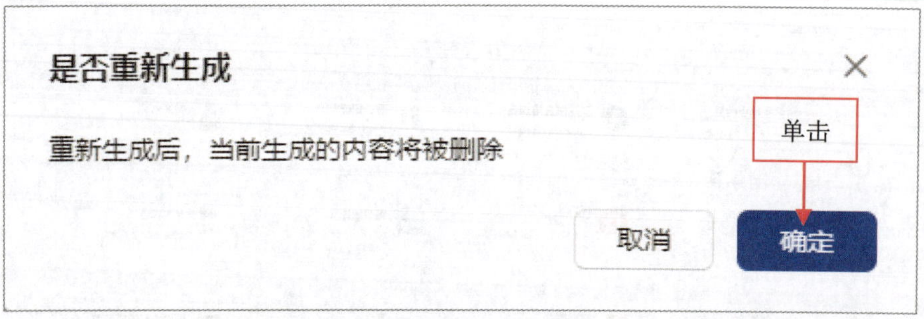

图 3-43　单击“确定”按钮

Step 07　AI 即可生成多个食材菜谱，如图 3-44 所示。即可完成根据食材生成菜谱的操作。

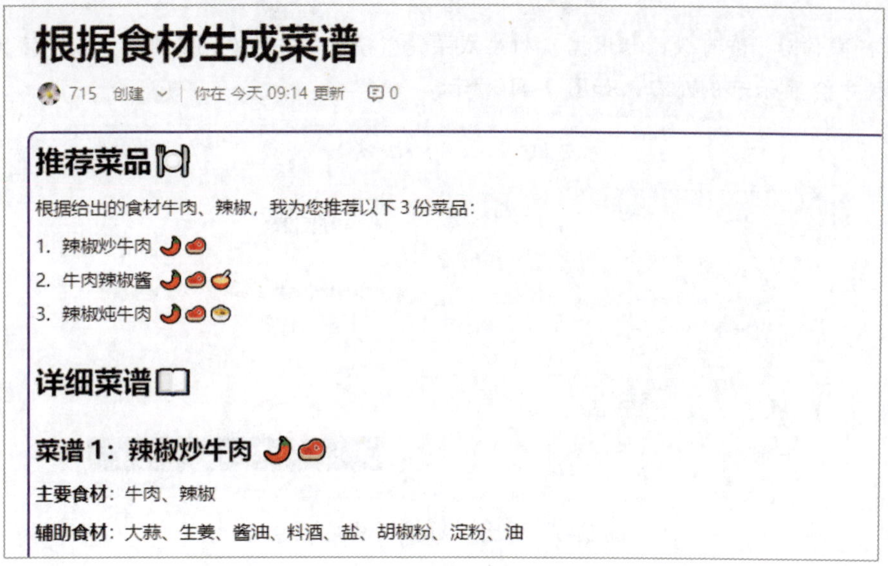

图 3-44　AI 生成多个菜谱

3.3.6　行政通知

行政通知

“行政通知”模板是专为行政岗位的用户量身打造的一种便捷工具。通过这一模板，用户只需轻松输入相关的通知内容，AI 系统便会迅速而智能地生成一系列格式规范及条理清晰的通知信息。

这不仅极大地节省了用户在撰写通知文稿上所花费的时间与精力，更确保了通知内容的专业性、吸引力，以及针对不同节假日或特定情境的灵活适应性。借助这一模板，行政岗位的用户能够更加高效地完成通知撰写工作，实现信息的准确、及时传达。

下面介绍 AI 模板的另一个使用入口，即从智能文档中打开模板库，使用“行政通知”模板的操作方法。

Step 01　新建一个 WPS 智能文档，单击“模板”按钮，如图 3-45 所示。

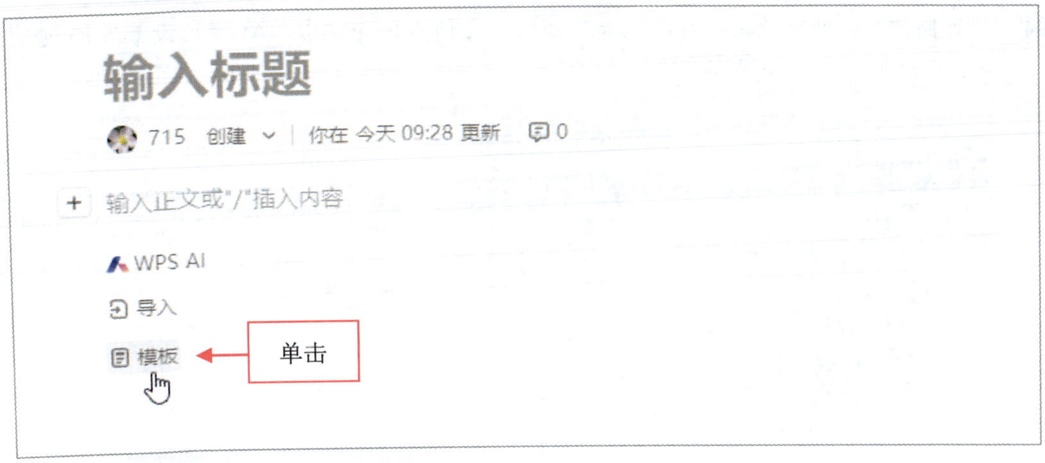

图 3-45　单击“模板”按钮

Step 02 文档下方会弹出“推荐模板”面板，单击“更多模板”缩略图，如图 3-46 所示。

图 3-46　单击“更多模板”缩略图

Step 03 弹出“金山文档 · 模板库”面板，在“AI 模板”选项卡中，选择“行政通知”模板，如图 3-47 所示。

图 3-47　选择“行政通知”模板

Step 04 执行操作后，即可使用“行政通知”模板，文档右侧会弹出“AI 模板设置”面板，文档中会显示示例内容，如图 3-48 所示。

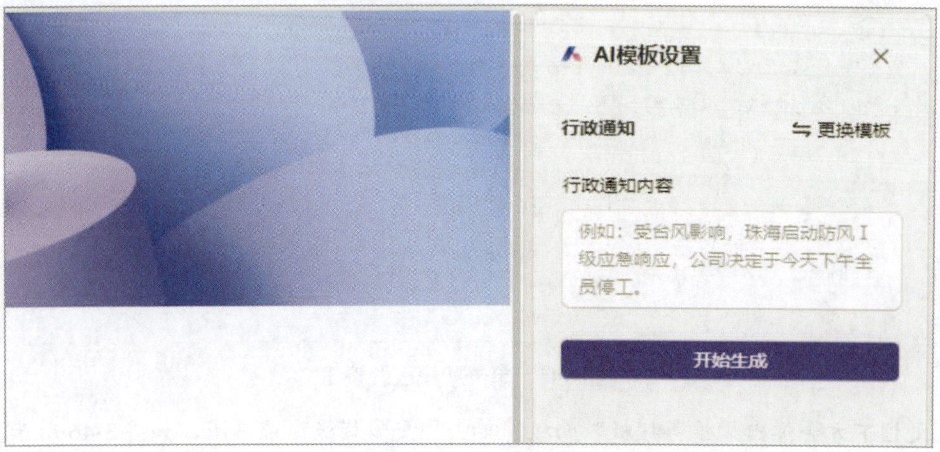

图 3-48　弹出“AI 模板设置”面板

Step 05 在“行政通知”页面中，根据需要输入“行政通知内容”，这里分别输入“国庆放假 7 天”和“最后一个走的人检查水电”，如图 3-49 所示。

Step 06 单击“开始生成”按钮，弹出“是否重新生成”对话框，提示当前文档中的示例内容将会被删除，单击“确定”按钮，如图 3-50 所示。

Step 07 执行操作后，AI 即可生成行政通知，单击“完成”按钮，即可完成行政通知生成操作。AI 生成的行政通知内容如下。

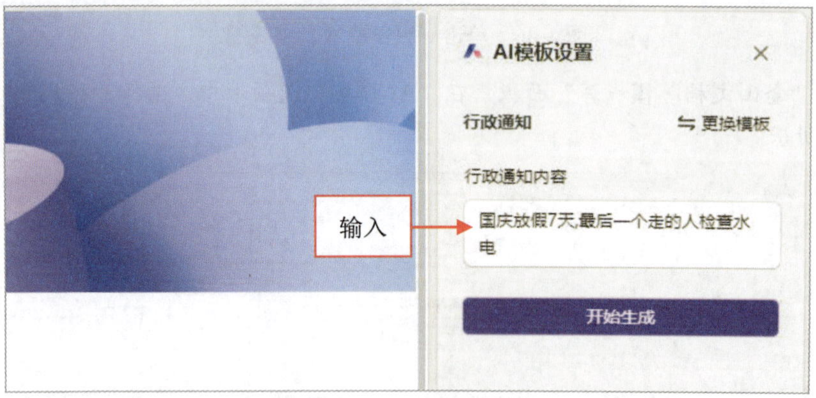

图 3-49　输入相应内容

图 3-50　单击“确定”按钮

WPS AI

行政通知

一、内容提要

尊敬的全体员工：

本通知旨在通知大家关于 2026 年国庆节放假的具体安排及相关注意事项。

二、注意事项

1.放假时间：根据国家节假日安排，2026 年国庆节放假时间为××月×日（周×）至××月××日，共计 7 天。请各位员工提前做好假期安排。

2.安全检查：假期期间，办公室将无人值守。为确保办公室安全，请最后一位离开办公室的员工查水电设施，确保所有电器设备已关闭，水源已切断，门窗已锁好。

三、期间工作安排

- 放假期间，如无特殊工作安排，请大家保持通讯畅通，以便紧急情况下能及时联系。
- 如有紧急工作需要处理，请提前与部门负责人沟通并做好相应安排。

四、联系方式

- 如有任何疑问或需要协助，请随时联系行政部，联系电话：××××-×××××××××。
- 紧急情况下，可直接拨打公司紧急联系人电话：××××-×××××××××。

请大家务必遵守以上安排，确保假期期间的安全与秩序。祝大家国庆节快乐，阖家幸福！

行政部

发布日期：××××年××月×日

▶ 专家指点

在使用 WPS AI 提供的智能通知模板时，用户会发现“××××”这一提示性占位符，它标志着那些需根据具体情境、需求或事件灵活调整的信息部分。这一设计匠心独运，旨在为用户提供一个既规范又灵活的框架，让用户能在其中轻松填入或修改关键内容，迅速生成一份既符合标准又个性鲜明的正式通知文稿。

这样的模板不仅显著提升了撰写通知的效率，使用户得以从繁琐的格式调整和内容构思中解脱出来，专注于信息的精准传达；同时，也确保了通知内容的准确无误，避免了因信息遗漏或错误而引发的困扰。此外，通过赋予用户个性化的调整空间，该模板使得每一份通知都能更加贴近接收者的实际需求，增强了通知的针对性和有效性，进一步提升了其在工作中的实际应用价值。

本章小结

本章主要讲述了 WPS AI 的写作助手。首先介绍了 AI 帮我写功能，如输入问题获得回复，生成大纲和全文，生成一份放假通知，内容的续写与完善；其次介绍了 AI 帮我改功能，如内容润色、扩展内容、缩写内容、重写内容、语病修正；最后介绍了 AI 伴写功能，如 AI 实时协助撰写、美化文档结构、快速搜法与解答、文本生成表格、更多模板和行政通知等。通过本章的学习，读者应能全面提升工作效率和文档质量。

课后实训

课后实训

鉴于本章知识的重要性，为了更好地掌握所学知识，将通过课后实训帮助读者进行简单的知识回顾和补充。

实训任务：打开 WPS 文字文档，唤起 WPS AI，根据前文所学，生成一份外出摄影的注意事项。案例指令及回复内容如下。

提问

外出摄影需要注意什么？

WPS AI

外出摄影需要注意以下几点。

一、光线运用

避免阳光直射：强烈的阳光会使被摄人物睁不开眼，同时在人物脸上造成浓重的阴影，损害形象美。应多让阳光从侧面照射被摄者。

注意环境反光：在明亮光线照射下，人物应尽里远离色彩明艳的景物，避免射到人物身上造成偏色。

忌顶光拍摄：顶光时人物站在水泥地上拍照会形成较强的反射，造成恐怖效果，应尽量避免。

逆光拍摄技巧：拍摄逆光照时，要防止光线直冲镜头，避免产生光晕现象。

二、构图与背景

忌立于树旁拍照：阳光会把树叶投影到人物身上、脸上，造成斑驳阴影，有损画面美感。

谨慎选择背景：避免与古老衣物、家居、千年老树、百年老屋合影，以及避免以陵墓为背景合影，这些可能蕴藏深厚历史气息或被视为阴气聚集之地，不宜轻率打扰。

三、滤光镜与曝光

使用滤光镜：在户外无云蓝天或暮日辉光映照下，使用滤光镜保持景色原有色彩。

避免高 ISO：晴空烈日下，光线强度已很高，采用高速片会迫使光圈收到极小，无法使用较慢快门速度。

灵活调整曝光：不要完全依赖自动曝光档，遇到阴阳面各半或逆光等情况时，要根据具体情况进行适当曝光调整。

四、服装与造型

……

第 4 章 WPS AI 指令的阅读助手

4

在信息爆炸的时代，快速、准确地解读和处理文档成为提升工作效率的重要手段。本章将讲述 WPS 提供的 AI 阅读助手在文档解读中的应用，涵盖 AI 文档问答、AI 全文总结和 AI 翻译与解释等内容，帮助用户更高效地解读文档资源。

本章重点

- 掌握 AI 文档问答功能
- 熟悉 AI 全文总结功能
- 熟知 AI 帮我读功能

素质目标

- 培养读者精准提取关键信息的能力
- 提升读者解构复杂文档的逻辑能力

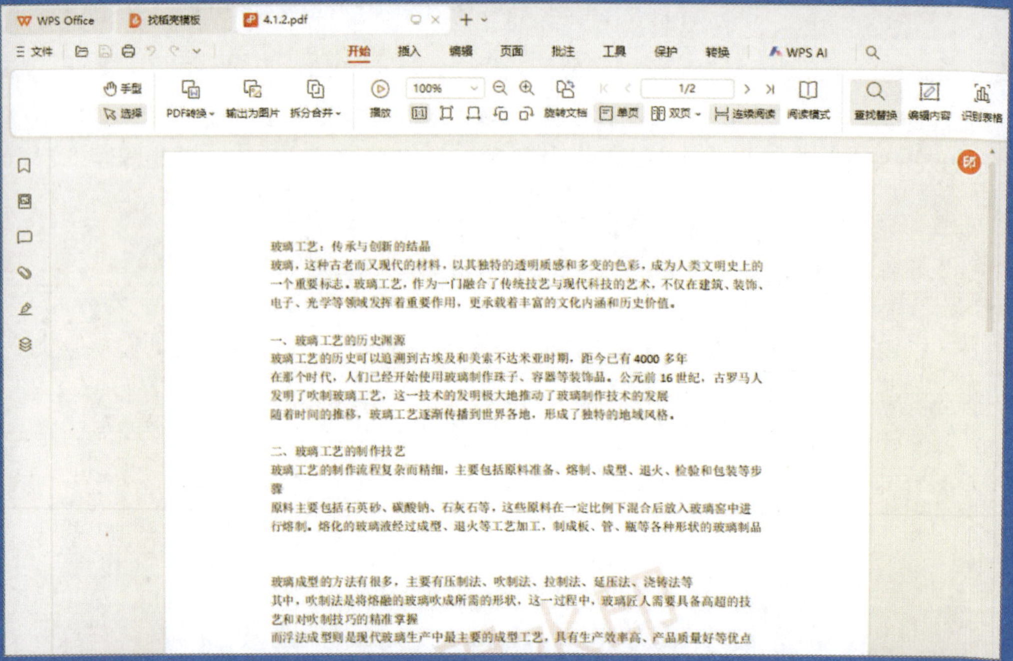

4.1　AI 文档问答

“AI 文档问答”功能可以使用户快速获取 PDF 文档和 PDF 交流的关键信息。通过自然语言处理技术，用户可以直接提出问题，AI 将根据文档内容进行智能回答。

4.1.1　引用内容生成直接回复

引用内容生成直接回复

在信息爆炸的时代，高效地处理与回应各类信息成为了必备技能。特别是在需要引用他人内容并进行直接回复的场合，如何快速、准确地生成回复显得尤为重要。接下来，将介绍如何通过智能工具和方法，帮助用户更加流畅、专业地引用他人观点，并给出恰当的回应，从而提升沟通效率与质量。下面介绍具体的操作方法。

Step 01　打开一篇 PDF 文章，部分内容如图 4-1 所示，需要通过与 AI 对话，让 AI 引用文档中的内容进行回复。

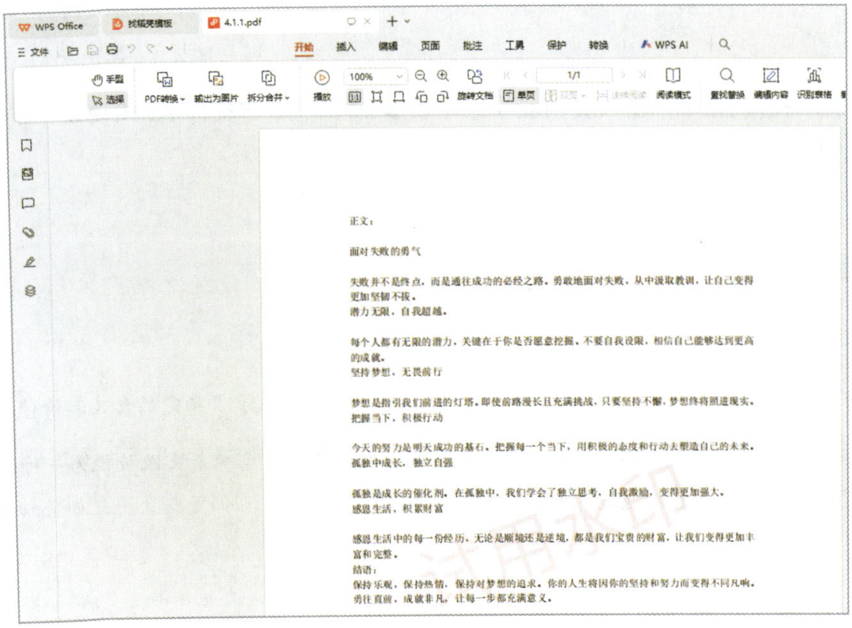

图 4-1　打开一篇 PDF 文章（部分内容）

Step 02　在菜单栏中，❶单击 WPS AI 标签；❷在功能区中单击“文档问答”按钮，如图 4-2 所示。

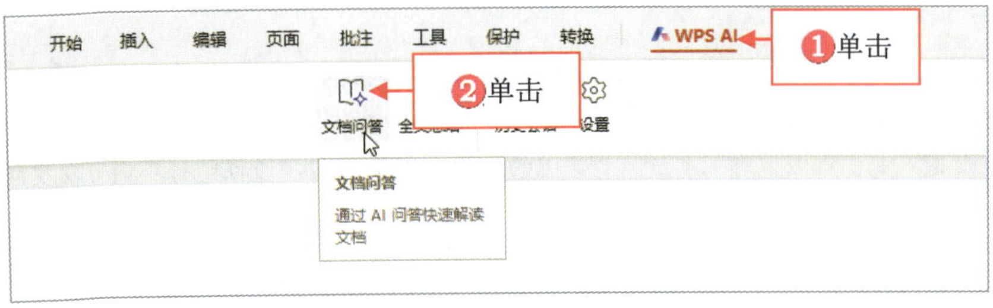

图 4-2　单击“文档问答”按钮

Step 03 执行操作后，弹出“AI 文档问答”面板，如图 4-3 所示。

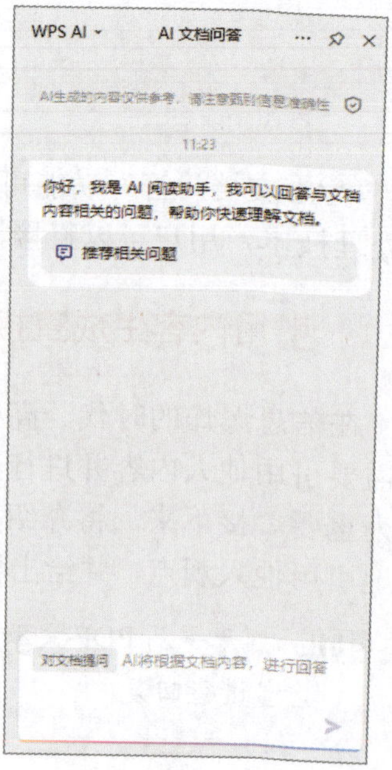

图 4-3　弹出“AI 文档问答”面板

Step 04 在下方的输入框中，输入提问指令，单击按钮，即可获得 AI 阅读助手的回复。案例指令及回复内容如下。

提问

怎么理解失败，成长，梦想，感恩？

WPS AI

失败、成长、梦想和感恩是人生中重要的概念，它们在文档中被赋予了特定的含义和价值。

失败：文档中提到失败并不是终点，而是通往成功的必经之路。这意味着失败被视为一种学习和成长的机会，而不是最终的失败状态。通过勇敢面对失败并从中汲取教训，人们可以变得更加坚韧不拔。

……

概念	文档中的含义
失败	通往成功的必经之路，学习和成长的机会
成长	自我超越的过程，挖掘潜力，学会独立思考和自我激励
梦想	前进的灯塔，指引方向，通过坚持不懈可以实现
感恩	对生活经历的感激，无论顺境逆境都是宝贵财富

4.1.2 推荐相关问题

推荐相关问题

在 WPS PDF 中，“AI 文档问答”为用户提供了“推荐相关问题”功能，可以推荐用户可能会感兴趣的问题，用户可以通过选择推荐的问题向 AI 咨询，获得相关信息。其具体操作如下。

Step 01 打开一篇 PDF 文章，部分内容如图 4-4 所示。

图 4-4　打开一篇 PDF 文章（部分内容）

Step 02 在菜单栏中，❶单击 WPS AI 标签；❷在功能区中单击“文档问答”按钮，如图 4-5 所示。

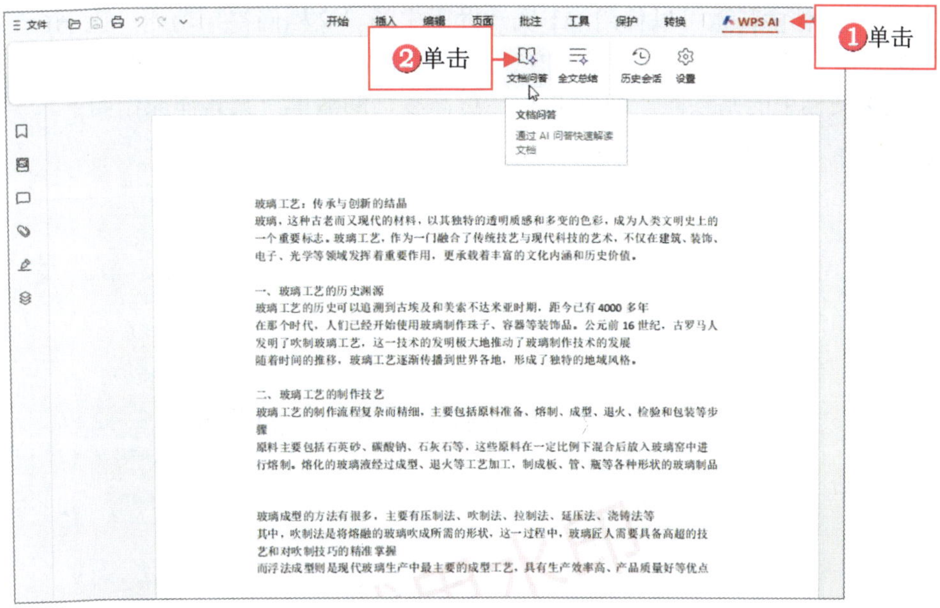

图 4-5　单击“文档问答”按钮

Step 03 弹出“AI 文档问答”面板，单击“推荐相关问题”按钮，如图 4-6 所示。

Step 04 执行操作后，AI 即可回复推荐的相关问题，用户只需选择感兴趣的问题向 AI 咨询即可，这里选择推荐的第 3 个问题，如图 4-7 所示。

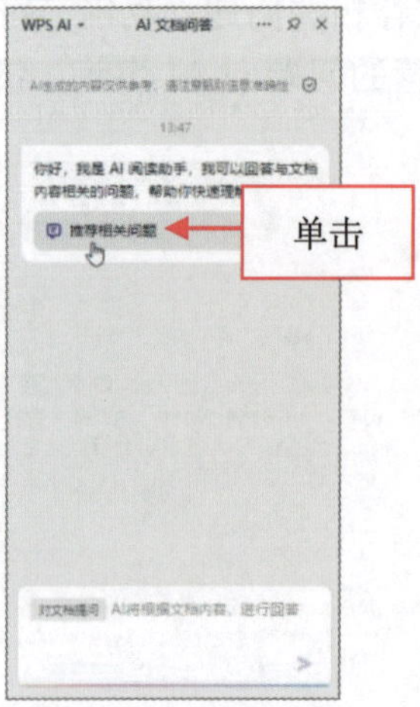

图 4-6　单击“推荐相关问题”按钮

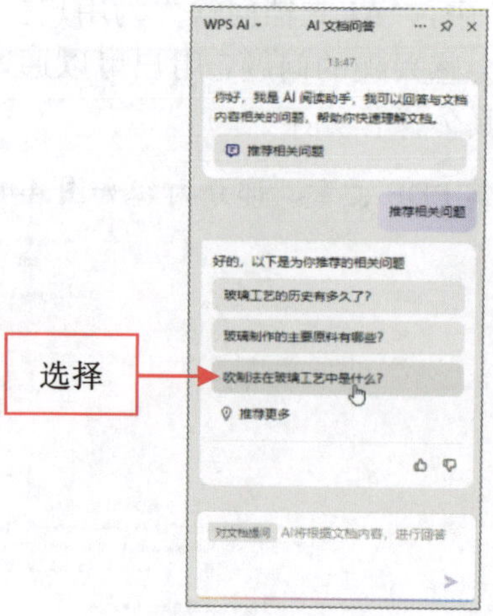

图 4-7　选择推荐的第 3 个问题

Step 05 执行操作后，即可获得 AI 阅读助手的回复内容。相关回复内容如下。

WPS AI

吹制法是玻璃工艺中的一种成型方法，它涉及将熔融的玻璃吹成所需的形状。在这一过程中，玻璃匠人需要具备高超的技艺和对吹制技巧的精准掌握。

4.1.3　文章高频词分析

在 PDF 文档中，也可以使用 AI 阅读助手中的“文档问答”功能，让 AI 分析文档的章节和段落，并根据提问内容进行解读并回复。例如，用户可以向 AI 询问文字文档中的高频词，AI 会提供一份高频词的清单。其具体操作如下。

文章高频词分析

Step 01 打开一篇 PDF 文章，部分内容如图 4-8 所示。

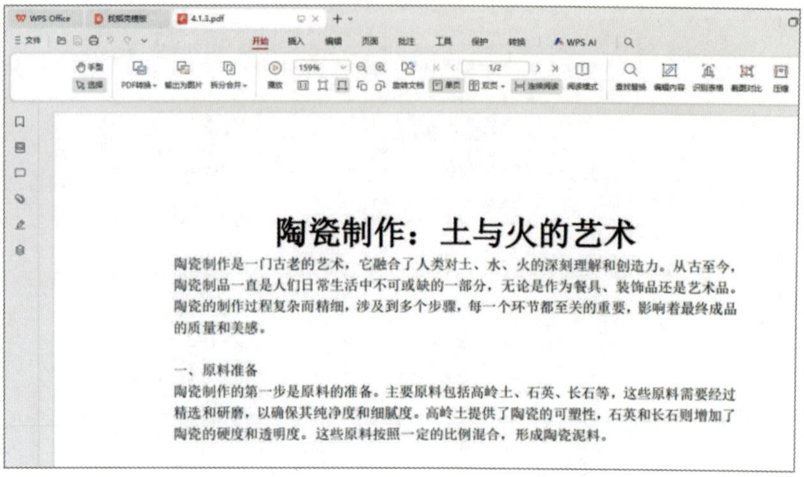

图 4-8　打开一篇 PDF 文章（部分内容）

Step 02　在菜单栏中，❶单击 WPS AI 标签；❷在功能区中单击“文档问答”按钮，如图 4-9 所示。

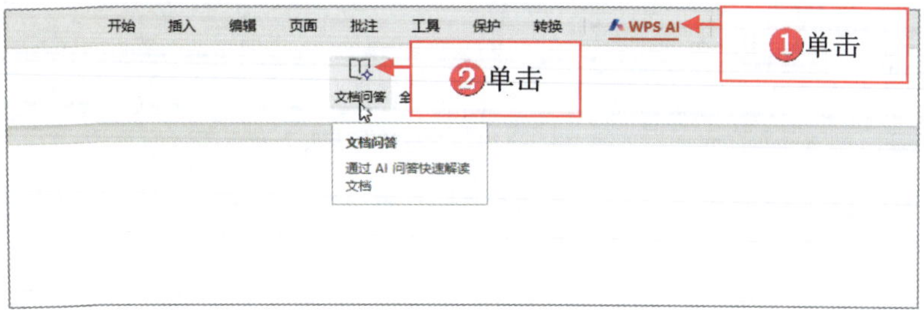

图 4-9　单击“文档问答”按钮

Step 03　执行操作后，弹出“AI 文档问答”面板，如图 4-10 所示。

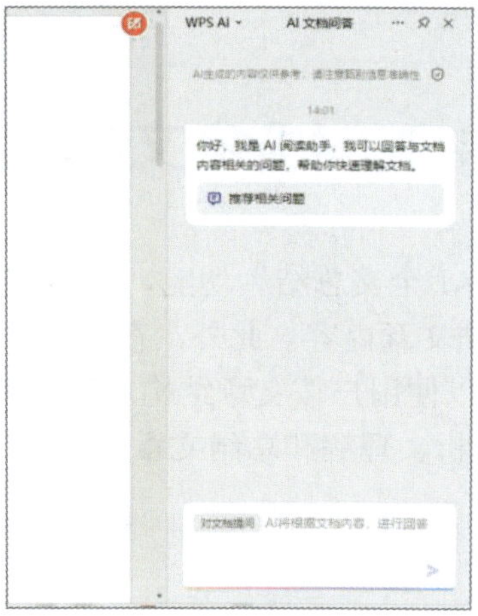

图 4-10　弹出“AI 文档问答”面板

Step 04　在下方的输入框中，输入提问指令，单击➤按钮，即可获得 AI 阅读助手的回复内容。案例指令及回复内容如下。

提问

这篇文章的高频词有哪些？

WPS AI

根据提供的文档内容，我们可以统计出一些出现频率较高的词汇。以下是部分高频词汇及其出现次数的简单统计。

单词	出现次数
陶瓷	11 次
制作	7 次
烧制	3 次

原料	2 次
泥料	2 次
成型	2 次
装饰	2 次
施釉	2 次

请注意，这个统计是基于文档内容的直接观察，并没有使用复杂的文本分析工具。因此，它可能不完全准确，但可以提供一个大致的高频词汇概览。

4.2 AI 全文总结

AI 阅读助手为用户提供了“AI 全文总结”功能，该功能在 PDF 文档和文字文档中都能使用，用户可以使用该功能分析总结文章内容。此外，在 WPS 文字文档中，AI 阅读助手还为用户提供了“AI 文档脑图”功能，以便用户按文章结构总结要点。本节将介绍以上所述功能的操作方法，帮助读者熟练利用 AI 分析、理解和总结文章内容。

4.2.1 提炼核心要点

提炼核心要点

在 WPS AI 中，使用“全文总结”功能可以为用户提炼全文中的核心要点，帮助用户理解文章、分析文章中的主题内容，为用户提供便捷的阅读体验。其具体操作如下。

Step 01 打开一篇 PDF 文章，部分内容如图 4-11 所示，需要总结全文内容。

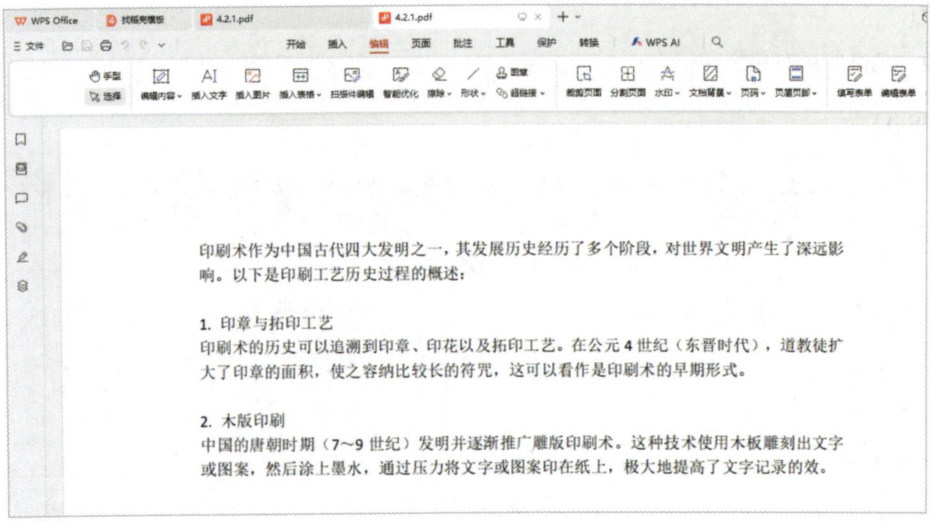

图 4-11 打开一篇 PDF 文章（部分内容）

Step02 在菜单栏中，❶单击 WPS AI 标签；❷在功能区中，单击“全文总结”按钮，如图 4-12 所示。

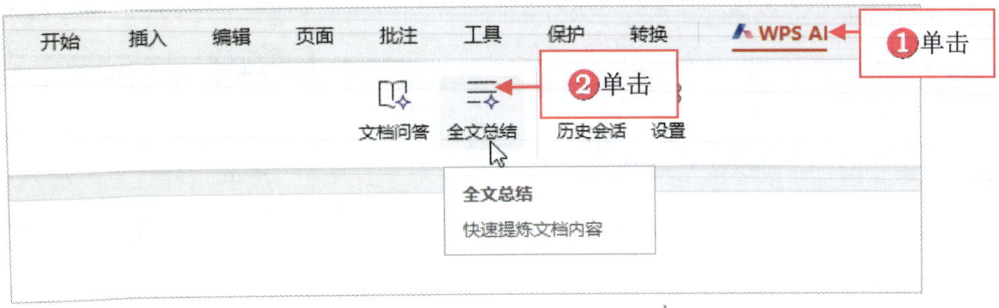

图 4-12　单击“全文总结”按钮

Step03 执行操作后，弹出“AI 全文总结”面板，其中显示了 AI 总结的要点内容，如图 4-13 所示。

图 4-13　AI 总结的要点内容

Step04 在面板右下角单击按钮，可以复制 AI 总结的要点，并保存到文档或者记事本中。单击“添加笔记”按钮，即可弹出“笔记”面板，单击右上角的“导出”按钮，如图 4-14 所示，即可将笔记导出到云文档中。

Step05 稍等片刻，即可在面板中提示导出成功，单击“立即打开”按钮，如图 4-15 所示。

Step06 打开摘录笔记，❶单击左上角的“文件操作”按钮；❷在弹出的列表框中单击“下载”按钮，如图 4-16 所示，即可将摘录笔记下载保存到本地文件夹中。

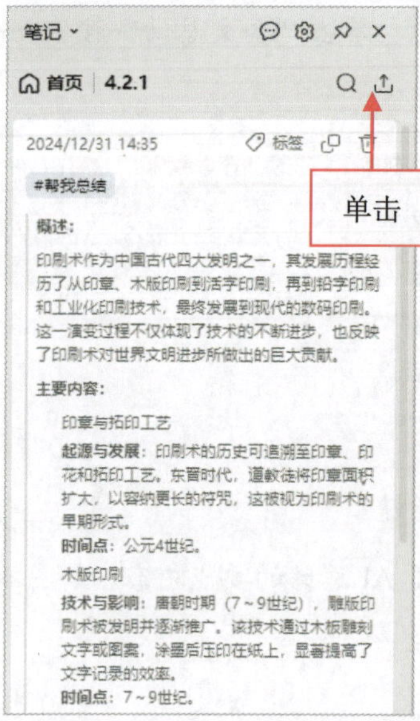

图 4-14　单击“导出”按钮

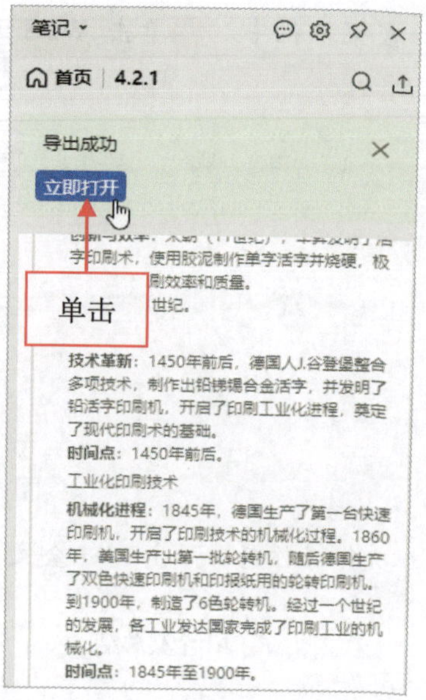

图 4-15　单击“立即打开”按钮

图 4-16　单击“下载”按钮

4.2.2　快速提炼内容

在处理文字文档时，使用“全文总结”功能能够快速提炼文档内容，整合文档中的要点，生成一份简明扼要的总结。这项功能在撰写报告或准备演讲时尤为实用，确保用户能够清晰传达关键信息。其具体操作如下。

快速提炼内容

Step 01　打开一个文字文档，如图 4-17 所示，需要总结全文内容。

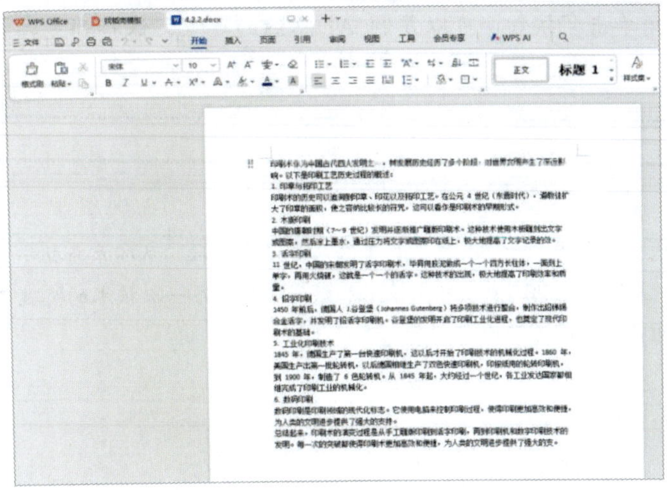

图 4-17　打开一个文字文档

Step02　在菜单栏中，❶单击 WPS AI 标签；❷在功能区中，单击“全文总结”按钮，如图 4-18 所示。

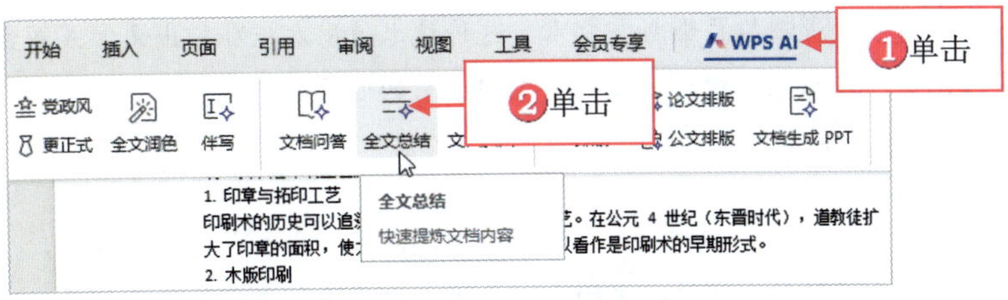

图 4-18　单击“全文总结”按钮

Step03　执行操作后，弹出“AI 全文总结”面板，其中显示了 AI 总结的要点内容，如图 4-19 所示。

图 4-19　AI 总结的要点内容

Step 04 在面板右下角单击□按钮，可以复制 AI 总结的要点，保存到文档或者记事本中。相关回复内容如下。

WPS AI

一、全文概览

印刷术作为中国古代四大发明之一，其发展历史经历了多个阶段，从印章与拓印工艺到木版印刷，再到活字印刷、铅字印刷，最终发展到工业化印刷技术和数码印刷。每一次技术的突破都极大地提高了印刷效率和质量，对世界文明产生了深远影响。

二、主要内容

印章与拓印工艺

印刷术的历史可以追溯到印章、印花及拓印工艺。在公元 4 世纪，道教徒扩大了印章的面积，使之容纳比较长的符咒，这可以看作是印刷术的早期形式。

1.木版印刷

中国的唐朝时期发明并逐渐推广雕版印刷术。这种技术使用木板雕刻出文字或图案，然后涂上墨水，通过压力将文字或图案印在纸上，极大地提高了文字记录的效率。

2.活字印刷

11 世纪，中国的宋朝发明了活字印刷术。毕昇用胶泥做成一个一个四方长柱体，一面刻上单字，再用火烧硬，这就是一个一个的活字。这种技术的出现，极大地提高了印刷效率和质量。

3.铅字印刷

1450 年前后，德国人 J.谷登堡将多项技术进行整合，制作出铅锑锡合金活字，并发明了铅活字印刷机。谷登堡的发明开启了印刷工业化进程，也奠定了现代印刷术的基础。

4.工业化印刷技术

1845 年，德国生产了第一台快速印刷机，这以后才开始了印刷技术的机械化过程。1860 年，美国生产出第一批轮转机，以后德国相继生产了双色快速印刷机，印报纸用的轮转印刷机，到 1900 年，制造了 6 色轮转机。从 1845 年起，大约经过一个世纪，各工业发达国家都相继完成了印刷工业的机械化。

5.数码印刷

数码印刷是印刷领域的现代化标志。它使用电脑来控制印刷过程，使得印刷更加高效和便捷，为人类的文明进步提供了强大的支持。

三、总结

印刷术的演变过程是从手工雕版印刷到活字印刷，再到印刷机和数字印刷技术的发明。每一次的突破都使得印刷术更加高效和便捷，为人类的文明进步提供了强大的支持。

4.2.3　按结构提炼要点

按结构提炼要点

在“文档脑图”总结文字文档中的内容时，AI 会自动识别文档的结构，并基于各部分的标题和内容提炼出最重要的观点，将文档转为脑图，用户可以通过脑图直观地查看文档的整体框架。这项功能尤其适用于需要快速分析和总结文档核心内容的工作任务，如会议准备、报告撰写或学术研究等。其具体操作方法如下。

Step 01　打开一个文字文档，部分内容如图 4-20 所示，需要将文档中的要点内容转为更直观的脑图。

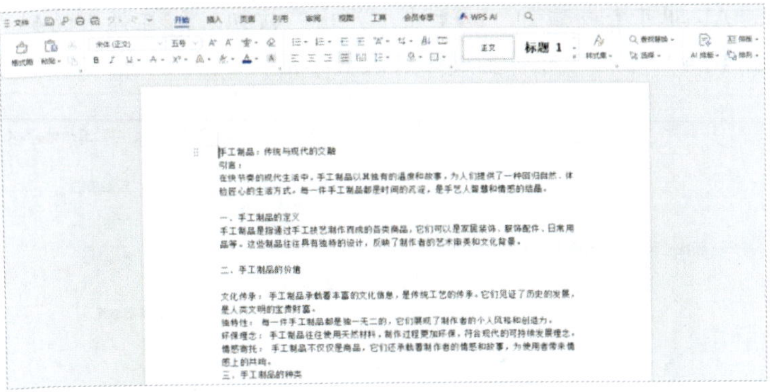

图 4-20　打开一个文字文档（部分内容）

Step 02　在菜单栏中，❶单击 WPS AI 标签；❷在功能区中，单击“文档脑图”按钮，如图 4-21 所示。

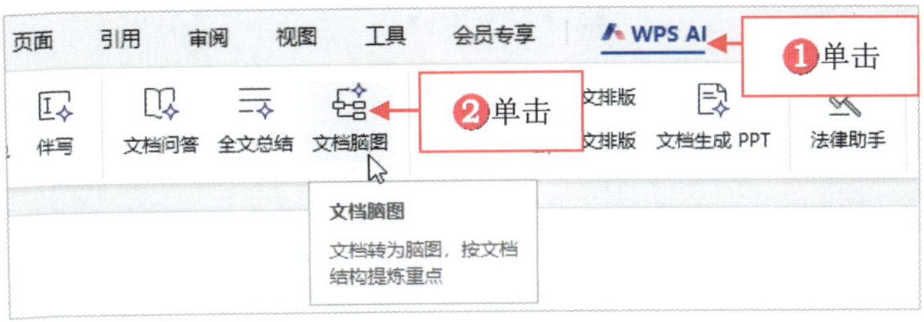

图 4-21　单击“文档脑图”按钮

Step 03　弹出“AI 文档脑图”面板，在生成框中，❶单击“解析深度”右侧的下拉按钮；❷在弹出的列表框中选择“简要”选项，表示简要解析文档内容，如图 4-22 所示。

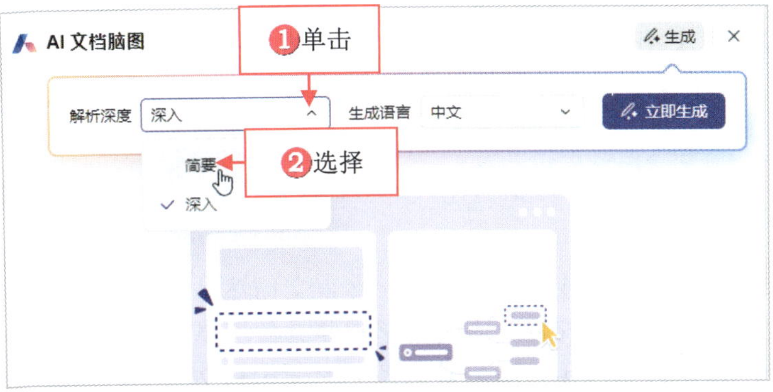

图 4-22　选择“简要”选项

Step 04 执行操作后，单击“立即生成”按钮，如图 4-23 所示。

图 4-23　单击“立即生成”按钮

Step 05 稍等片刻，AI 即可生成脑图，❶单击“导出”按钮；❷在弹出的列表框中选择“图片”选项，如图 4-24 所示，即可将生成好的效果导出。

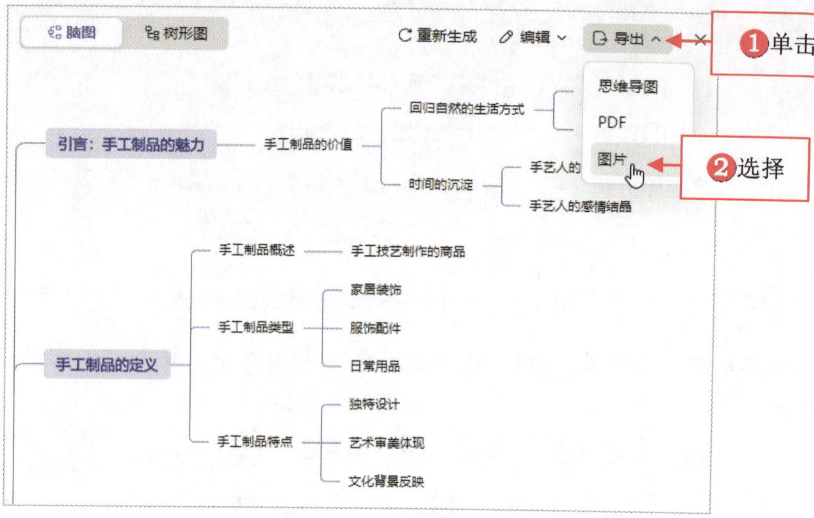

图 4-24　选择“图片”选项

4.3　AI 帮我读

在繁忙的工作和学习中，快速理解和处理大量文档是一个常见的挑战。在 WPS AI 的“AI 帮我读”面板中，为用户提供了“解释”“翻译”和“总结”等功能，通过自动化技术，可以帮助用户高效读取、解析和理解各种文档。

无论是 PDF 文档、文字文档，还是电子书，AI 都能根据用户的需求提供精准的内容解读和智能分析，大大提升用户的工作效率。本节将以 PDF 文档为例介绍在“AI 帮我读”面板中的几个主要功能。

4.3.1　解释 PDF 中的文言文

在许多学术研究、古籍阅读或法律文书中，文言文仍然是一个不可忽视的存在。对于许多现代读者来说，理解文言文常常需要具备深厚的语言背景和文化知识。利用 WPS AI 可以帮助用户解释难以理解的词句和文言文。其具体操作如下。

解释 PDF 中的文言文

Step 01　打开一篇 PDF 文章，部分内容如图 4-25 所示，需要利用 AI 解释文章中的文言文。

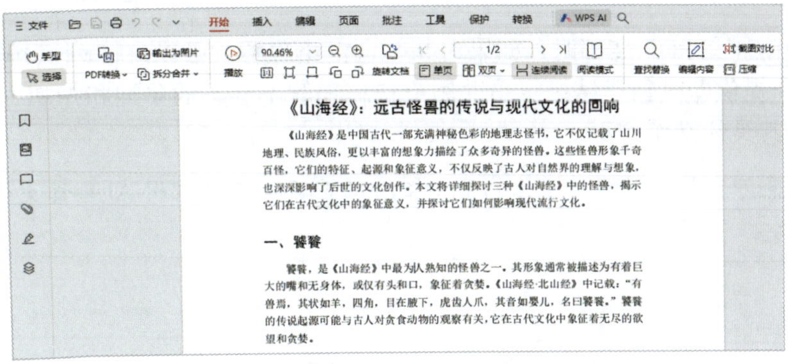

图 4-25　打开一篇 PDF 文章（部分内容）

Step 02　选择需要解释的文言文，如图 4-26 所示。

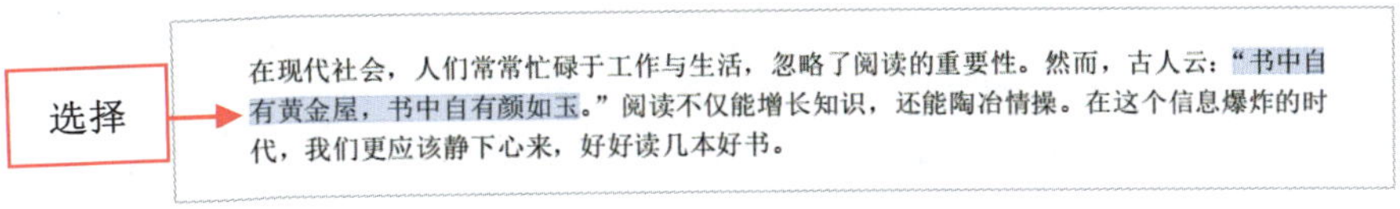

图 4-26　选择需要解释的文言文

Step 03　单击鼠标右键，在弹出的快捷菜单中，选择 WPS AI｜“解释”选项，如图 4-27 所示。

Step 04　弹出“解释”面板，即可生成 AI 解释的内容，单击“生成批注”按钮，如图 4-28 所示。

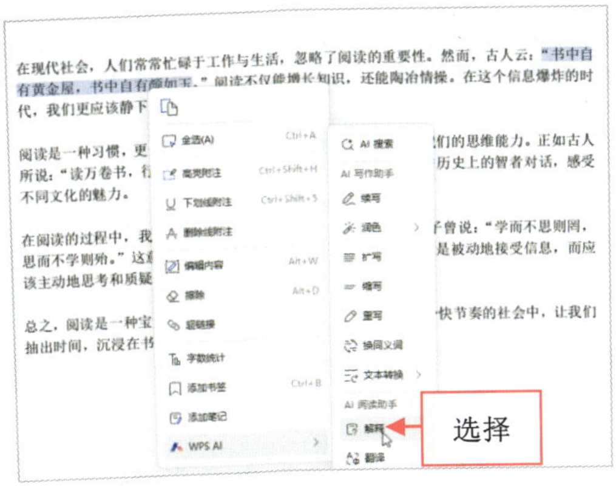

图 4-27　选择“解释”选项

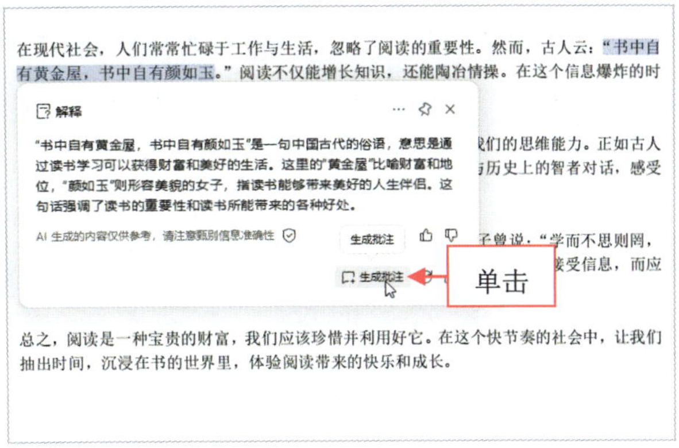

图 4-28　单击“生成批注”按钮

Step 05　执行操作后，即可生成 AI 解释批注，如图 4-29 所示。

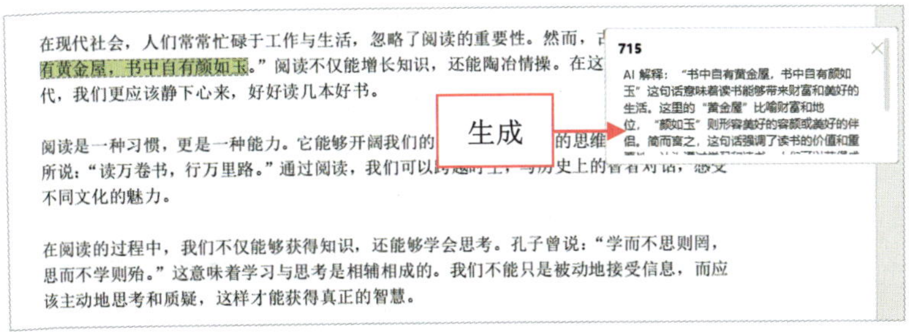

图 4-29　生成 AI 解释批注

4.3.2 直接划词翻译

当用户在阅读外文 PDF 文档时，如果对某些词汇不理解，可以直接划词进行翻译。WPS AI 提供即时翻译结果，帮助用户快速理解不熟悉的单词和短语，提升阅读效率。其具体操作如下。

直接划词翻译

Step 01 打开一篇外文 PDF 文章，部分内容如图 4-30 所示，需要利用 AI 翻译文章中的部分内容。

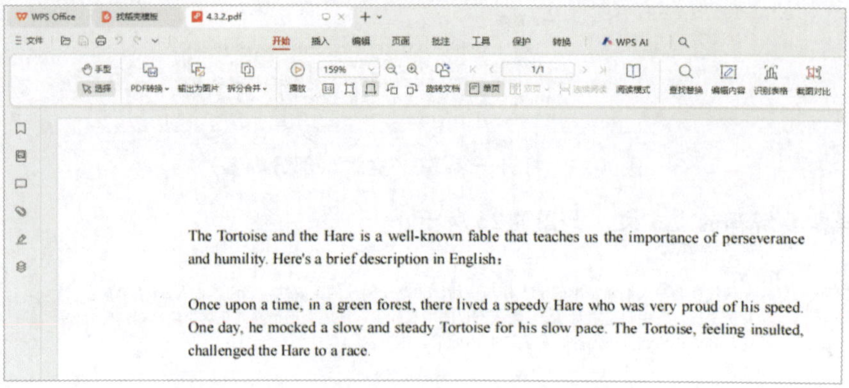

图 4-30 打开一篇外文 PDF 文章（部分内容）

Step 02 ❶选择需要翻译的段落内容；❷在弹出的悬浮面板中单击“翻译”按钮，如图 4-31 所示。

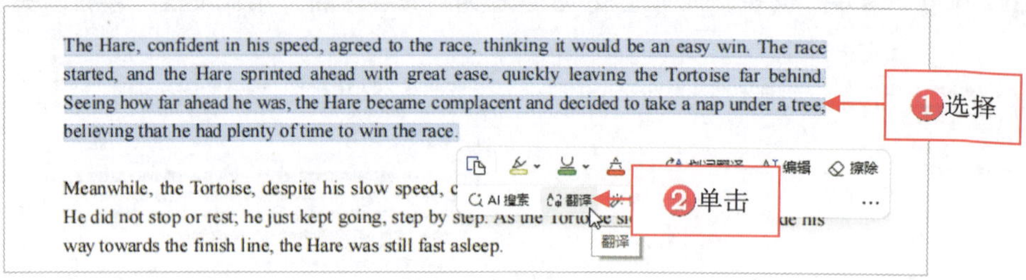

图 4-31 单击“翻译”按钮

Step 03 弹出“翻译”面板，在“翻译”面板中，即可生成 AI 翻译的中文内容，单击“生成批注”按钮，如图 4-32 所示。

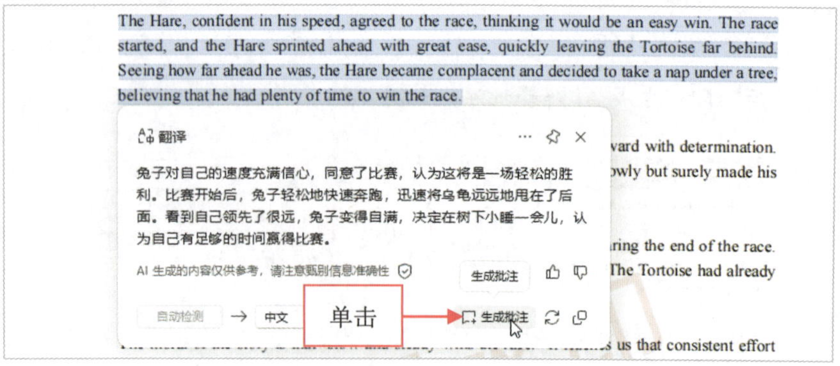

图 4-32 单击“生成批注”按钮

Step 04　执行操作后，即可生成 AI 翻译批注，如图 4-33 所示。

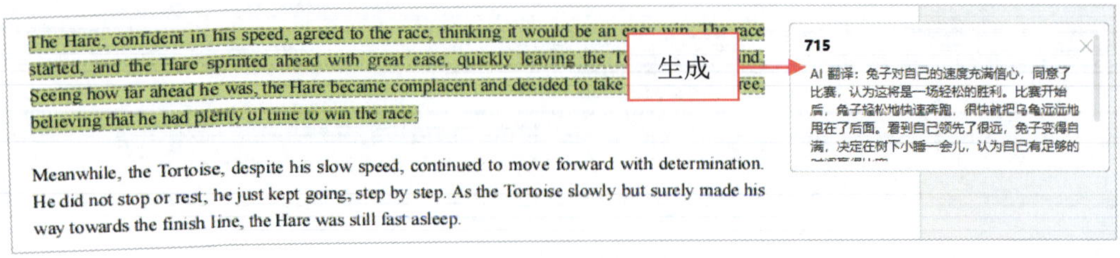

图 4-33　生成 AI 翻译批注

4.3.3　对段落进行摘要

对段落进行摘要

在阅读长篇文档或复杂内容时，往往难以快速抓住每个段落的核心要点。前文中，使用“AI 全文总结”功能可以提炼全文要点，与之不同的是，“总结”功能可以对用户所选择的段落进行总结、摘要。其具体操作如下。

Step 01　打开一篇 PDF 文章，部分内容如图 4-34 所示，需要利用 AI 对文章中的段落进行要点总结。

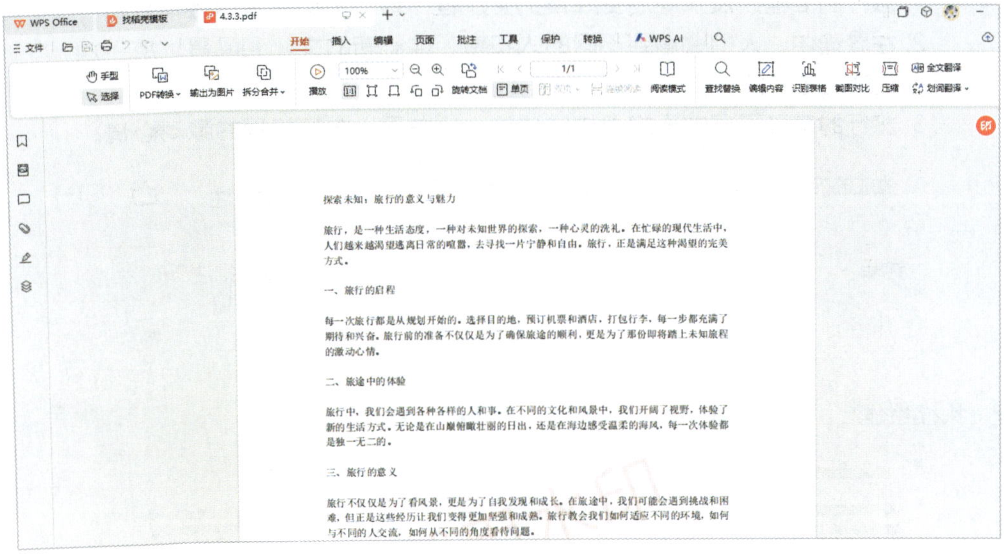

图 4-34　打开一篇 PDF 文章（部分内容）

Step 02　选择需要进行总结的段落内容，如图 4-35 所示。

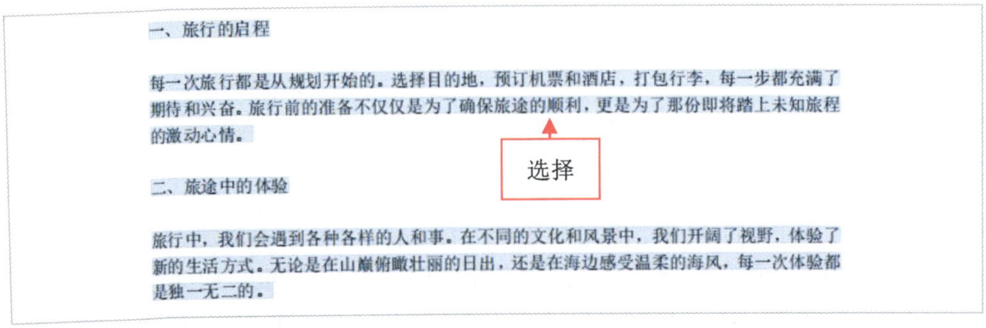

图 4-35　选择需要进行总结的段落内容

Step 03 单击鼠标右键，在弹出的快捷菜单中，选择 WPS AI | “总结”选项，如图 4-36 所示。

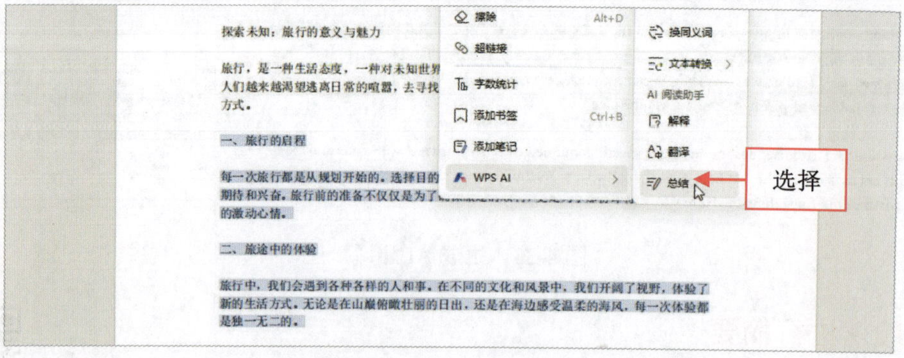

图 4-36　选择“总结”选项

Step 04 弹出“总结”面板，即可生成 AI 总结的内容，单击“生成批注”按钮，如图 4-37 所示。

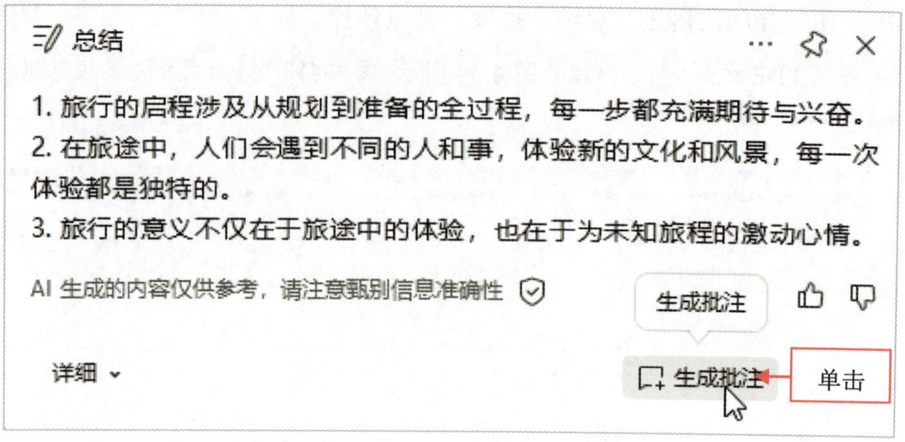

图 4-37　单击“生成批注”按钮

Step 05 执行操作后，即可生成 AI 总结批注，如图 4-38 所示。

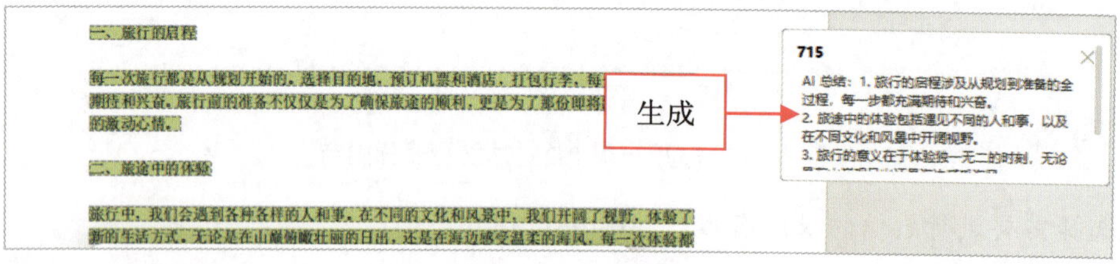

图 4-38　生成 AI 总结批注

本 章 小 结

本章主要讲述了 WPS 的 AI 阅读助手。首先介绍了 AI 文档问答功能，如引用内容生成直接回复，推荐相关问题，文章高频词分析；其次介绍 AI 全文总结功能，如提炼核心要点，快速提炼内容，按结构提炼要点；最后介绍了帮我读功能，如用 AI 解释 PDF 中的文言文、直接划词翻译和对段落进行摘要等。通过本章的学习，读者能够熟练使用 AI 阅读助手进行文档解读，不仅能提高信息获取的速度，还能深度理解文档内容，优化工作和学习流程。

课后实训

课后实训

鉴于本章知识的重要性，为了更好地掌握所学知识，将通过课后实训帮助读者进行简单的知识回顾和补充。

实训任务：打开 WPS 文字文档，唤起 WPS AI，让 AI 解释文档中的句子，以便用于教学，相关操作如下。

Step 01　打开一个 WPS 文字文档，选择需要 AI 解释的句子，如图 4-39 所示。

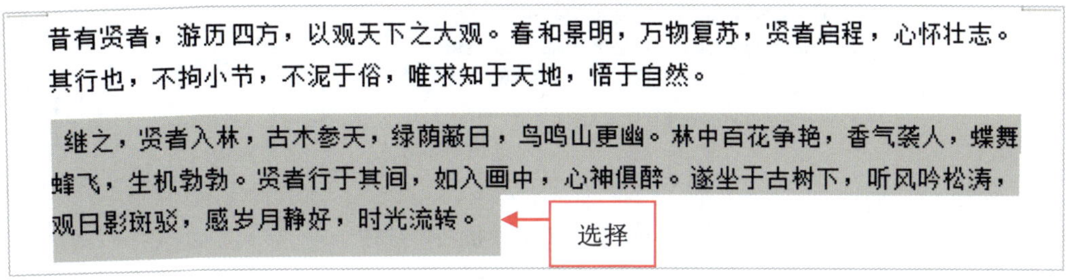

图 4-39　选择需要 AI 解释的句子

Step 02　唤起 WPS AI，在输入框下方的列表框中，选择“更多 AI 功能”|“AI 解释”选项，如图 4-40 所示。

图 4-40　选择“AI 解释”选项

Step 03 弹出“解释”面板，在“解释”面板中，即可生成 AI 解释的内容，单击“生成批注”按钮，如图 4-41 所示。

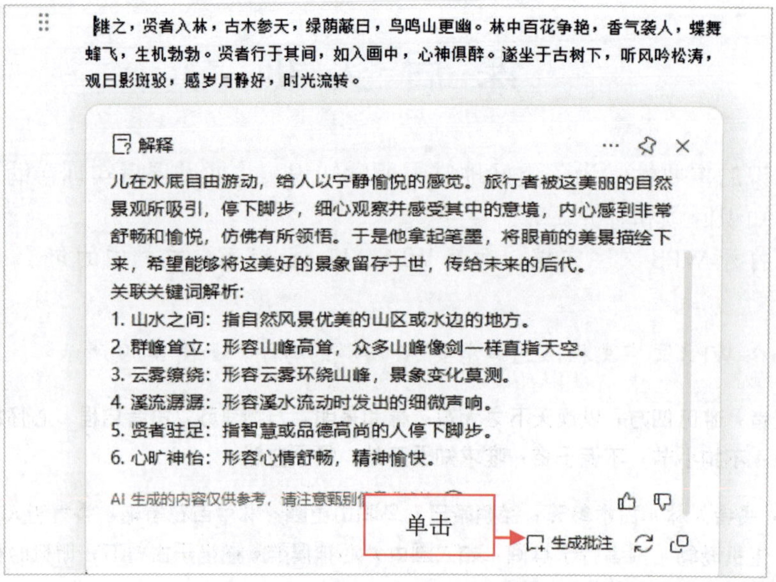

图 4-41 单击“生成批注”按钮

Step 04 执行操作后，即可生成 AI 解释批注，如图 4-42 所示。

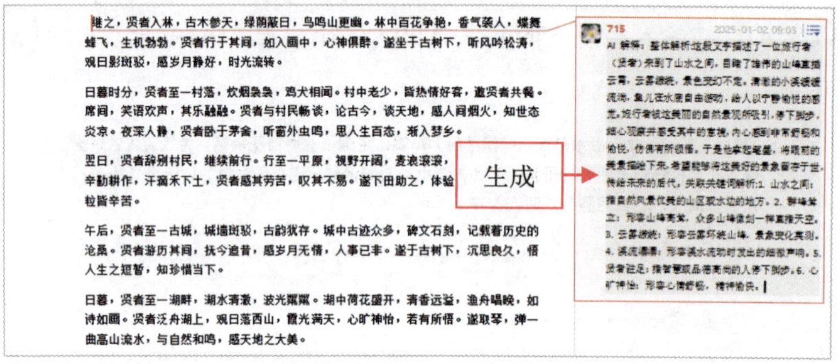

图 4-42 生成 AI 解释批注

第 5 章
WPS AI 的数据工具及应用

5

在现代办公环境中，数据处理和表格管理是日常工作中不可或缺的一部分。WPS AI 为用户提供了功能强大的 AI 数据助手，能够高效地处理各种复杂的数据任务，本章将从多个角度讲述 WPS AI 数据助手在表格处理中的应用。

本章重点

- 掌握 WPS AI 公式与格式的运用
- 掌握 WPS AI 表格操作的方法
- 熟悉关键信息的提取的方法

素质目标

- 培养读者人机协同的数据治理能力
- 培养读者数据价值提炼的决策思维

序号	订单编号	物品编号	滞留时长(h)	订单状态
1	1120029202509090001	CY077	10	
2	1120029202509090002	CY089	22	
3	1120029202509090003	CY111	34	
4	1120029202509090004	CY123	56	
5	1120029202509090005	CY128	45	
6	1120029202509090006	CY129	12	
7	1120029202509090007	CY132	8	
8	1120029202509090008	CY153	45	
9	1120029202509090009	CY155	7	
10	1120029202509090010	CY156	11	
11	11200292025090900011	CY170	62	
12	1120029202509090012	CY177	9	

5.1 WPS AI 公式与格式的运用

在 WPS 表格中，WPS AI 为用户提供了“AI 写公式”和“AI 条件格式”两大数据处理神器，能够通过自动化的方式简化复杂的计算与格式化任务，从而大幅提升工作效率。本节将详细介绍“AI 写公式”和“AI 条件格式”两大功能的用法。

5.1.1 判断订单状态

判断订单状态

WPS 的表格“AI 写公式”功能可以自动生成各种常见的数据计算公式，例如求和、平均值及最大值等。用户只需提供简单的描述，AI 便能够识别出计算需求，并自动插入相应的公式。例如，若用户需要计算某一列的总和或平均数，只需告诉 AI 目标数据，AI 便会快速生成正确的公式，并进行计算，节省了手动输入和调试的时间。下面以判断订单状态为例介绍“AI 写公式”功能的使用方法。

Step 01 打开一个工作表，如图 5-1 所示，需要在 E 列中根据滞留时长判断订单状态是待出库、加急出库还是已超时，如果滞留时长不到 24 h（Hour，计时单位，表示小时），则订单状态为“待出库”；如果滞留时长超过 24 h 且不到 48 h，则订单状态为“加急出库”；如果滞留时长超过 48 h，则订单状态为“已超时”。

	A	B	C	D	E
1	序号	订单编号	物品编号	滞留时长(h)	订单状态
2	1	1120029202509090001	CY077	10	
3	2	1120029202509090002	CY089	22	
4	3	1120029202509090003	CY111	34	
5	4	1120029202509090004	CY123	56	
6	5	1120029202509090005	CY128	45	
7	6	1120029202509090006	CY129	12	
8	7	1120029202509090007	CY132	8	
9	8	1120029202509090008	CY153	45	
10	9	1120029202509090009	CY155	7	
11	10	1120029202509090010	CY156	11	
12	11	11200292025090900011	CY170	62	
13	12	1120029202509090012	CY177	9	

图 5-1 打开一个工作表

Step 02 选择 E2:E13 单元格区域，❶在菜单栏中单击 WPS AI 标签，弹出功能区；❷单击“AI 写公式”按钮，如图 5-2 所示。

Step 03 弹出输入框，输入公式描述指令，如图 5-3 所示。

Step 04 按【Enter】键发送指令，AI 即可生成计算公式，如图 5-4 所示。

Step 05 在生成的公式下方，单击“对公式的解释”按钮，即可展开公式解释，了解公式的计算逻辑，如图 5-5 所示。

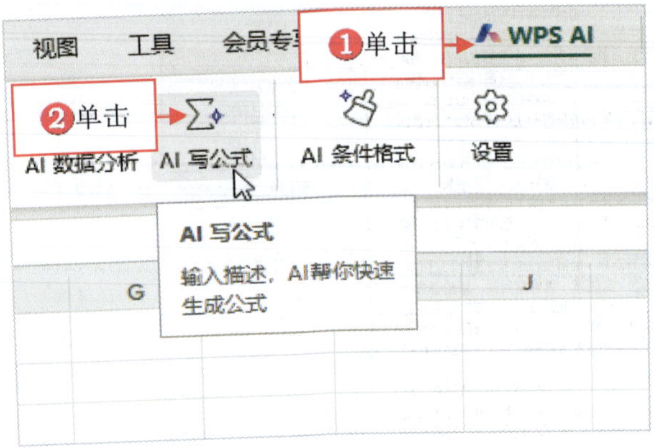

图 5-2　单击“AI 写公式”按钮

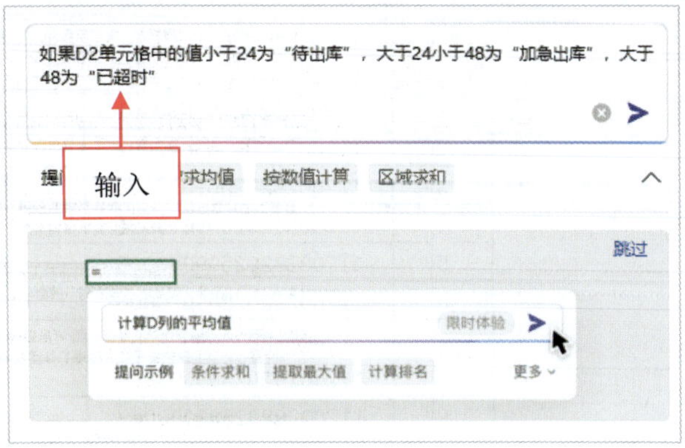

图 5-3　输入公式描述指令

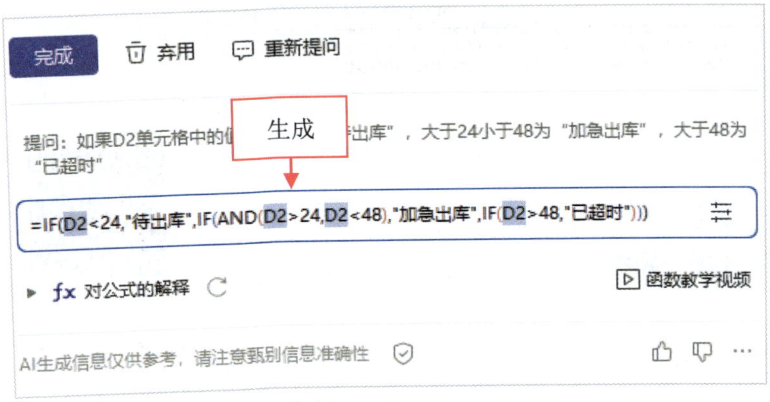

图 5-4　生成计算公式

图 5-5　展开公式解释

Step 06　单击“完成”按钮，即可在 E2 单元格中插入公式并计算，如图 5-6 所示。

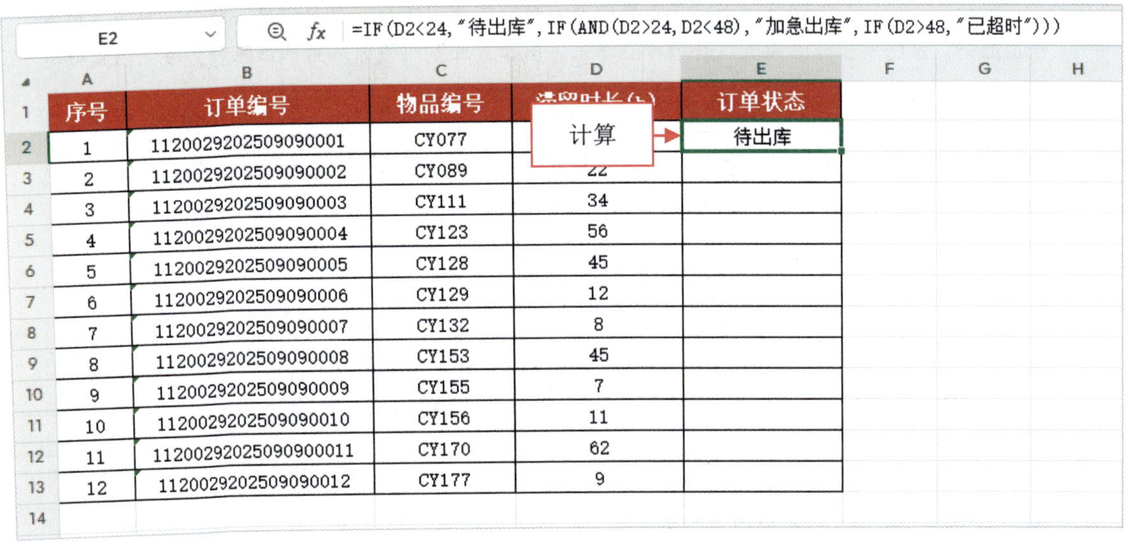

序号	订单编号	物品编号	滞留时长(h)	订单状态
1	1120029202509090001	CY077	[illegible]	待出库
2	1120029202509090002	CY089	22	
3	1120029202509090003	CY111	34	
4	1120029202509090004	CY123	56	
5	1120029202509090005	CY128	45	
6	1120029202509090006	CY129	12	
7	1120029202509090007	CY132	8	
8	1120029202509090008	CY153	45	
9	1120029202509090009	CY155	7	
10	1120029202509090010	CY156	11	
11	1120029202509090011	CY170	62	
12	1120029202509090012	CY177	9	

图 5-6　插入公式并计算

Step 07　在编辑栏中单击鼠标左键，按【Ctrl + Enter】组合键，即可将公式批量从 E2 单元格填充到 E13 单元格中，获得各订单状态，效果如图 5-7 所示。

序号	订单编号	物品编号	滞留时长(h)	订单状态
1	1120029202509090001	CY077	10	待出库
2	1120029202509090002	CY089	22	待出库
3	1120029202509090003	CY111	34	加急出库
4	1120029202509090004	CY123	56	已超时
5	1120029202509090005	CY128	45	加急出库
6	1120029202509090006	CY129	12	待出库
7	1120029202509090007	CY132	8	待出库
8	1120029202509090008	CY153	45	加急出库
9	1120029202509090009	CY155	7	待出库
10	1120029202509090010	CY156	11	待出库
11	11200292025090900011	CY170	62	已超时
12	1120029202509090012	CY177	9	待出库

填充

图 5-7　获得各订单状态

5.1.2　标记销量

标记销量

WPS 的表格“AI 条件格式”功能可以帮助用户快速实现条件标记。例如，让 AI 标记销量排在前三的数据，使表格中的目标数据高亮显示，达到用户想要的标记结果。其具体操作如下。

Step 01 在 WPS 中打开一个工作表，如图 5-8 所示，需要将销量排在前三的单元格标记出来。

序号	姓名	所在组别	销售产品	销量
1	熊皓	销售1组	香水	189
2	陈微	销售1组	香水	235
3	欧阳宜阳	销售1组	香水	336
4	方梨	销售2组	香水	377
5	姜莱	销售2组	香水	264
6	祝苑	销售2组	香水	491
7	温迎	销售3组	香水	177
8	沈南意	销售3组	香水	367
9	苏酥	销售3组	香水	278

图 5-8　打开一个工作表

Step 02 ❶在菜单栏中单击 WPS AI 标签，弹出相应功能区；❷单击“AI 条件格式”按钮，如图 5-9 所示。

Step 03 弹出“AI 条件格式”面板，在输入框中输入指令，如图 5-10 所示。

Step 04 发送指令后 AI 即可开始执行指令，在表格中标记符合条件的数据单元格，如图 5-11 所示。

Step 05 确认标记无误后，在“AI 条件格式”面板中，单击“完成”按钮，如图 5-12 所示，即可完成 AI 按条件标记数据的操作。

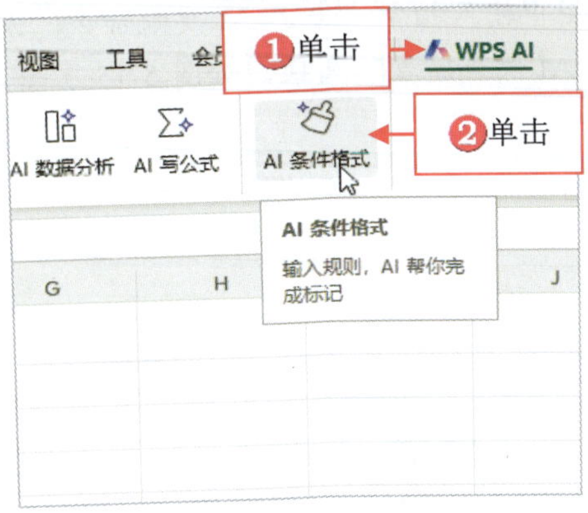

图 5-9　单击“AI 条件格式”按钮

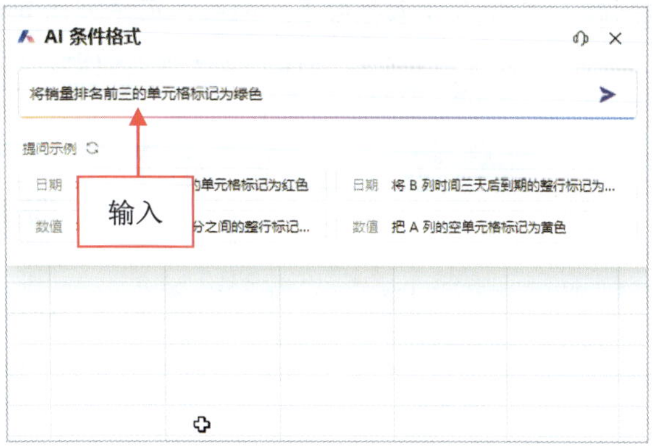

图 5-10　输入指令

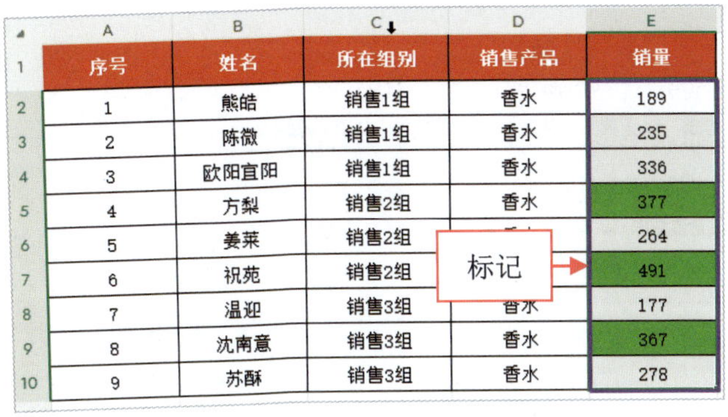

图 5-11　标记符合条件的数据单元格

图 5-12　单击“完成”按钮

5.2　WPS AI 的表格操作

WPS AI 为用户提供了“AI 表格助手”功能，能够协助用户高效创建、操作及管理表格，例如提取表格数据、对表格中的数据自动分类及对表格中的数据进行翻译等，节省大量人工输入和操作的时间，让用户能够将更多精力投入到数据分析和决策上。本节将介绍“AI 表格助手”功能使用方法，并结合实际案例，帮助读者更好地掌握“AI 表格助手”功能的应用。

5.2.1　快速建表

AI 能够自动根据用户的需求，快速生成表格结构，并填充相应的数据，免去用户手动输入的麻烦，提升工作效率。下面以生成季度销售报表为例介绍具体操作。

快速建表

Step 01 在 WPS 首页，❶单击“新建”按钮；❷在弹出的面板中单击“表格”按钮，如图 5-13 所示，新建一个工作表。

Step 02 在菜单栏中，❶单击 WPS AI 标签；❷在弹出的功能区中单击“AI 表格助手”按钮，如图 5-14 所示。

Step 03 弹出“AI 表格助手”面板，用户可以直接在输入框中输入指令，告诉 AI 要做什么，或者在输入框下方的列表中选择相应功能，这里选择“AI 快速建表”选项，如图 5-15 所示。

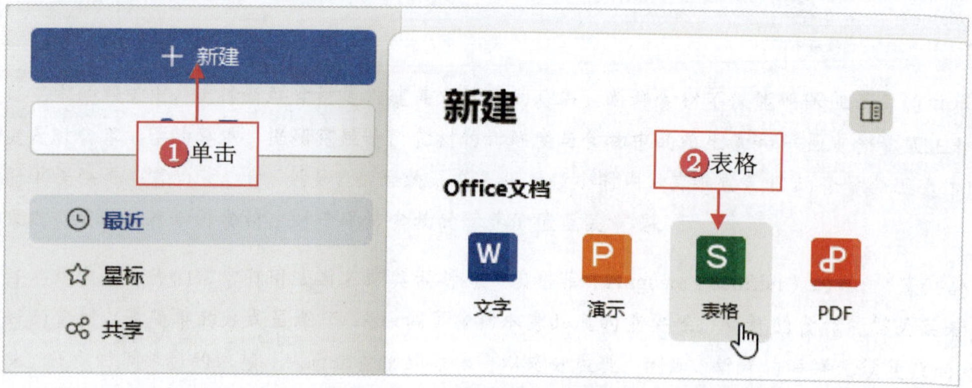

图 5-13 单击“表格”按钮

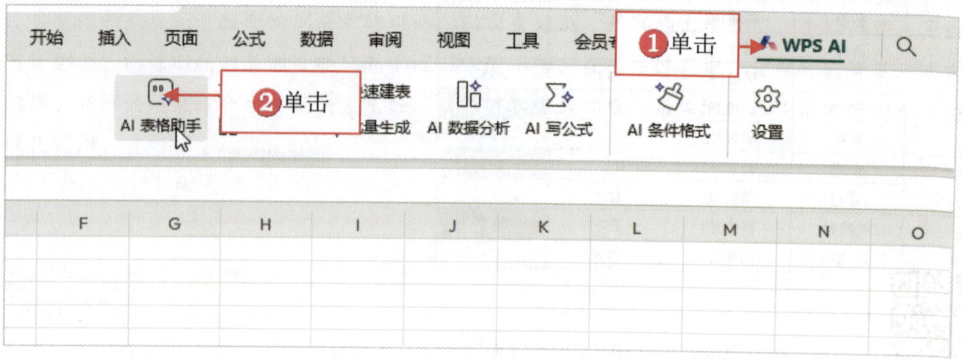

图 5-14 单击“AI 表格助手”按钮

Step 04 执行操作后，在输入框中输入指令，指导 AI 根据指令内容生成工作表，如图 5-16 所示。

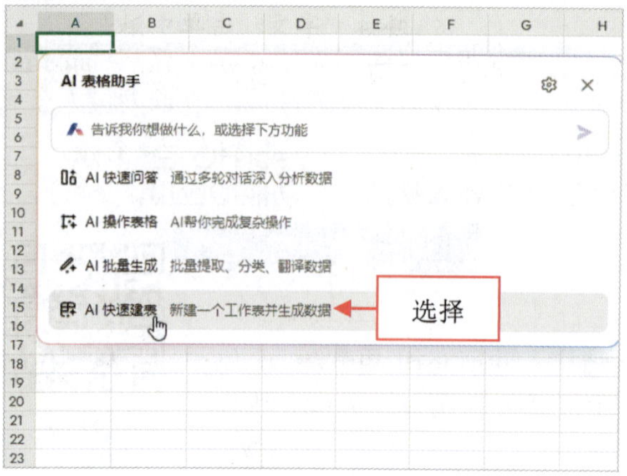

图 5-15 选择“AI 快速建表”选项

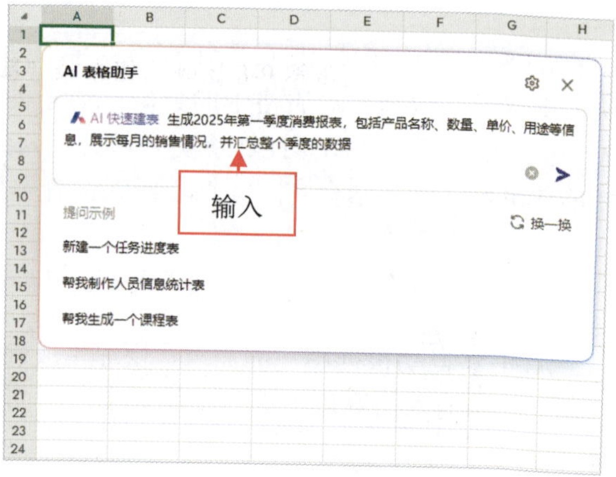

图 5-16 输入指令

Step 05 单击➤按钮发送指令，稍等片刻，AI 即可生成一个工作表及数据内容，如图 5-17 所示。

Step 06 此时 AI 生成的工作表为初始表格，如果用户满意，可以单击“保留”按钮，保留生成的初始表格，在面板下方的输入框中继续输入美化表格的指令，指导 AI 根据指令要求对表格进行美化操作，如图 5-18 所示。

Step 07 单击➤按钮发送指令，稍等片刻，AI 即可对表格内容进行美化，效果如图 5-19 所示。单击“撤销”按钮，可以撤销表格美化操作；单击“保留”按钮，可以保留美化后的表格。

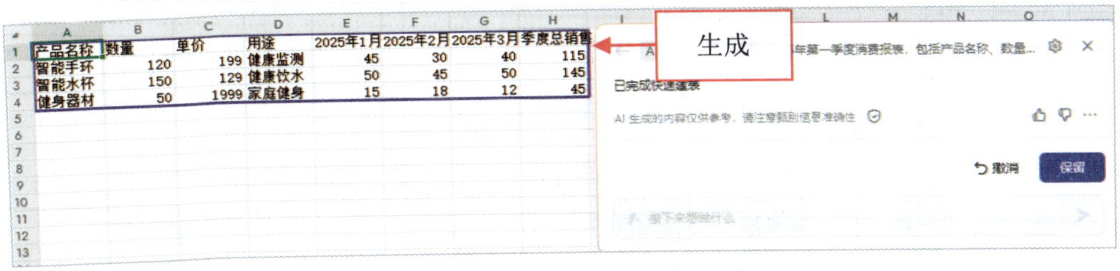

图 5-17　生成一个工作表及数据内容

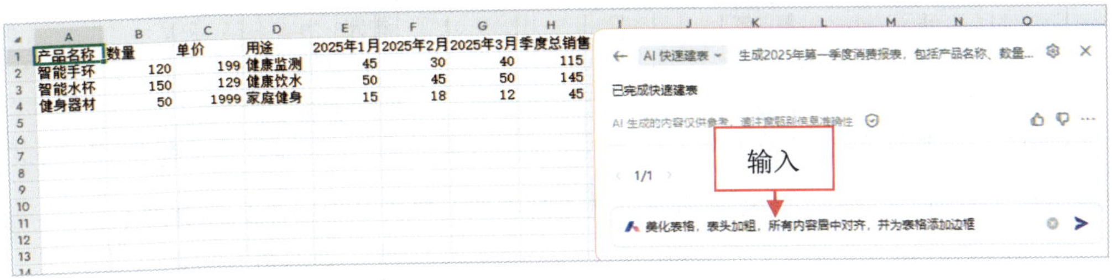

图 5-18　继续输入美化表格的指令

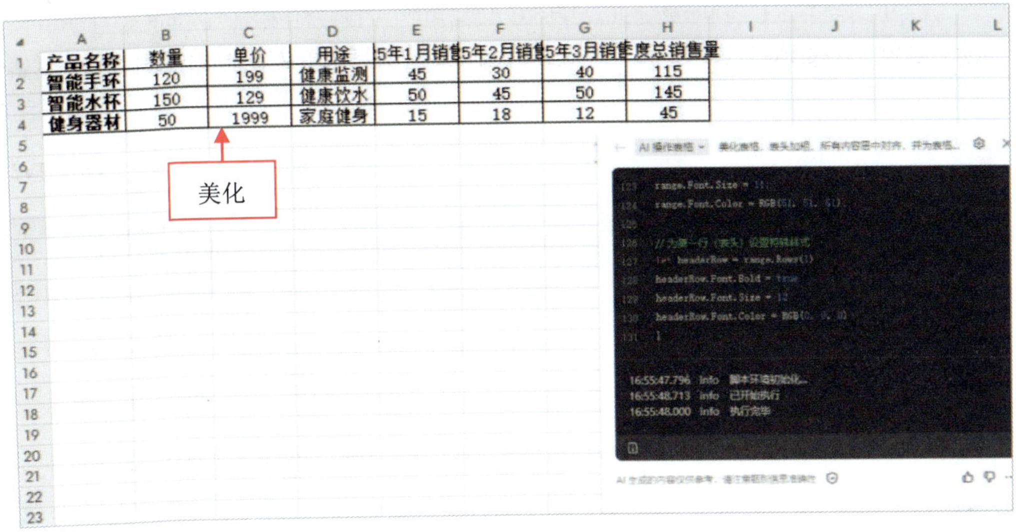

图 5-19　AI 对表格内容进行美化

5.2.2　AI 操作表格

使用“AI 操作表格”功能，可以让 WPS AI 根据用户的指令自动执行表格操作。用户只需通过文字输入需要的操作，AI 即可准确完成指令，极大减少了手动操作的繁琐过程，并提升了表格管理的灵活性。其具体操作方法如下。

AI 操作表格

Step 01 在 WPS 中，打开一个工作表，效果如图 5-20 所示，需要筛选出表格中的早退数据。

Step 02 选择任意一个单元格，连续按两次【Ctrl】键，唤起 WPS AI，弹出“AI 表格助手”面板，选择“AI 操作表格”选项，如图 5-21 所示。

员工姓名	部门	考勤日期	签到时间	签退时间	出勤状态
沈十仪	财务部	1月3日	9:50	18:20	正常
周仟宁	行政部	1月3日	9:35	18:21	正常
王七	人力资源部	1月3日	9:11	17:50	正常
赵青	营销部	1月3日	8:30	18:00	加班
孙笋	采购部	1月3日	9:20	17:50	早退
江壹	客服部	1月3日	8:50	18:00	正常
陆颜	技术部	1月3日	9:09	18:01	正常
李一瞳	运营部	1月3日	9:15	17:50	早退
林琳	人事部	1月3日	8:35	18:00	加班
赵五	生产部	1月3日	9:00	18:50	早退
何荷	人力资源部	1月3日	8:50	18:20	正常
程子	策划部	1月3日	9:07	18:29	正常
叶三秋	客服部	1月3日	9:01	17:50	早退
郭蓝	财务部	1月3日	8:10	18:00	加班
艾里子	行政部	1月3日	9:05	17:59	早退
曹殷	人力资源部	1月3日	9:02	18:15	正常

图 5-20　打开一个工作表

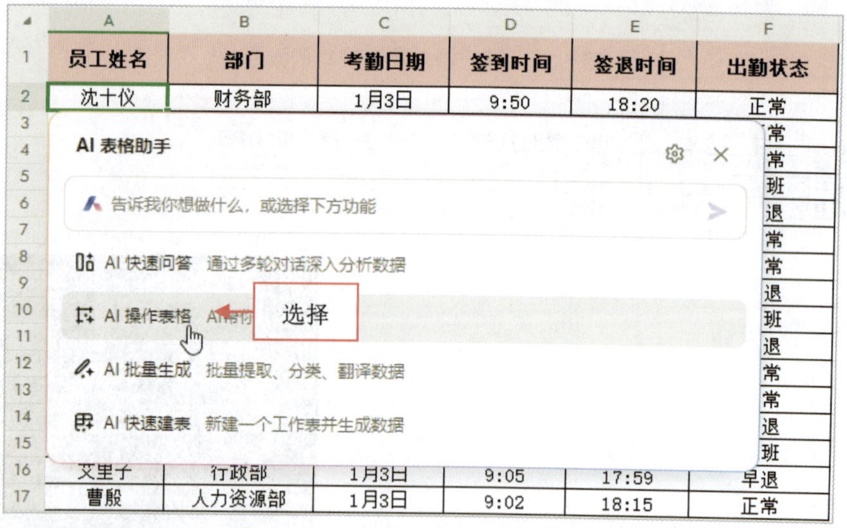

图 5-21　选择“AI 操作表格”选项

Step 03 执行操作后，在输入框中输入操作指令，指导 AI 根据指令内容操作表格，如图 5-22 所示。

Step 04 单击 ➤ 按钮发送指令，稍等片刻，AI 即可筛选出表格中的早退数据，效果如图 5-23 所示。在面板中单击“保留”按钮，即可保留筛选的数据。

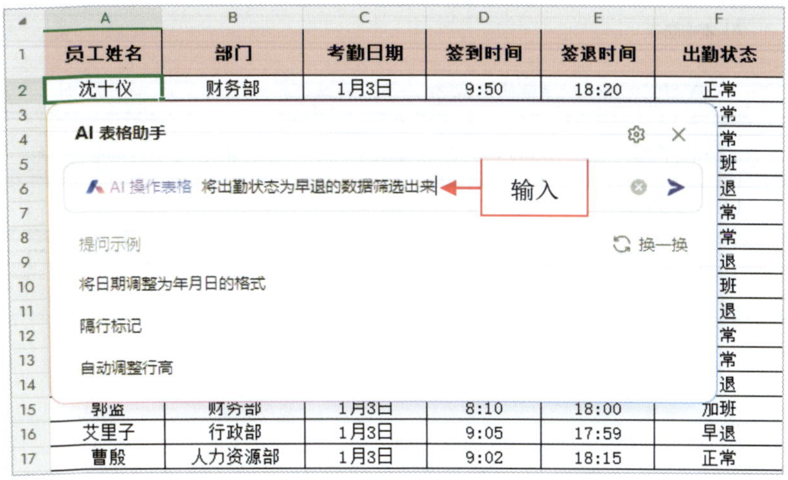

图 5-22　输入操作指令

	员工姓名	部门	考勤日期	签到时间	签退时间	出勤状态
6	孙笋	采购部	1月3日	9:20	17:50	早退
9	李一瞳	运营部	1月3日	9:15	17:50	早退
13	叶三秋	客服部	1月3日	9:01	17:50	早退
15	艾里子	行政部	1月3日	9:05	17:59	早退

图 5-23　AI 筛选出表格中的早退数据

5.2.3　自动识别并提取指定的数据

当用户需要从多个表格或多列、多行数据中提取特定数据时，WPS AI 能够批量处理这些任务。例如，用户可以要求 AI 从表格中提取指定数据并生成新的表格，AI 将自动识别并提取指定的数据，无须用户手动操作每个文件，从而节省了大量时间和精力。其具体操作方法如下。

自动识别并提取指定的数据

Step 01　打开一个工作表，如图 5-24 所示，需要提取 B 列中各部门消费款项。

序号	各部门消费款项	金额
1	财务部房租水电	5026
2	人事部维修费用	1020
3	财务部销售费用	8520
4	技术部管理费用	3200
5	技术部招待费用	6234

图 5-24　打开一个工作表

Step 02　选择任意一个单元格，连续按两次【Ctrl】键，唤起 WPS AI，弹出“AI 表格助手”面板，选择“AI 批量生成”选项，如图 5-25 所示。

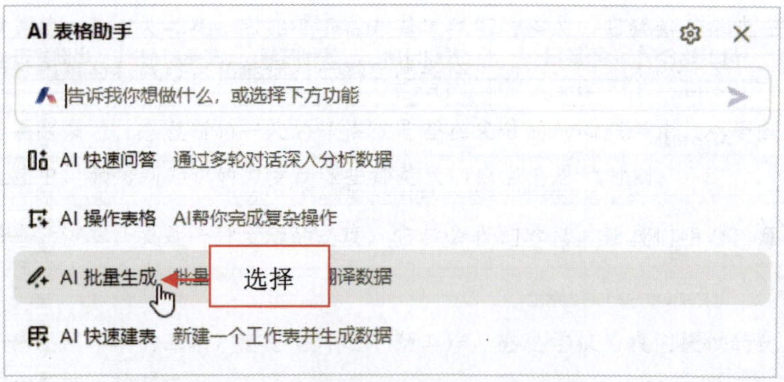

图 5-25 选择“AI 批量生成”选项

Step03 执行操作后，即可在输入框中输入操作指令，指导 AI 根据指令内容操作表格，如图 5-26 所示。

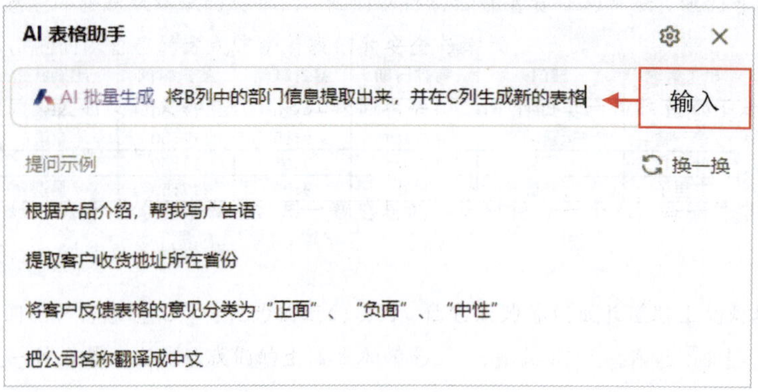

图 5-26 输入操作指令

Step04 单击 ＞ 按钮发送指令，即可查看应用范围是否正确，并预览 3 条生成结果，单击“执行”按钮，如图 5-27 所示。

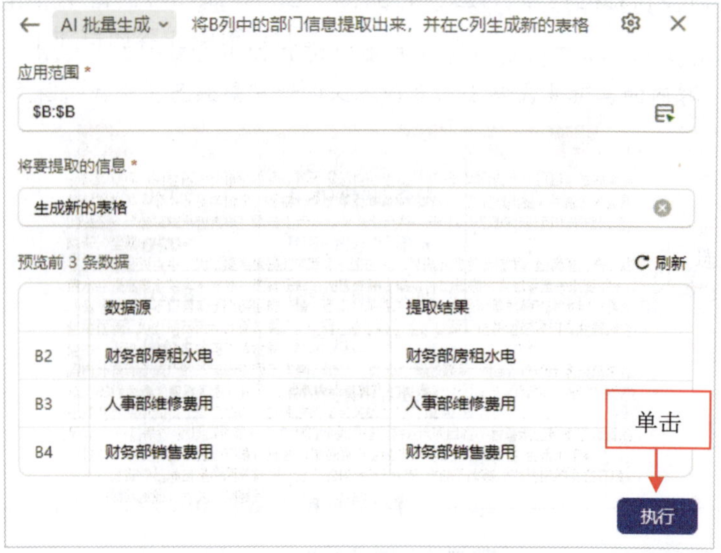

图 5-27 单击“执行”按钮

Step 05 稍等片刻，AI 即可批量提取 B 列中的部门信息，效果如图 5-28 所示。在面板中，单击“保留”按钮，即可保留提取的部门信息。

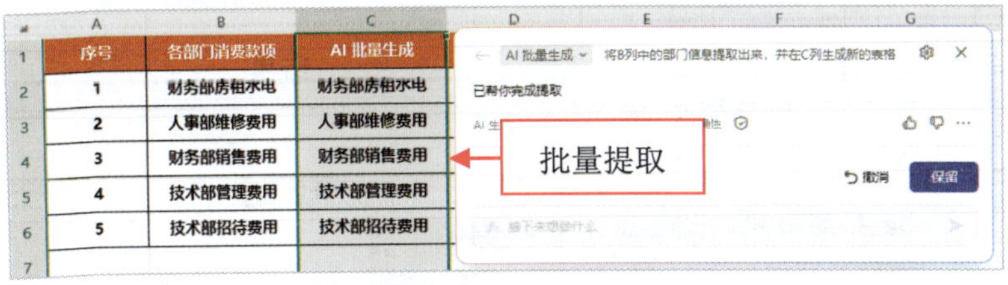

图 5-28 AI 批量提取 B 列中的部门信息

5.2.4 数据自动分类

对于分类任务，WPS AI 可以根据用户指令中预设的规则，对表格中的数据进行自动分类，减少了手动处理数据的复杂性。其具体操作方法如下。

数据自动分类

Step 01 打开一个工作表，如图 5-29 所示，需要将同事的绩效成绩按及格和不及格进行分类。

部门	姓名	考试科目	绩效成绩（分）
销售一部	林玫玫	销售技巧	90
销售一部	陈晨	销售技巧	95
销售二部	刘雪	销售技巧	83
销售二部	向红洪	销售技巧	50
销售三部	谢大大	销售技巧	48
销售三部	李蕊	销售技巧	81

图 5-29 打开一个工作表

Step 02 选择任意一个单元格，连续按两次【Ctrl】键，唤起 WPS AI，弹出“AI 表格助手”面板，选择“AI 批量生成”选项，如图 5-30 所示。

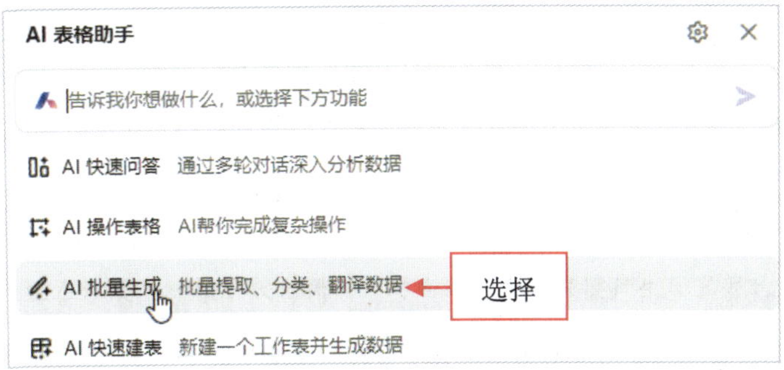

图 5-30 选择“AI 批量生成”选项

Step 03 执行操作后，即可在输入框中输入操作指令，指导 AI 根据指令内容操作表格，如图 5-31 所示。

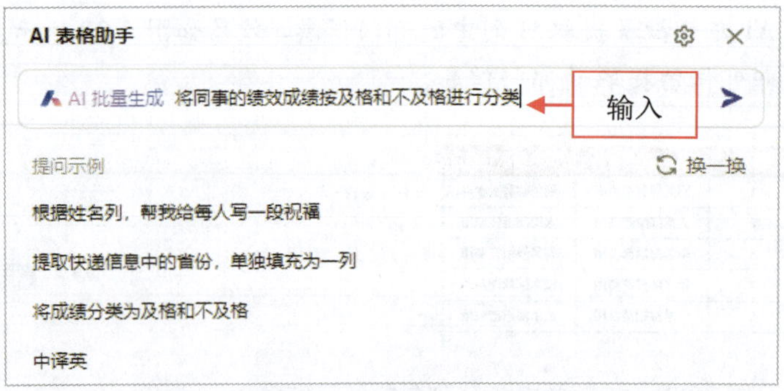

图 5-31 输入操作指令

Step 04 单击➤按钮发送指令，即可查看应用范围和想要的分类是否正确，并预览 3 条生成结果，单击“执行”按钮，如图 5-32 所示。

图 5-32 单击“执行”按钮

Step 05 稍等片刻，AI 将自动按 60 分以下为不及格、60 分以上为及格，对同事的绩效成绩进行自动分类，效果如图 5-33 所示。在面板中，单击“保留”按钮，即可保留分类的数据。

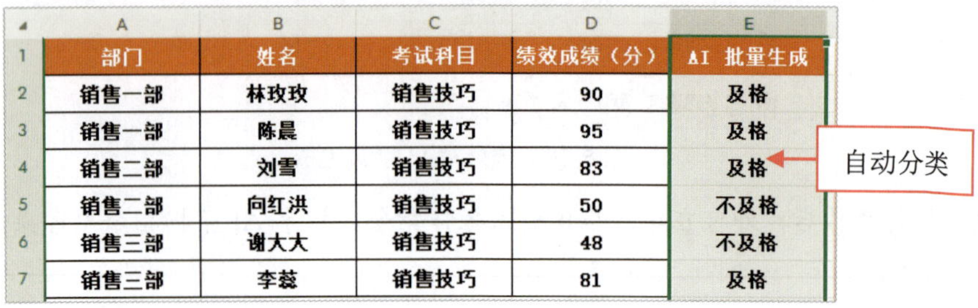

	A	B	C	D	E
1	部门	姓名	考试科目	绩效成绩（分）	AI 批量生成
2	销售一部	林玫玫	销售技巧	90	及格
3	销售一部	陈晨	销售技巧	95	及格
4	销售二部	刘雪	销售技巧	83	及格
5	销售二部	向红洪	销售技巧	50	不及格
6	销售三部	谢大大	销售技巧	48	不及格
7	销售三部	李蕊	销售技巧	81	及格

图 5-33 AI 对同事的成绩进行自动分类

5.2.5　信息翻译

信息翻译

WPS AI 还支持批量翻译功能，能够将表格中的数据从一种语言翻译成另一种语言。无论是翻译表格中的标题、数据项，还是完整的内容，AI 都能高效处理，特别适用于跨国公司的多语言数据需求。其具体操作方法如下。

Step 01　在 WPS 中，打开一个工作表，效果如图 5-34 所示，需要将 B 列中的性格信息翻译成英文。

Step 02　选择任意一个单元格，连续按两次【Ctrl】键，唤起 WPS AI，弹出“AI 表格助手”面板，选择“AI 批量生成”选项，如图 5-35 所示。

	A	B	C
1	动物	性格信息	售价
2	小猫	乖巧	3000元
3	小狗	可爱	8000元
4	鹦鹉	活泼	800元
5	金鱼	温和	50元
6	兔子	胆小	1000元

图 5-34　打开一个工作表

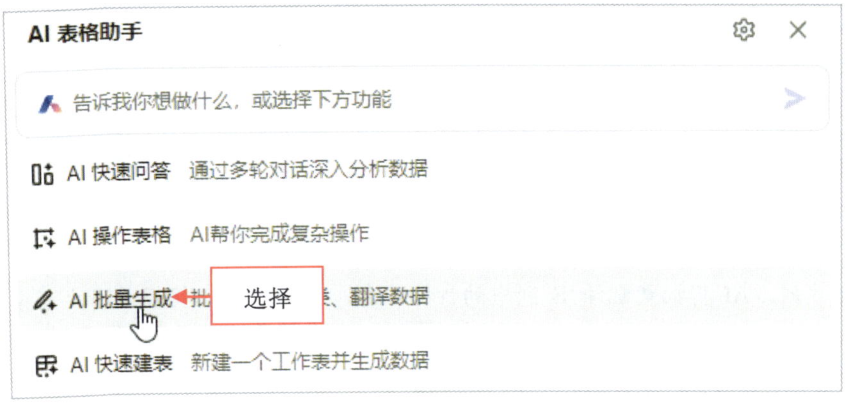

图 5-35　选择“AI 批量生成”选项

Step 03　执行操作后，即可在输入框中输入操作指令，指导 AI 根据指令内容操作表格，如图 5-36 所示。

Step 04　单击 ➤ 按钮发送指令，即可查看应用范围和需要翻译的语言是否正确，并预览 3 条生成结果，单击“执行”按钮，如图 5-37 所示。

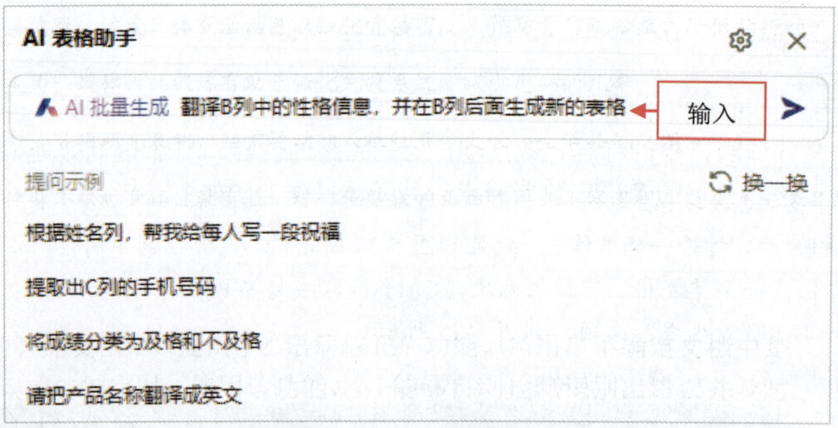

图 5-36　输入操作指令

图 5-37　单击“执行”按钮

Step 05　稍等片刻，AI 将批量翻译 B 列中的性格信息，在面板中，将提示用户已完成翻译，单击“保留”按钮，即可保留翻译的内容，如图 5-38 所示。

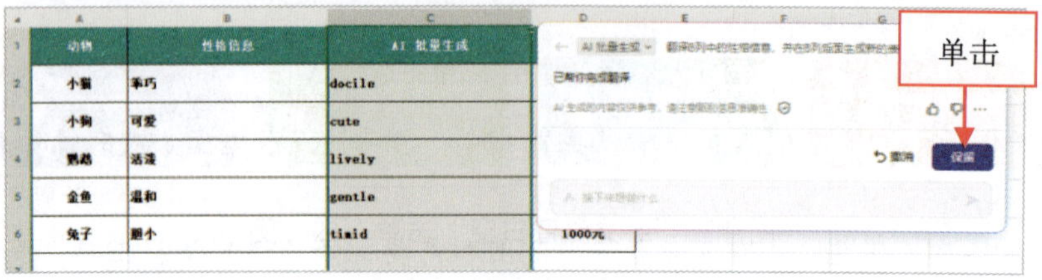

图 5-38　单击“保留”按钮

Step 06　用户可以根据需要，❶适当调整表格的列宽；❷在“开始”功能区中单击“换行”按钮，使表格内容自动换行，以便完整地显示翻译内容，效果如图 5-39 所示。

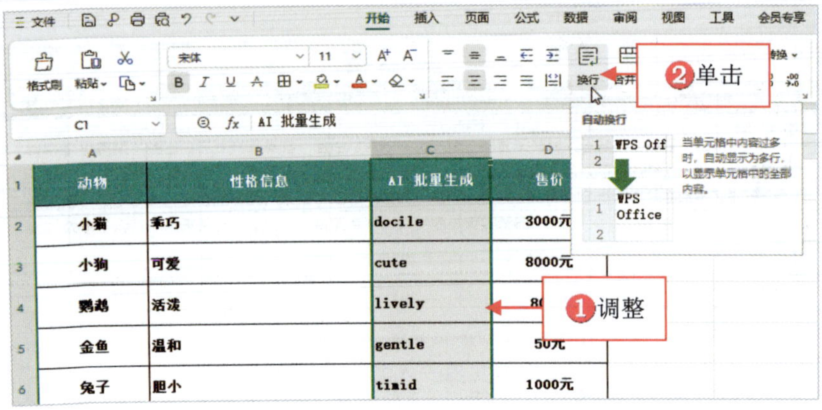

图 5-39 效果

5.3 关键信息的提取

WPS AI 还为用户提供了“AI 数据问答”功能，可以进行数据检查、预测分析，并生成分析结论，以及根据表格中的数据生成可视图表等，帮助用户快速从大量数据中提取关键信息，为决策提供有力支持。本节将通过 WPS 的智能表格介绍“AI 数据问答”功能的使用方法。

5.3.1 从数据中得出结论

从数据中得出结论

在 WPS 智能表格中，用户可以使用“AI 数据分析”功能，以对话的方式向 AI 提问，要求 AI 检查表格中的数据，并根据提问内容进行回复。下面以从数据中能得出结论为例介绍具体的操作方法。

Step 01 在 WPS 首页，①单击“新建”按钮；②在弹出的面板中单击“智能表格”按钮，如图 5-40 所示。

Step 02 进入“新建智能表格”界面，单击“空白智能表格”缩略图，如图 5-41 所示，即可新建一个空白的智能工作表。

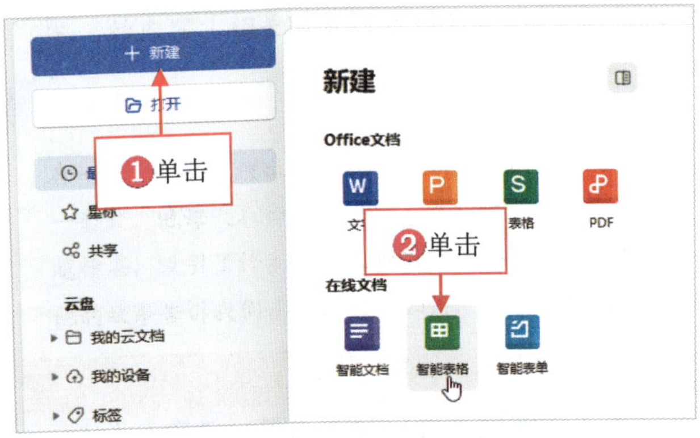

图 5-40 单击“智能表格”按钮

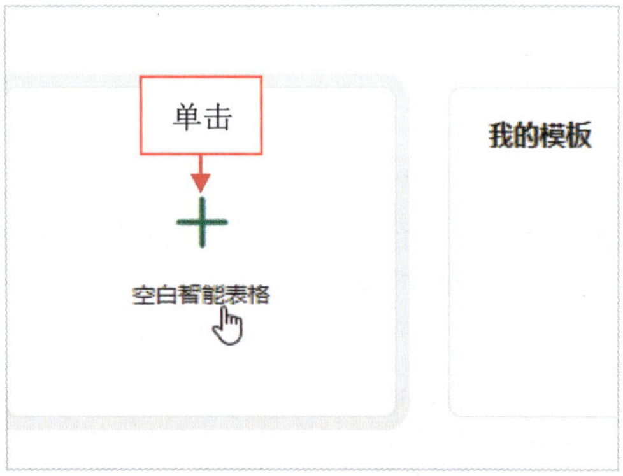

图 5-41 单击“空白智能表格”缩略图

Step 03 在工作表中，输入表格内容并适当美化表格，效果如图 5-42 所示。

生活费						
费用款项	1月	3月	2月	5月	4月	6月
电费	454	440	430	491	510	401
水费	252	235	202	289	229	270
伙食费	2452	2010	2259	2553	2413	2001
暖气费	1500	1500	1500	1500	1500	1500
服饰费	452	1002	721	345	220	410
其他	2340	2102	1067	2045	2500	1934

图 5-42　输入表格内容并适当美化表格

Step 04　在菜单栏中，❶单击 WPS AI 标签；❷在弹出的面板中选择“AI 数据分析”选项，如图 5-43 所示。

Step 05　弹出“AI 数据分析”面板，其中显示了 AI 推荐的 4 个指令，用户可以直接选择需要的指令，让 AI 根据指令分析表格数据，例如选择第 4 个指令，让 AI 计算从数据中能得出什么结论，如图 5-44 所示。“AI 数据分析”面板中的指令是随机生成的，用户可根据自身需求选择一个指令。

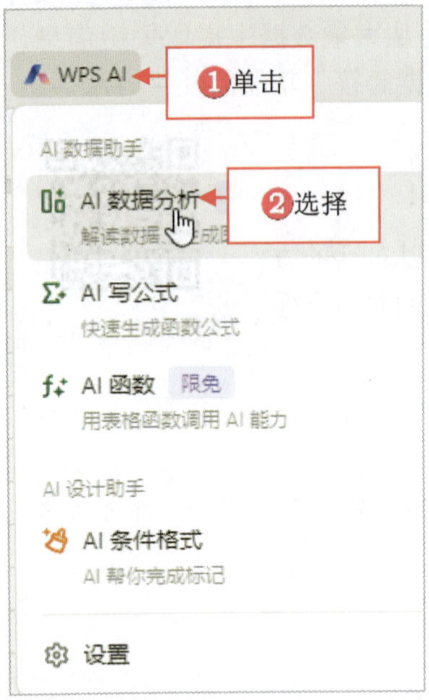

图 5-43　选择“AI 数据分析”选项

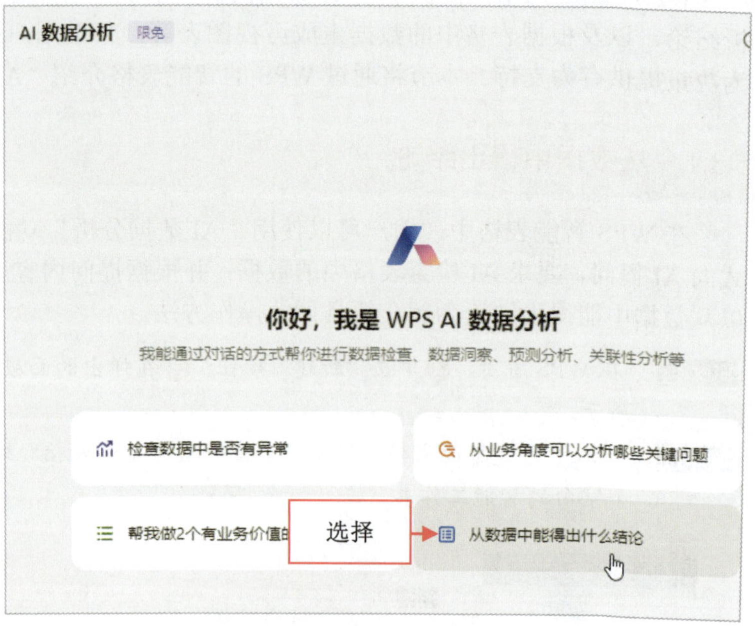

图 5-44　选择第 4 个指令

Step 06　AI 将分析指令，读取表格内容，并使用多种方式执行指令，检查是否存在异常数据，并回复检查结果，如图 5-45 所示。

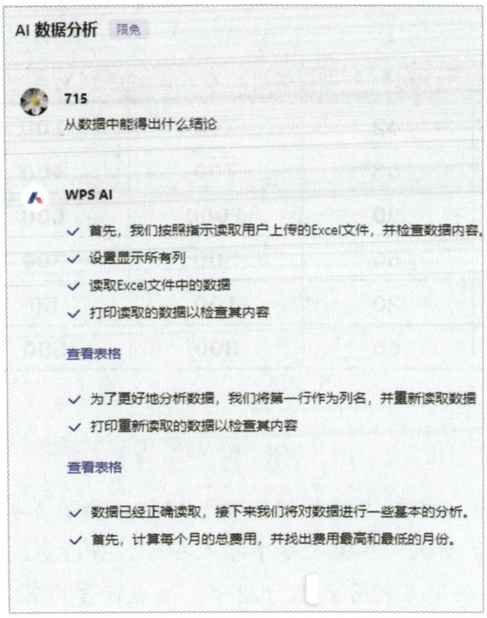

图 5-45　WPS AI 执行指令并回复检查结果

Step 07　用户还可以直接在输入框中输入指令，告诉 AI 要分析什么，单击 ➤ 按钮，AI 将分析指令内容，并使用多种方式执行指令，生成回复内容。案例指令及回复内容如下。

提问

检查数据中是否有超过 3 000 的费用。

WPS AI

检查数据中是否有超过 3 000 的费用。

我们将检查每个费用项在每个月中的值是否超过 3 000 元。

筛选出超过 3 000 元的费用。

打印超过 3 000 元的费用及其对应的费用项和月份。

在数据中，没有发现任何单个费用项在任何月份的金额超过 3 000 元。

不过，需要注意的是，“伙食费”和“暖气费”在每个月的总额都接近或达到 3 000 元，但没有单个费用超过 3 000 元。这说明虽然有些费用项的总额较高，但没有单笔费用超出 3 000 元的限制。

5.3.2　数据分析并生成结果

数据分析并生成结果

在 WPS 智能表格中，用户可以使用“AI 数据问答”功能，让 AI 分析表格中的数据，或基于现有的数据进行趋势预测，AI 会通过分析现有数据进行建模并生成分析结果。下面以找出完成任务数量最多者为例介绍具体操作。

Step 01　新建一个空白的智能表格，输入表格内容并适当美化表格，效果如图 5-46 所示。

姓名	任务数量	业绩奖金	额外奖金
何雅雅	42	200	100
许千千	53	700	400
高橙	90	1000	600
莫易倪	50	500	300
马小梨	20	100	50
栗音	66	800	500

图 5-46　输入表格内容并适当美化表格

Step 02　在“数据”功能区中，单击“AI 数据分析”按钮，如图 5-47 所示。

Step 03　弹出“AI 数据分析”面板，在输入框中输入指令，告诉 AI 要分析什么，单击➤按钮，AI 将分析指令内容，并使用多种方式执行指令，生成回复内容。案例指令及回复内容如下。

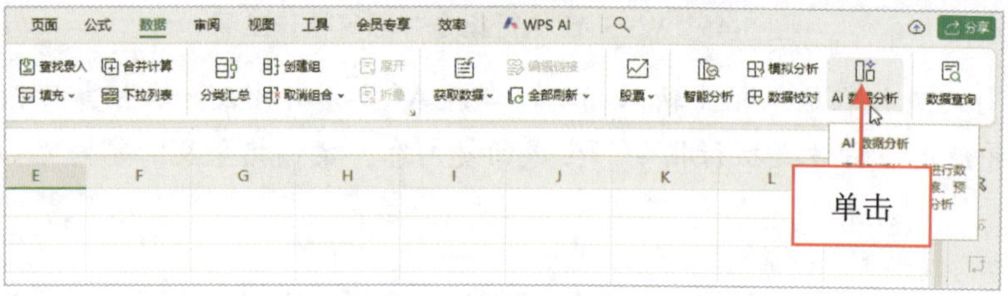

图 5-47　单击“AI 数据分析”按钮

提问

找出完成数量最多者，并预测分析谁会得到老板的赏识。

WPS AI

按照要求，首先读取上传的 Excel 文件，并检查数据内容。

一、设置显示所有列

读取 Excel 文件中的数据。

打印读取的数据以检查内容。

为了便于分析，将第一行作为列名，并重新读取数据。

打印数据以确认格式正确。

找出完成任务数量最高的人。

打印任务数量最高的人的信息。

接下来，我们进行预测分析，看看谁可能会得到老板的赏识。

假设老板赏识的标准是综合考虑任务数量、业绩奖金和额外奖金。

我们可以计算一个综合得分，假设任务数量占 50%，业绩奖金占 30%，额外奖金占 20%。

二、计算综合得分

找出综合得分最高的人

打印综合得分最高的人的信息

根据分析结果，完成任务数量最高的人是高橙，她完成了 90 个任务。

在综合考虑任务数量、业绩奖金和额外奖金后，高橙也获得了最高的综合得分（465 分），因此她最有可能得到老板的赏识。

如果需要进一步分析或调整权重，请告知我。

5.3.3 图表的生成

图表的生成

在 WPS 智能表格中，用户可以使用“AI 数据分析”功能，让 AI 根据数据自动生成多种图表，例如柱状图、折线图和饼图等。用户只需在表格中提供数据源，AI 便能自动识别数据结构并选择最合适的图表类型进行可视化展示。通过图表，用户能够更加直观地理解数据，提升数据分析的效率。下面以生成受众人数对比图为例介绍具体操作。

Step 01 新建一个空白的智能表格，输入表格内容并适当美化表格，效果如图 5-48 所示。

◢	A	B	C
1	商品名称	日期	受众群体数量
2	黄色	2024年1月	452
3	红色	2024年1月	148
4	紫色	2024年1月	410
5	蓝色	2024年1月	453
6	绿色	2024年1月	954
7	灰色	2024年1月	955
8	黑色	2024年1月	751
9	白色	2024年1月	112
10	粉色	2024年1月	296
11	橘色	2024年1月	859

图 5-48 输入表格内容并适当美化表格

Step 02 选择 WPS AI 选项，选择“AI 数据分析”选项，调出“AI 数据分析”面板，在输入框中输入指令。相关指令如下。

提问

生成受众群体对比图

Step03 单击▶按钮发送指令，AI 将执行指令，生成受众群体对比图，将鼠标移至对比图上，即可显示两个按钮，单击“插入至新工作表并编辑”按钮⊕，如图 5-49 所示。

Step04 执行操作后，即可将生成的图表插入至新的工作表中，选择生成好的表格，如图 5-50 所示。

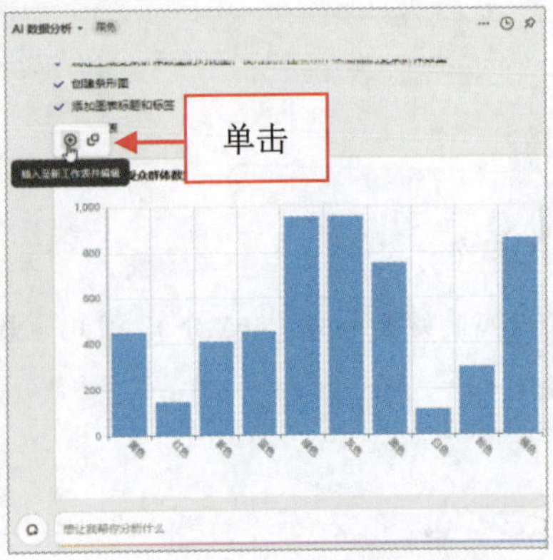

图 5-49　单击“插入至新工作表并编辑”按钮

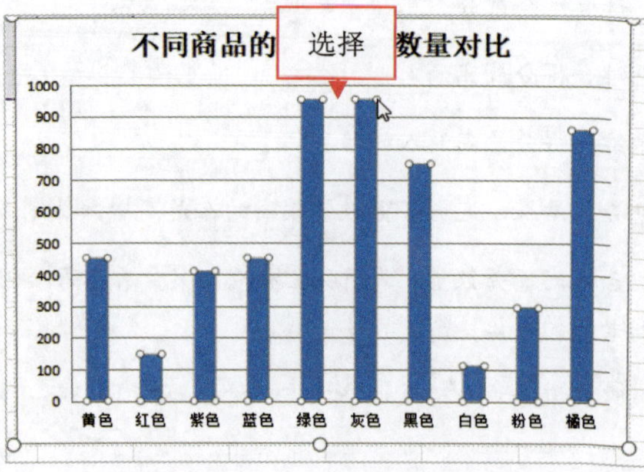

图 5-50　选择生成好的表格

Step05 在图表右上角，❶单击“图表元素”按钮；❷在弹出的列表框中选中“数据标签”复选框；❸即可为受众群体线添加数据标签，效果如图 5-51 所示。

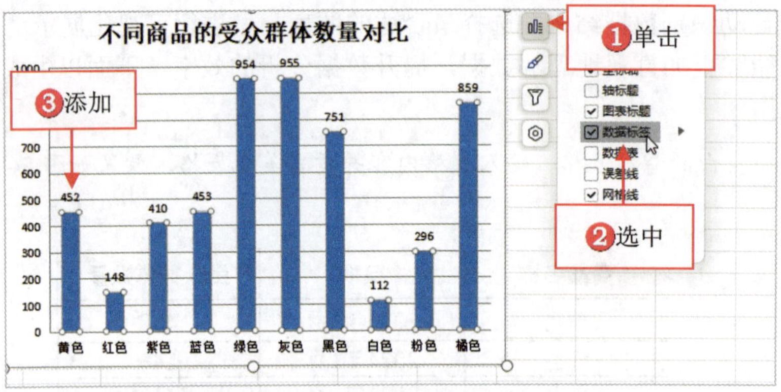

图 5-51　为受众群体线添加数据标签

本 章 小 结

本章主要讲述了 WPS AI 的数据工具及其应用。首先介绍了 WPS AI 公式与格式的应用，如判断订单状态、标记数量；其次介绍了 WPS AI 的表格操作，如快速建表、AI 操作表格、自动识别并提取指定的数据、数据自动分类、信息翻译；最后介绍了关键信息的提取，如从数据中得出结论、数据分析并生成结果、图标的生成。通过本章的学习，读者能够更加专注于分析与决策，而将繁琐的表格操作交给 AI 完成。

课后实训

课后实训

鉴于本章知识的重要性，为了更好地掌握所学知识，将通过课后实训帮助读者进行简单的知识回顾和补充。

实训任务：在 WPS 智能表格中，创建一个食品款式选择表，唤起 WPS AI，让 AI 统计食品款式并分析哪款食品最受欢迎，相关操作如下。

Step 01 在 WPS 智能表格中，创建一个食品款式选择表，效果如图 5-52 所示。

商品款式选择表				
运单编号	商品	商品款式	购买次数	备注
12325632561	食品	面包	34	
12325632562	食品	雪媚娘	56	
12325632563	食品	冰淇淋	45	
12325632564	食品	奶茶	65	
12325632565	食品	炸鸡	13	
12325632566	食品	生煎包	45	
12325632567	食品	凉面	20	
12325632568	食品	包子	38	
12325632569	食品	米饭	47	
12325632570	食品	蜂蜜	64	
12325632571	食品	豆角	10	
12325632572	食品	笋子	25	
12325632573	食品	蛋挞	66	
12325632574	食品	汉堡	22	
12325632575	食品	鸡蛋	57	

图 5-52　创建一个商品款式选择表

Step 02 在菜单栏中，单击 WPS AI 按钮，在功能区中单击“AI 数据分析”按钮，调出“AI 数据分析”面板，在输入框中输入指令，发送指令，AI 将执行指令，并生成数据分析结论。案例指令及回复内容如下。

提问

统计食品款式并分析哪款食品最受欢迎。

WPS AI

按照要求，首先读取上传的表格文件，并检查数据内容。

设置显示所有列。

读取表格文件中的数据。

打印数据以检查其内容。

数据从第二行开始有用，因此需要跳过第一行，并重新设置列名。

打印清理后的数据以确认。

现在开始统计每种食品款式的购买次数，并找出最受欢迎的食品款式。

按照商品款式分组，并统计每种款式的总购买次数。

按购买次数降序排列，找出最受欢迎的食品款式。

根据统计结果，最受欢迎的食品款式是“蛋挞”，其购买次数为 66 次。其次是“奶茶”和“蜂蜜”，分别购买了 65 次和 64 次。

第 6 章 WPS AI 演示文稿工具及应用

在现代办公环境中，AI 技术的迅猛发展使得演示文稿的制作变得更加高效与智能。尤其是 WPS AI 设计助手的应用，能够大幅提升 PPT 制作的速度和质量。本章将介绍如何通过 WPS AI 设计助手生成、修改、续写及润色 PPT 内容，帮助读者快速完成高质量的演示文稿。

本章重点

- 掌握 WPS AI 制作 PPT 的方法
- 掌握 WPS AI 幻灯片的制作方法
- 熟悉幻灯片内容的优化方法

素质目标

- 培养读者动态演示的架构思维
- 培养读者人机协同的创意表达力

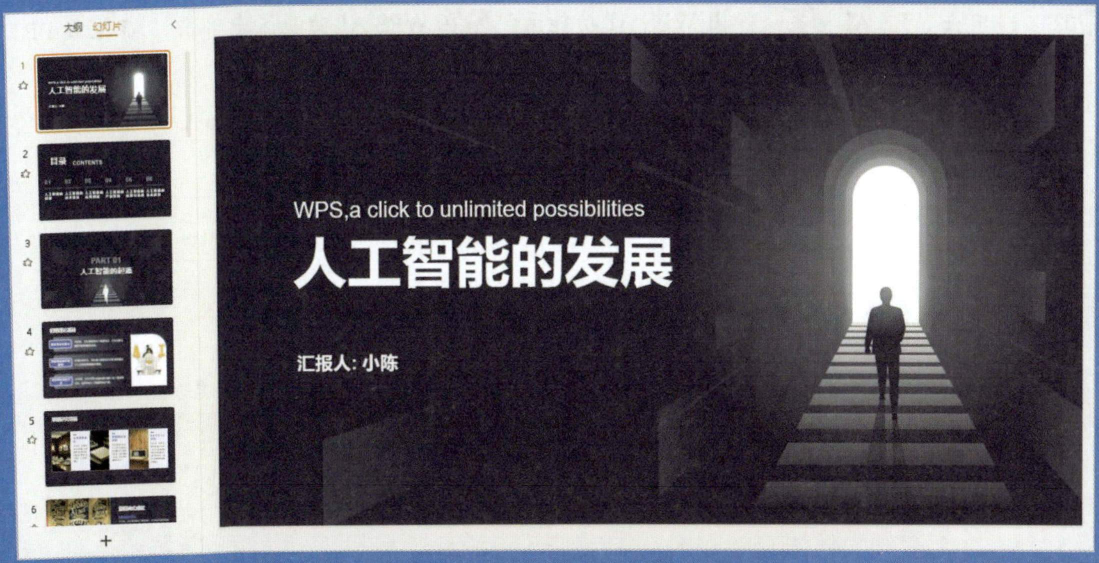

6.1 WPS AI 制作 PPT

WPS 的“AI 生成 PPT”功能为用户提供了基于主题、文档或大纲的智能化 PPT 制作方式。无论是需要快速生成一份与市场策略相关的演示，还是根据会议报告或研究论文生成 PPT，AI 都能够根据用户输入的相关信息自动生成具有专业水准的幻灯片。本节将介绍“AI 生成 PPT”功能的使用方法。

6.1.1 主题生成 PPT

主题生成 PPT

当用户输入主题如“拒绝内耗：做自己的主角”时，WPS AI 设计助手会自动分析该主题相关的知识和资料，并根据拒绝内耗：做自己的主角的常见框架生成一系列幻灯片。这些幻灯片不仅涵盖了主题的主要内容，还能根据拒绝内耗：做自己的主角，提供优化建议和设计风格，帮助用户打造一个“拒绝内耗：做自己的主角”演示文档。其具体操作如下。

Step 01 在 WPS 首页，❶单击“新建”按钮；❷在弹出的面板中，单击“演示”按钮，如图 6-1 所示。

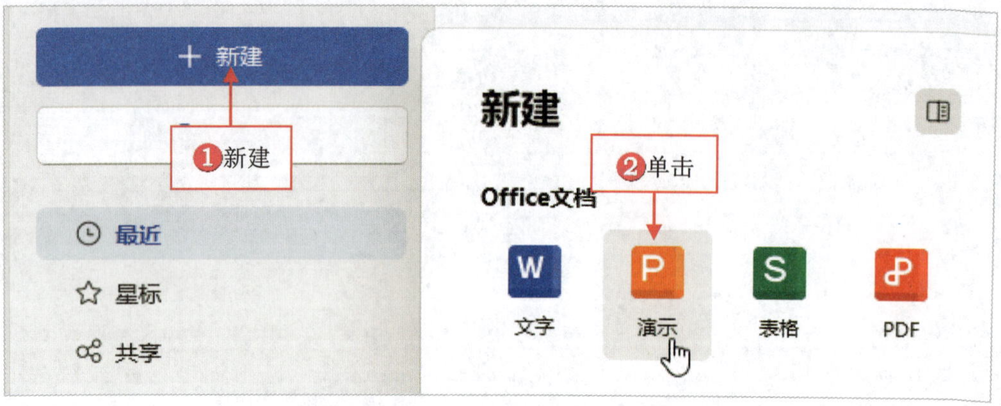

图 6-1 单击“演示”按钮

Step 02 ❶单击 WPS AI 标签，弹出 WPS AI 功能区；❷在 WPS AI 功能区中单击“AI 生成 PPT”按钮，弹出相应列表框；❸选择“主题生成 PPT”选项，如图 6-2 所示。

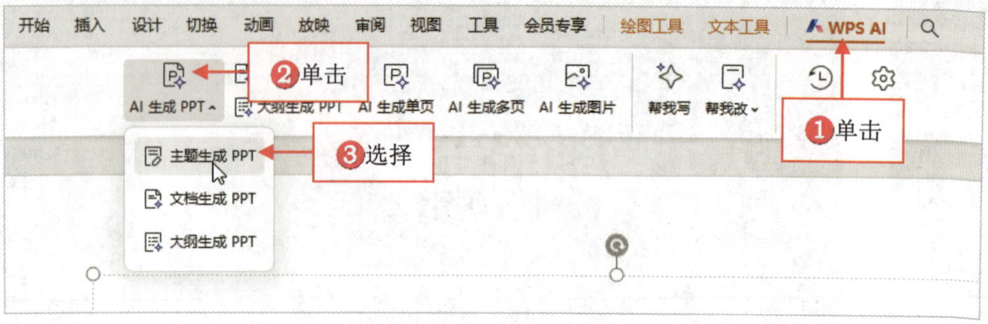

图 6-2 选择“主题生成 PPT”选项

Step 03 在“AI 生成 PPT”面板的输入框中，输入主题内容“拒绝内耗：做自己的主角”，如图 6-3 所示。

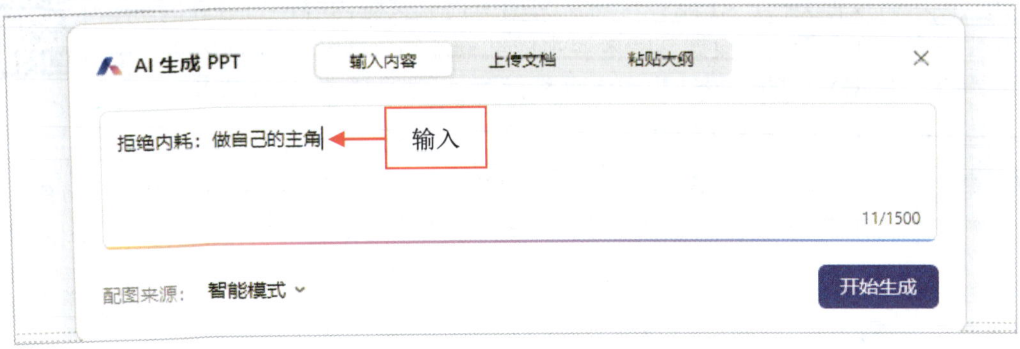

图 6-3　输入主题内容

Step 04 单击“开始生成”按钮，AI 即可生成幻灯片大纲，单击“挑选模板”按钮，如图 6-4 所示。

Step 05 弹出“选择幻灯片模板”面板，选择一个合适的主题模板，例如选择“绿色教育教学卡通风主题”模板，如图 6-5 所示。

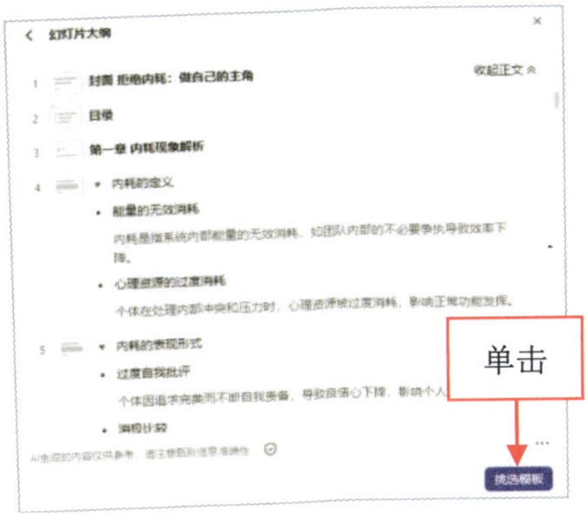

图 6-4　单击“挑选模板”按钮

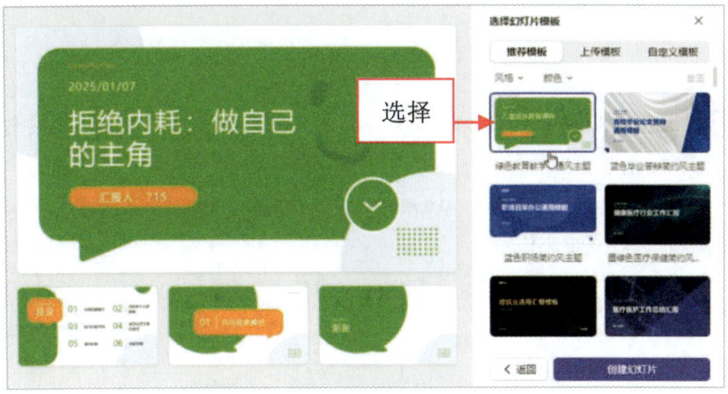

图 6-5　选择“绿色教育教学卡通风主题”模板

Step 06 单击“创建幻灯片”按钮，AI 即可生成完整的 PPT，效果如图 6-6 所示。

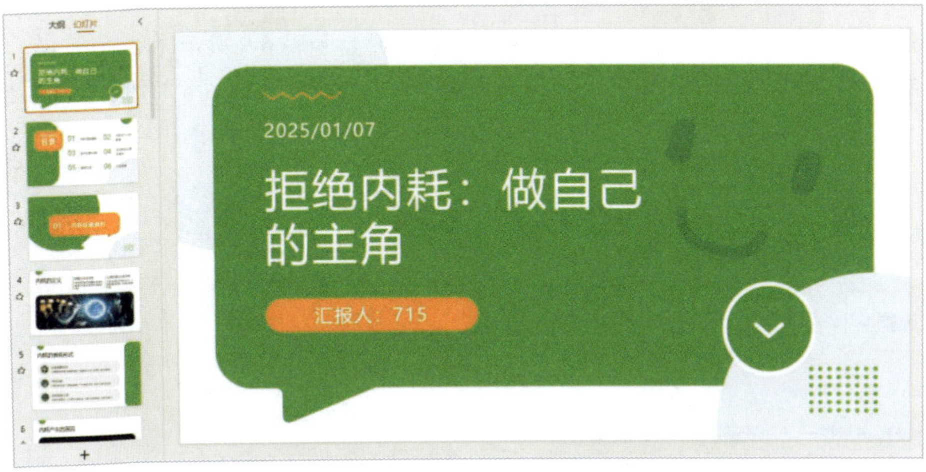

图 6-6　AI 生成完整的 PPT（部分效果）

6.1.2 文档生成 PPT

文档生成 PPT

通过上传培训报告文档，AI 能够自动从文档中提取关键内容，如培训时间、培训内容要点和培训分析，并根据这些内容生成结构清晰、视觉吸引的 PPT。在此过程中，AI 会根据文档的逻辑结构和信息量，合理分配每一页幻灯片的内容，确保信息传递清晰准确。其具体操作如下。

Step 01 新建一个空白的演示文稿，❶在菜单栏中单击 WPS AI 标签；❷在 WPS AI 功能区中单击“AI 生成 PPT”按钮；在弹出的列表框中，❸选择“文档生成 PPT”选项，如图 6-7 所示。

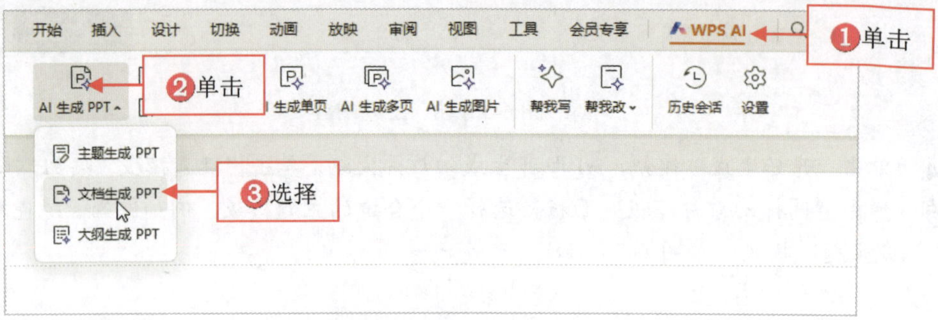

图 6-7 选择“文档生成 PPT”选项

Step 02 弹出“AI 生成 PPT”面板，单击“选择文档”按钮，如图 6-8 所示。

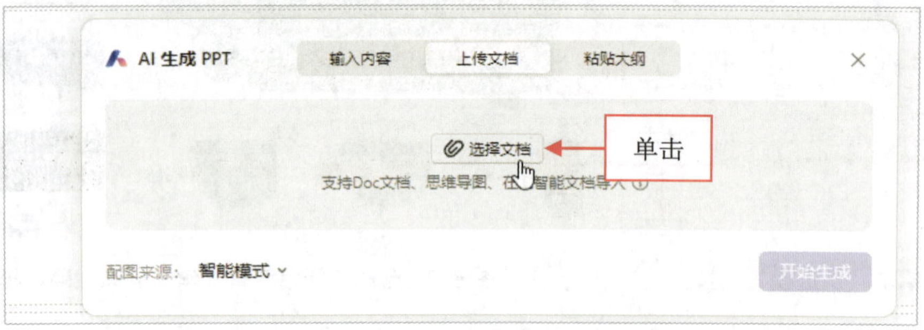

图 6-8 单击“选择文档”按钮

Step 03 弹出“打开文档”对话框，选择需要上传的文档，如图 6-9 所示。

Step 04 单击“打开”按钮，弹出“选择 PPT 生成偏好”面板，选中“智能润色”单选按钮，如图 6-10 所示，让 AI 智能优化文档结构，使生成的 PPT 效果更佳。

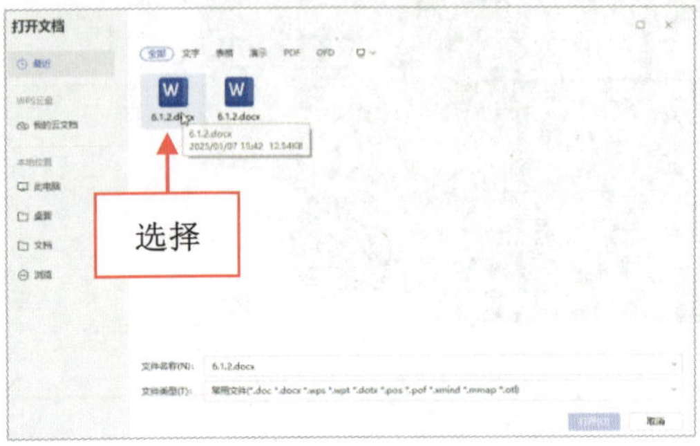

图 6-9 选择需要上传的文档

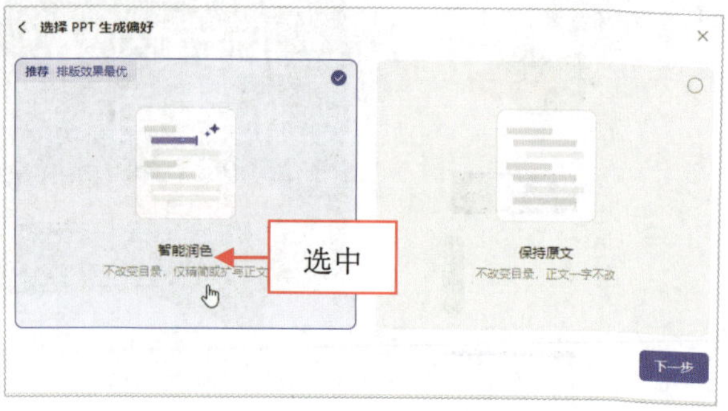

图 6-10 选中“智能润色”单选按钮

Step 05　单击“下一步”按钮，AI 即可生成幻灯片大纲，单击“挑选模板”按钮，如图 6-11 所示。

Step 06　弹出“选择幻灯片模板”面板，选择一个合适的模板，如图 6-12 所示。

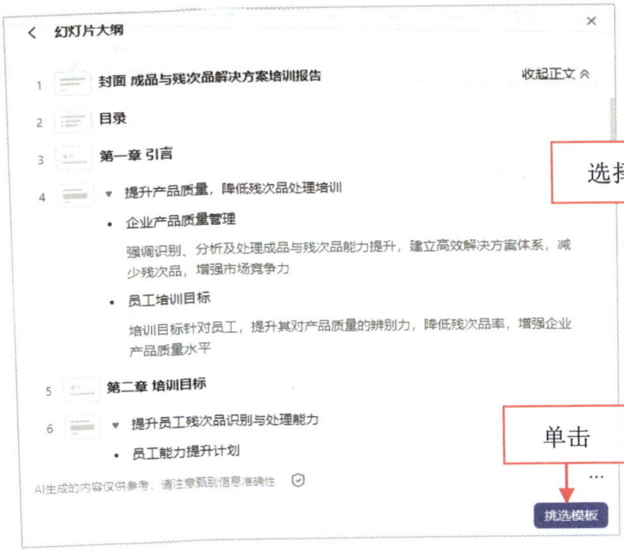

图 6-11　单击“挑选模板”按钮

图 6-12　选择一个合适的模板

Step 07　单击“创建幻灯片”按钮，AI 即可生成完整的 PPT，效果如图 6-13 所示。

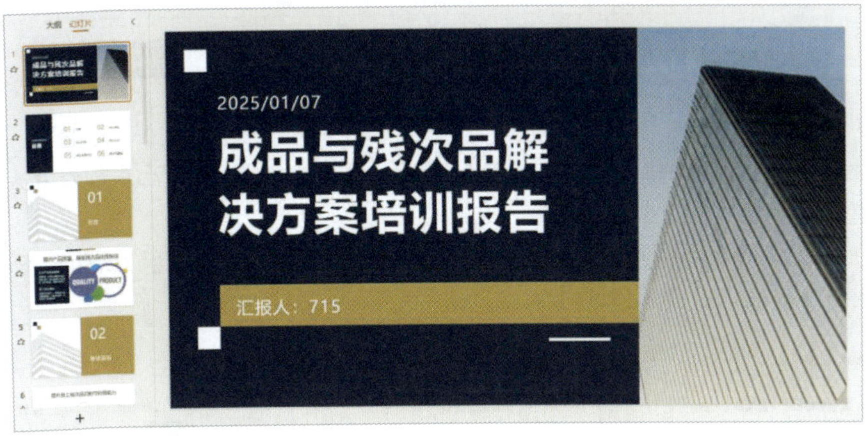

图 6-13　AI 生成完整的 PPT（部分效果）

6.1.3　大纲生成 PPT

大纲生成 PPT

对于科研工作者或学术领域的用户，AI 设计助手能够根据研究论文的大纲或章节标题生成相关幻灯片。无论是介绍论文的背景、方法论，还是展示研究结果，AI 都能帮助用户将复杂学术内容转化为简洁、易于理解的演示形式，确保观众能够轻松获取关键信息。其具体操作如下。

Step 01　新建一个空白演示文稿，❶在菜单栏中单击 WPS AI 标签；❷在 WPS AI 功能区中单击“AI 生成 PPT”按钮；在弹出的列表框中，❸选择“大纲生成 PPT”选项，如图 6-14 所示。

Step 02　弹出“AI 生成 PPT”面板，在其中输入大纲，如图 6-15 所示。

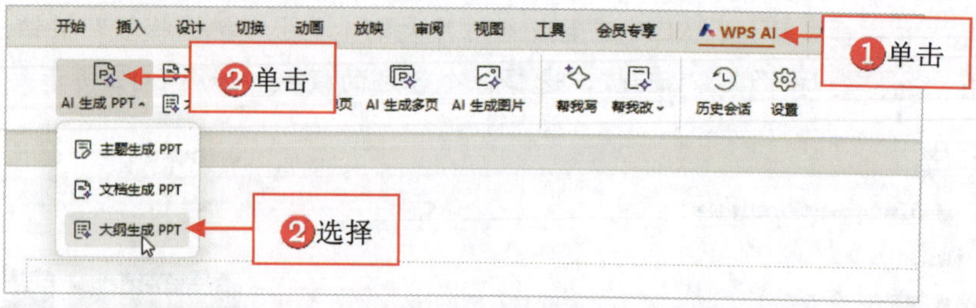

图 6-14　选择“大纲生成 PPT”选项

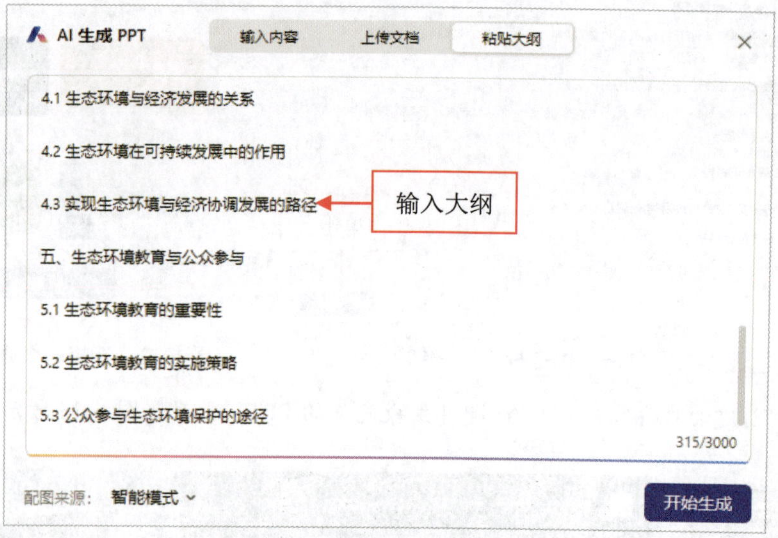

图 6-15　输入大纲

Step 03 单击“开始生成”按钮，AI 即可智能优化输入的大纲内容，重新生成幻灯片大纲，单击“挑选模板”按钮，如图 6-16 所示。

Step 04 弹出“选择幻灯片模板”面板，选择一个合适的模板，例如选择“黑色水墨教育教学中国风主题”模板，如图 6-17 所示。

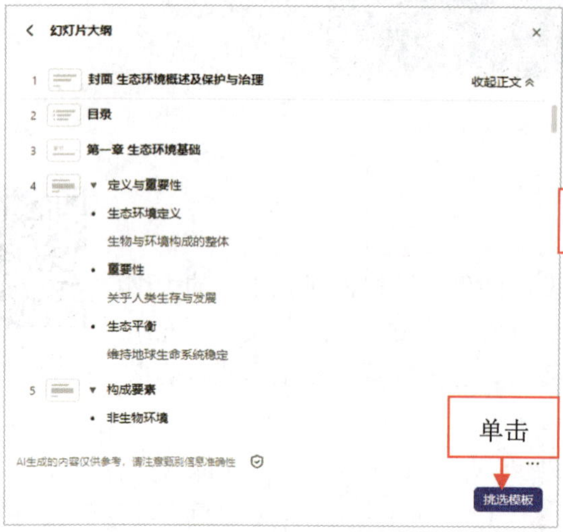

图 6-16　单击“挑选模板”按钮

图 6-17　选择“黑色水墨教育教学中国风主题”模板

Step 05 单击“创建幻灯片”按钮，AI 即可生成完整的 PPT，效果如图 6-18 所示。

图 6-18 AI 生成完整的 PPT（部分效果）

6.2 WPS AI 幻灯片的创作

WPS AI 不仅可以自动生成完整的 PPT，通过“AI 帮我写”功能，能够在用户的需求下，根据具体业务情境或主题，编写个性化的幻灯片内容。这一功能支持用户从零开始创建 PPT，或者在已有内容的基础上进行扩展和修改。本节将介绍让 AI 编写幻灯片内容的操作方法。

6.2.1 生成多页幻灯片

生成多页幻灯片

使用“AI 生成多页”功能，可以让 AI 生成指定页数的正文页幻灯片，需要展示多个分析点的多页幻灯片，用户只需要在输入框中输入相关主题，并设置好幻灯片的数量，AI 将根据用户的指示精确生成对应数量和内容的幻灯片页。下面以生成工艺文化市场趋势分析类 PPT 正文页内容为例介绍具体的操作方法。

Step 01 打开一个演示文稿，其中创建了一张封面页幻灯片，需要 AI 生成更多正文页内容，如图 6-19 所示。

图 6-19 打开一个演示文稿

Step 02 ❶在菜单栏中单击 WPS AI 标签；❷在弹出的功能区中单击“AI 生成多页”按钮，如图 6-20 所示。

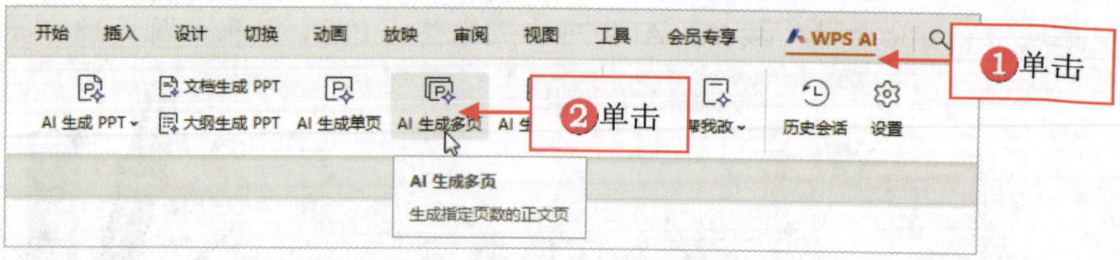

图 6-20　单击“AI 生成多页”按钮

Step 03 弹出“AI 生成多页”面板，❶在输入框中输入封面页中的主题；❷单击“生成 1 页”下拉按钮；❸在弹出的下拉列表框中选择“3 页”选项，设置 AI 生成的幻灯片页数，如图 6-21 所示。

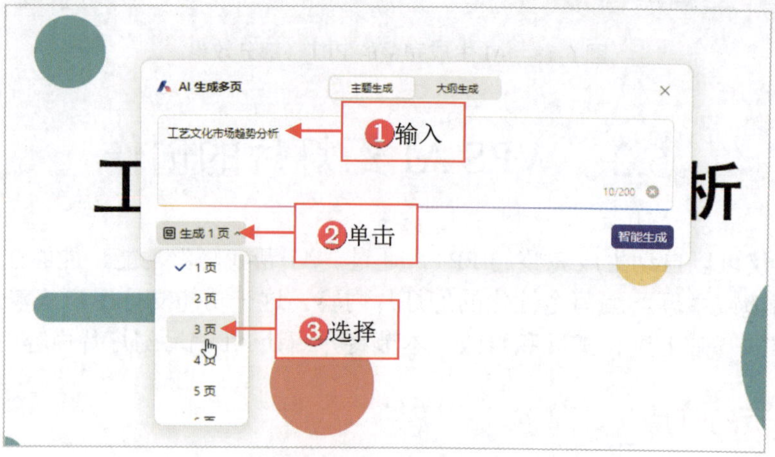

图 6-21　选择“3 页”选项

Step 04 单击“智能生成”按钮，AI 即可生成幻灯片内容，单击“生成幻灯片”按钮，如图 6-22 所示。

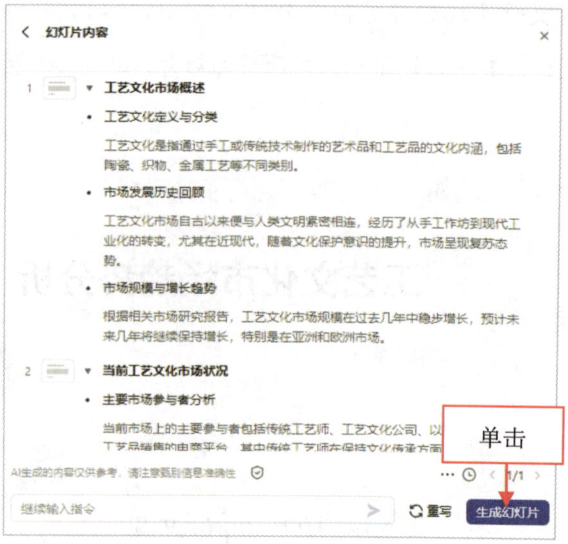

图 6-22　单击“生成幻灯片”按钮

Step 05 执行操作后，AI 即可生成 3 页正文页幻灯片，效果如图 6-23 所示。

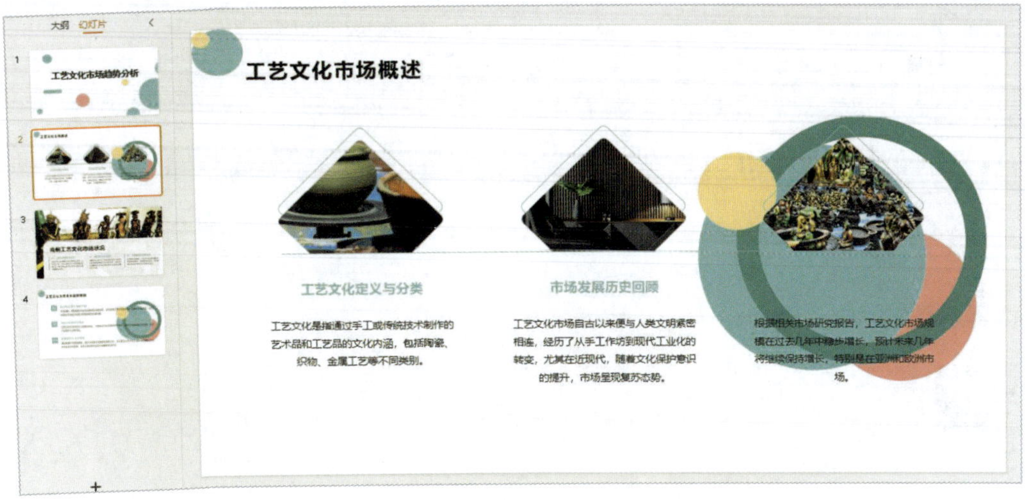

图 6-23　AI 生成 3 页正文页幻灯片（部分效果）

6.2.2　主题生成幻灯片

主题生成幻灯片

使用“帮我写”功能，可以让 AI 根据用户提供的一句话、一个指令或者一个主题，生成相应的幻灯片内容。用户只需简洁地描述与主题相关的需求或想要展示的核心观点，AI 将根据这句话自动分析并提取关键信息，迅速生成与之匹配的幻灯片。下面以“周末计划”PPT 为例介绍通过主题生成正文页幻灯片内容的操作方法。

Step 01　打开“周末计划”PPT，如图 6-24 所示。

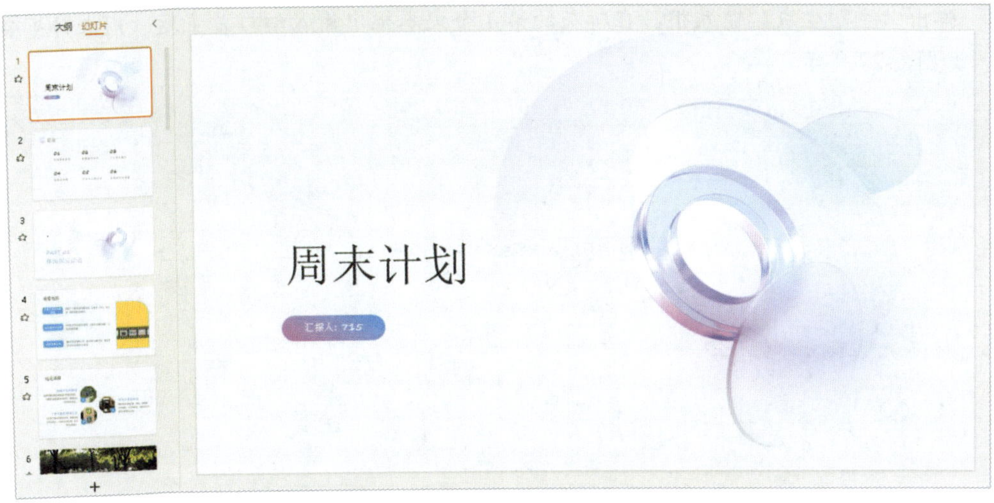

图 6-24　打开“周末计划”PPT

Step 02　选择第 11 页幻灯片，其中显示了当页幻灯片的主题，需要 AI 为第 11 页幻灯片生成与主题相关的内容，如图 6-25 所示。

Step 03　在菜单栏中，❶单击 WPS AI 标签；❷在弹出的功能区中单击“帮我写”按钮，如图 6-26 所示。

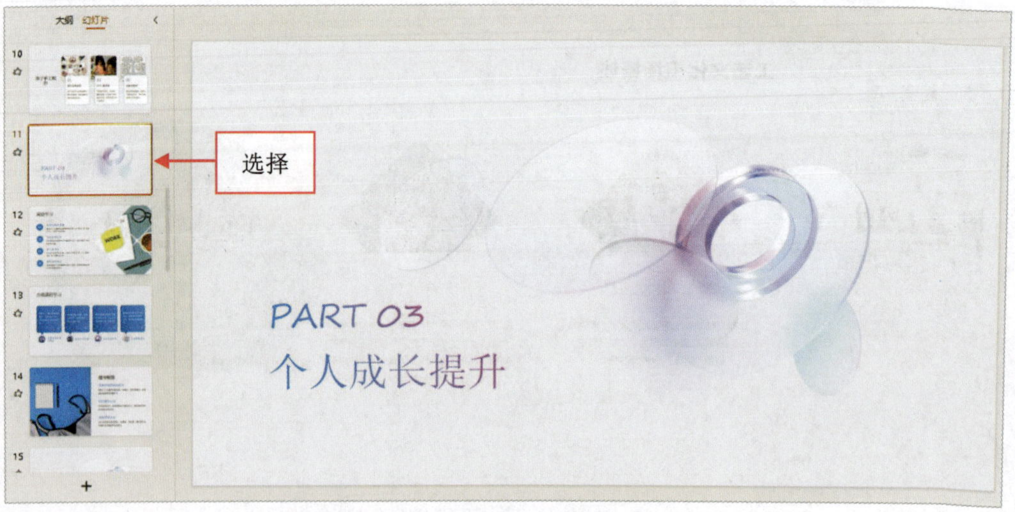

图 6-25 选择第 11 页幻灯片

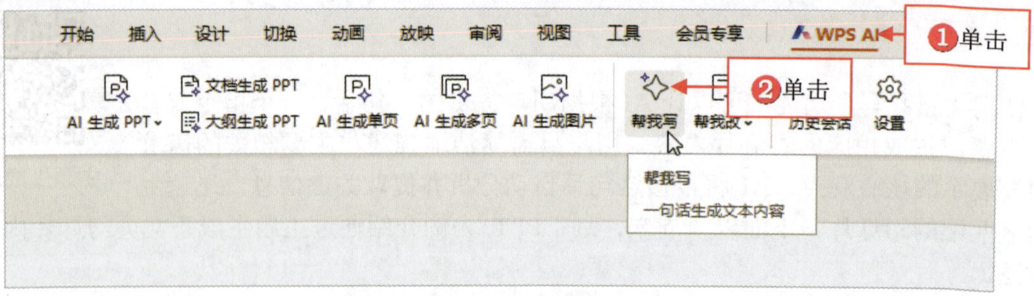

图 6-26 单击“帮我写”按钮

Step 04 弹出“主题生成”输入框，在标灰的第 1 个文本框中输入幻灯片主题“周末计划好处”，如图 6-27 所示。

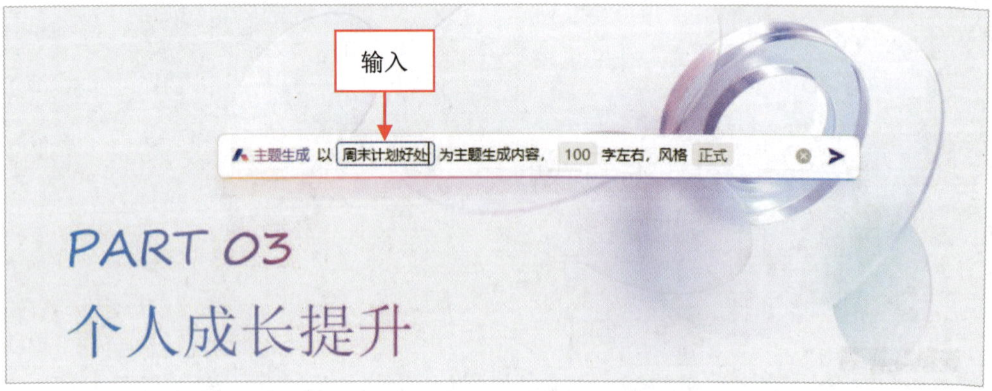

图 6-27 输入幻灯片主题

Step 05 ❶在第 2 个文本框中输入 300，限制生成字数；❷在第 3 个文本框中修改为“有说服力”，如图 6-28 所示。

Step 06 单击➤按钮发送指令，AI 即可根据主题生成内容，单击“插入”按钮，如图 6-29 所示。

Step 07 执行操作后，即可将 AI 生成的内容插入幻灯片中，效果如图 6-30 所示。

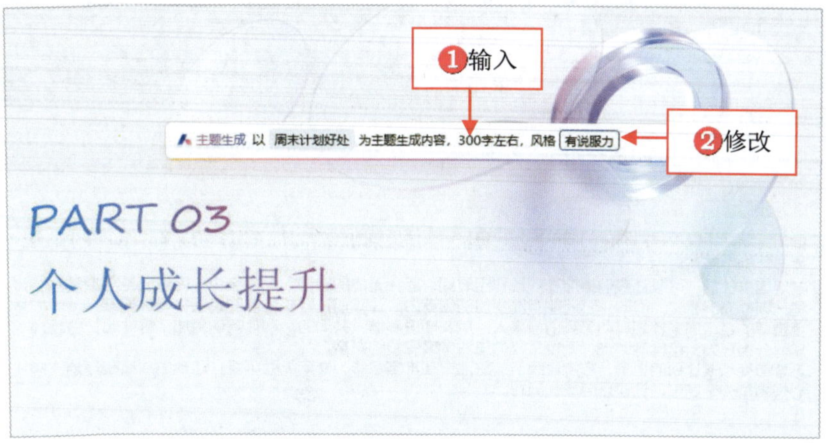

图 6-28　选择“有说服力”选项

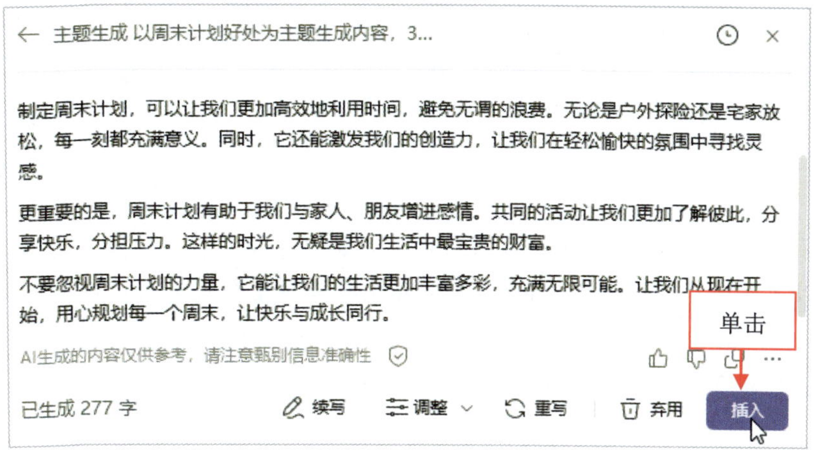

图 6-29　单击“插入”按钮

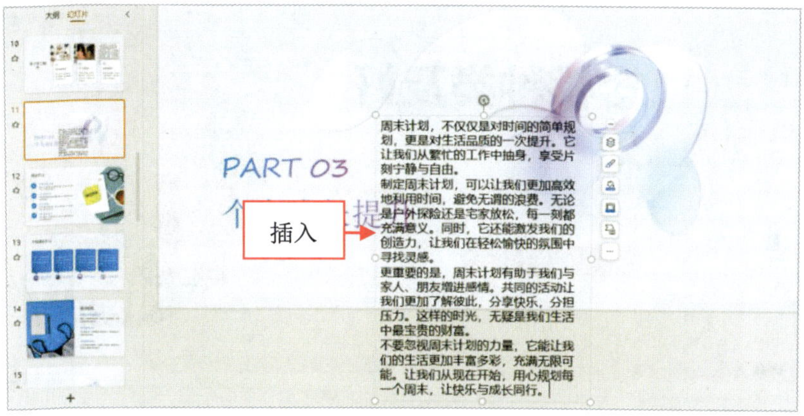

图 6-30　将 AI 生成的内容插入幻灯片中

Step 08　❶选择文本框并调整文本框的大小和位置；❷设置“字号”参数为 20，将文字放大；❸单击“增大段落行距”按钮，增大文本之间的段落行距，如图 6-31 所示。

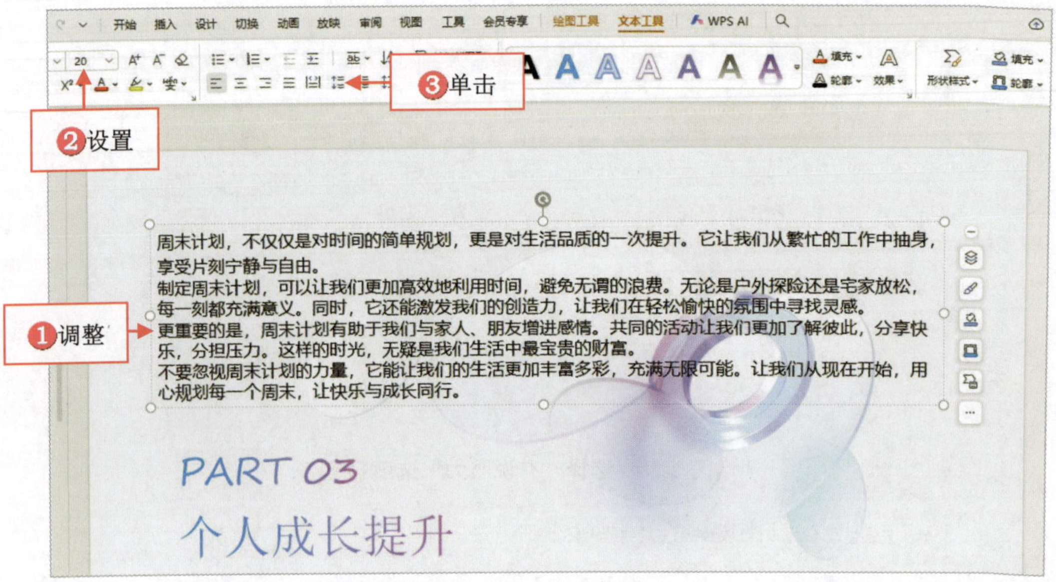

图 6-31　单击“增大段落行距”按钮

6.2.3　AI 续写幻灯片

AI 不仅能够根据主题生成幻灯片内容，还能根据幻灯片中已有的内容进行续写。下面以“樱桃种类及好处”PPT 为例介绍续写正文页幻灯片内容的操作方法。

AI 续写幻灯片

Step 01　打开“樱桃种类及好处”PPT，如图 6-32 所示。

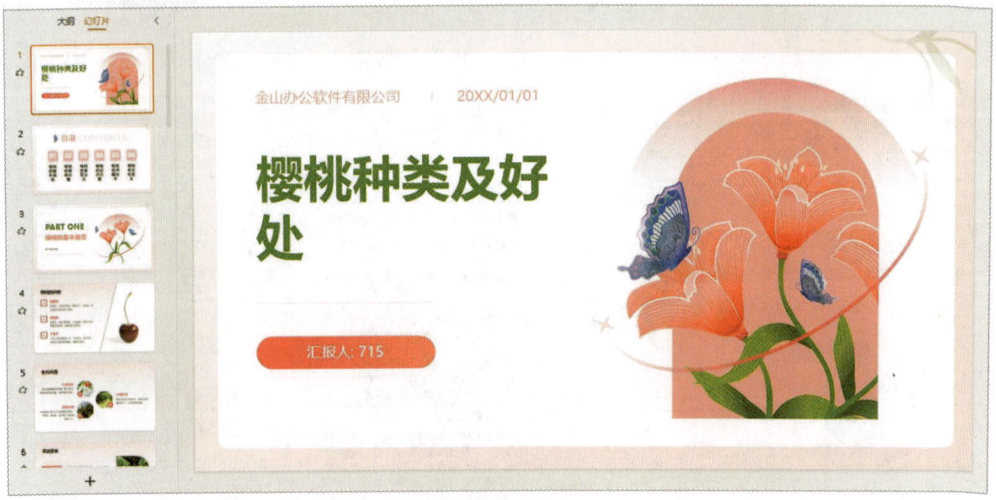

图 6-32　打开“樱桃种类及好处”PPT

Step 02　进入第 6 页幻灯片，选择需要 AI 续写的文本内容，如图 6-33 所示。

Step 03　在菜单栏中，❶单击 WPS AI 标签；❷在弹出的列表框中单击“帮我写”按钮，如图 6-34 所示。

Step 04　弹出输入框，在下方的功能区中选择“AI 帮我写”|“续写”选项，如图 6-35 所示。

图 6-33　选择需要 AI 续写的文本内容

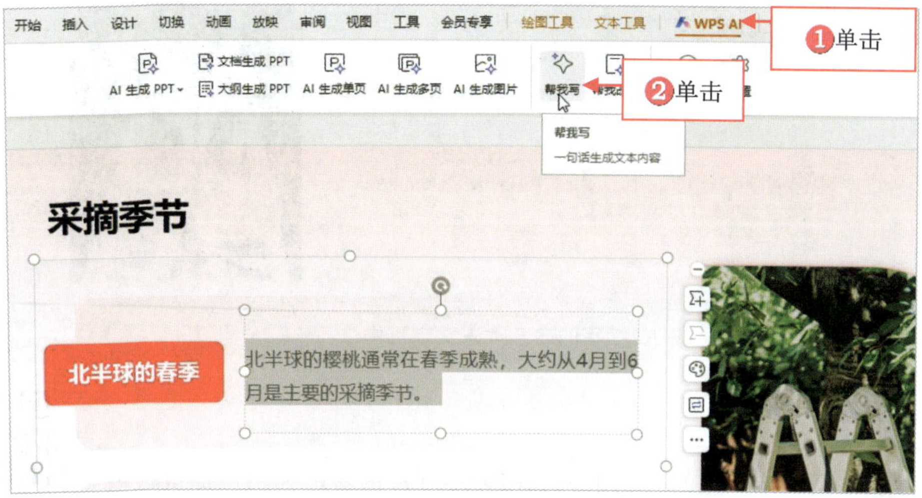

图 6-34　单击“帮我写”按钮

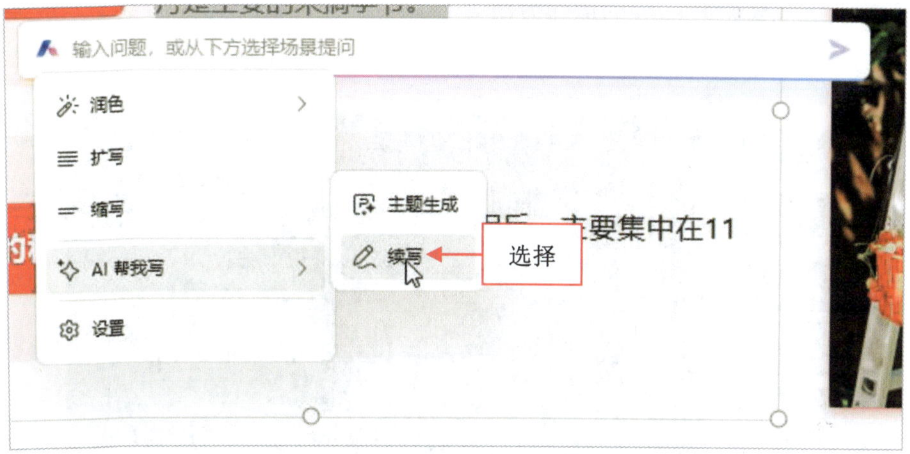

图 6-35　选择“续写”选项

Step 05　执行操作后，AI 即可续写内容，单击“插入”按钮，如图 6-36 所示。

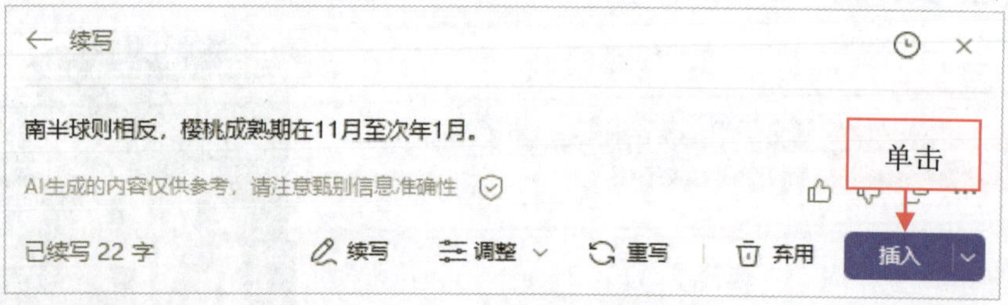

图 6-36　单击“插入”按钮

Step 06　即可将 AI 续写的内容插入文本框中，效果如图 6-37 所示。

图 6-37　将 AI 续写的内容插入文本框中

6.2.4　提问生成幻灯片

AI 还可以根据用户提出的问题来生成相关幻灯片内容，为用户提供数据支持，帮助用户进行详细阐述。下面以“陶瓷工艺分类”PPT 为例介绍通过向 AI 提问生成正文页幻灯片内容的操作方法。

提问生成幻灯片

Step 01　打开“陶瓷工艺分类”PPT，如图 6-38 所示。

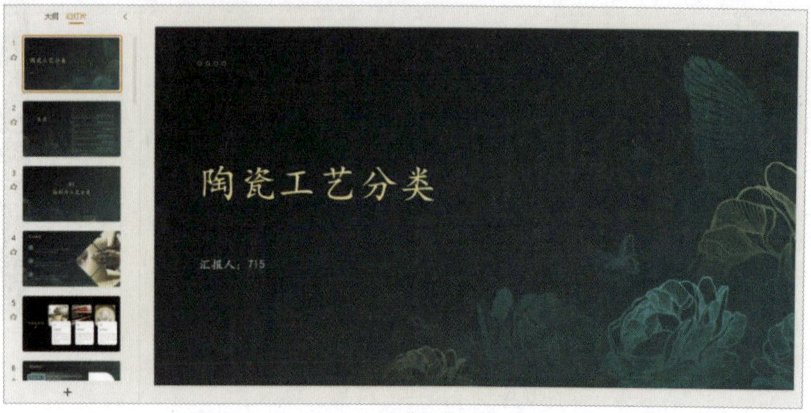

图 6-38　打开“陶瓷工艺分类”PPT

Step 02 进入第 13 页幻灯片，选择需要 AI 生成内容的文本框，如图 6-39 所示。

图 6-39　选择需要 AI 生成内容的文本框

Step 03 在菜单栏中，❶单击 WPS AI 标签；❷在弹出的功能区中单击“帮我写”按钮，如图 6-40 所示。

图 6-40　单击“帮我写”按钮

Step 04 弹出输入框，输入提问内容“陶瓷工艺的分类包括哪几个方面？”，如图 6-41 所示。

Step 05 单击➤按钮发送提问内容，AI 即可根据提问生成相关内容，单击“替换”按钮，如图 6-42 所示。

Step 06 执行操作后，即可替换文本框中的内容，效果如图 6-43 所示。

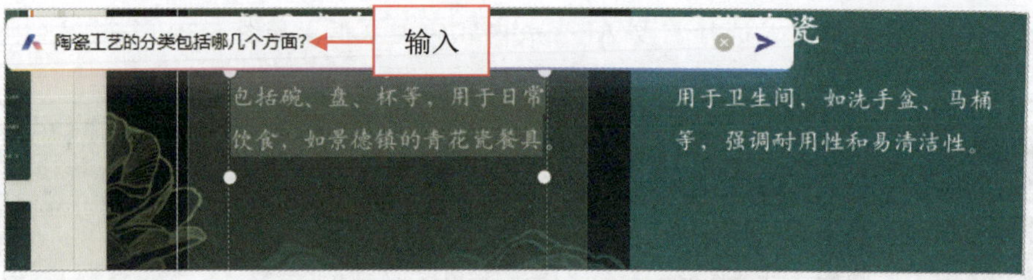

图 6-41　输入提问内容

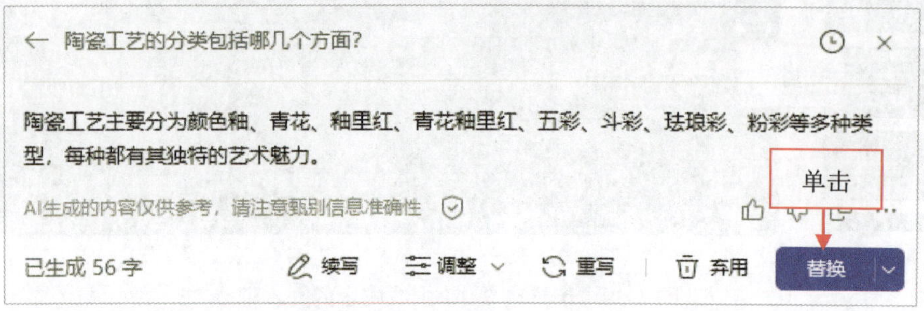

图 6-42　单击“替换”按钮

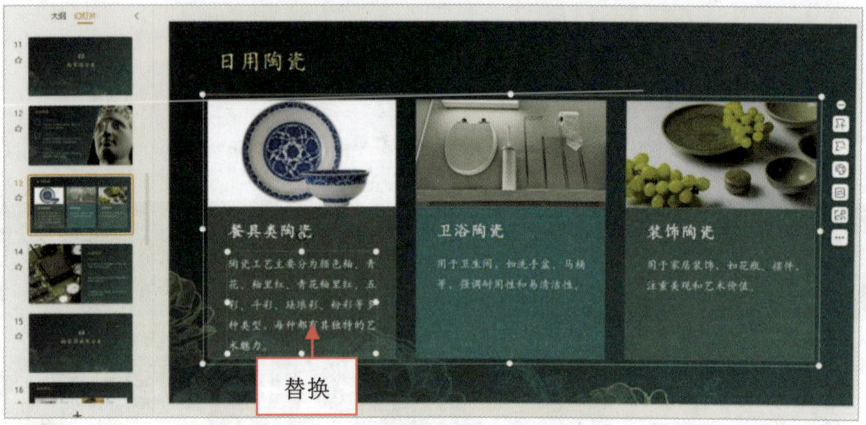

图 6-43　将文本框中的内容替换成 AI 生成的内容

6.3　幻灯片内容的优化

在制作好 PPT 后，用户可能需要对幻灯片进行润色、扩写或缩写。“AI 帮我改”功能能够根据用户的需求，对幻灯片中的内容进行智能修改，确保幻灯片的表达更加清晰、简洁并符合专业标准。本节将主要介绍使用“AI 帮我改”功能修改幻灯片内容的操作方法。

6.3.1　AI 润色幻灯片

AI 润色幻灯片

当用户对幻灯片中的内容不满意时，AI 能够对其进行润色，改进表达方式，提升演示的语言感染力，同时保持内容的准确性。下面以“人工智能的发展”PPT 为例介绍通过“AI 帮我改”功能，让 AI 对幻灯片内容进行润色的操作方法。

Step 01　打开“人工智能的发展”PPT，如图 6-44 所示。

图 6-44　打开“人工智能的发展”PPT

Step 02　进入第 26 页幻灯片，选择需要 AI 进行润色的文本内容，如图 6-45 所示。

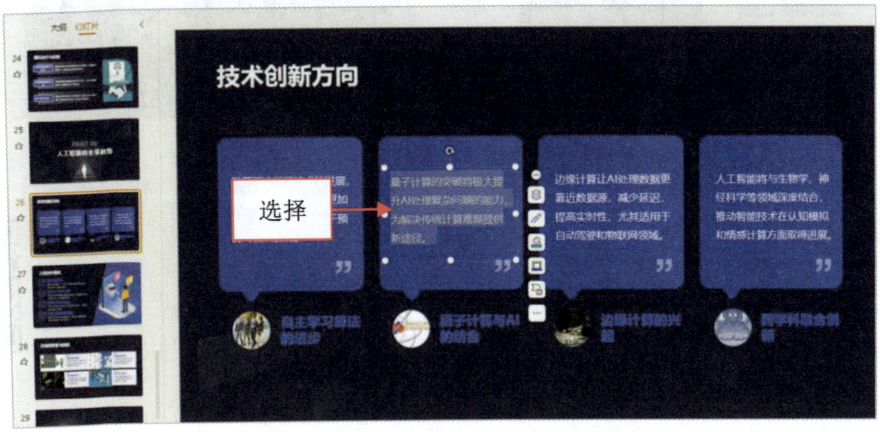

图 6-45　选择需要 AI 进行润色的文本内容

Step 03　在菜单栏中，❶单击 WPS AI 标签；❷在 WPS AI 功能区中单击“帮我改”按钮；在弹出的列表框中，❸选择“润色”|“更活泼”选项，如图 6-46 所示。

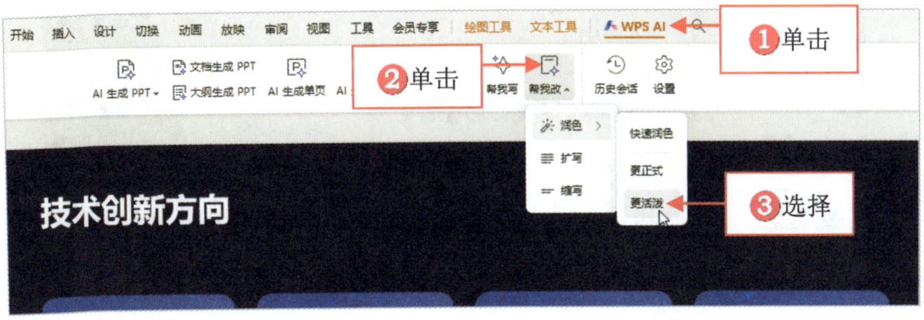

图 6-46　选择“更活泼”选项

Step 04　执行操作后，AI 即可快速润色，单击“替换”按钮，如图 6-47 所示。

Step 05　执行操作后，即可将文本框中的内容替换成 AI 润色后的内容，效果如图 6-48 所示。

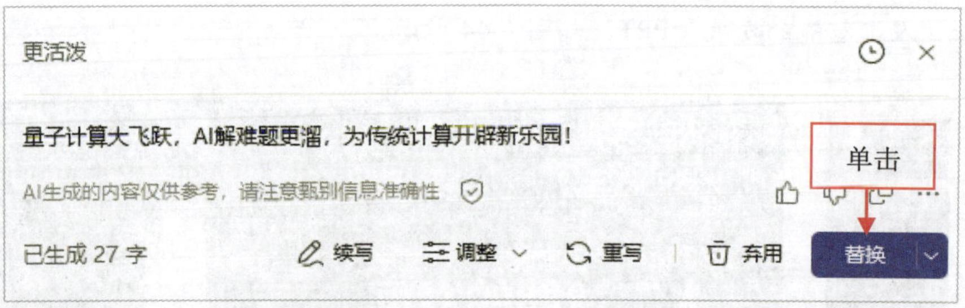

图 6-47　单击“替换”按钮

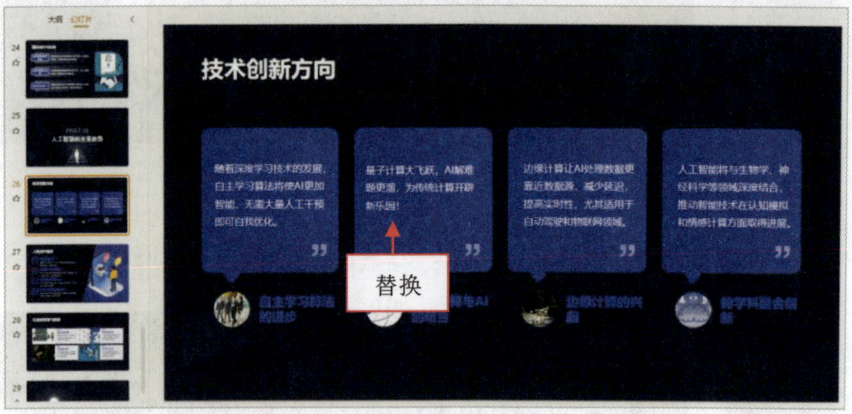

图 6-48　将文本框中的内容替换成 AI 润色后的内容

6.3.2　AI 扩写幻灯片

当用户需要扩写幻灯片中的内容时，使用“扩写”功能，AI 可以进一步扩展相关内容，使得幻灯片内容更加全面和有深度。下面以“电商行业现状”PPT 为例介绍让 AI 对幻灯片内容进行扩写的操作方法。

AI 扩写幻灯片

Step 01　打开“电商行业现状”PPT，如图 6-49 所示。

图 6-49　打开“电商行业现状”PPT

Step 02　进入第 18 页幻灯片，选择需要 AI 进行扩写的文本内容，如图 6-50 所示。

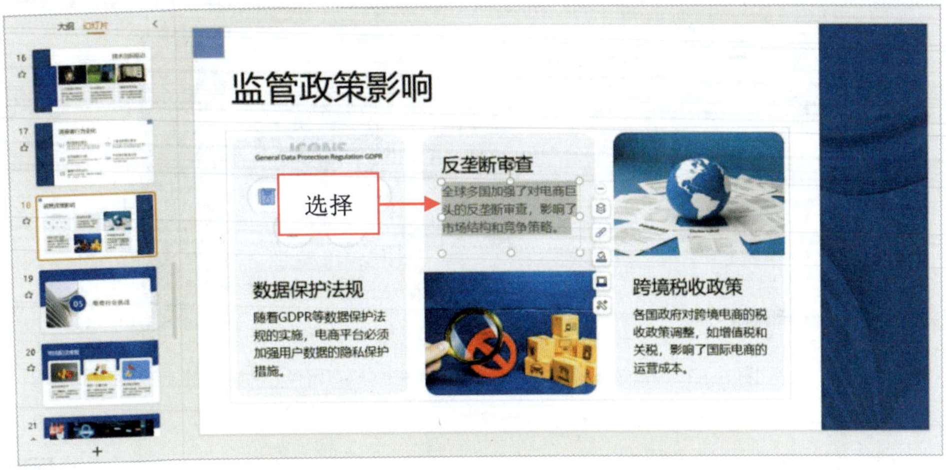

图 6-50　选择需要 AI 进行扩写的文本内容

Step 03 连续按两次【Ctrl】键，唤起 WPS AI，在输入框下方的列表框中选择“扩写”选项，如图 6-51 所示。

图 6-51　选择“扩写”选项

Step 04 执行操作后，AI 即可扩写所选内容，单击“替换”按钮，如图 6-52 所示。

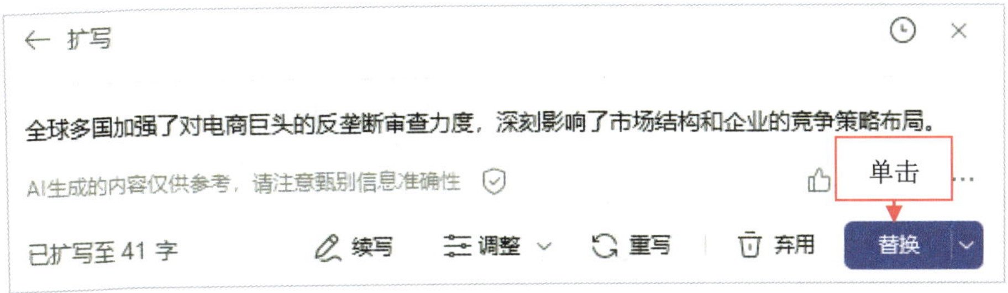

图 6-52　单击“替换”按钮

Step 05 执行操作后，即可将文本框中的内容替换成 AI 扩写后的内容，效果如图 6-53 所示。

图 6-53　将文本框中的内容替换成 AI 扩写后的内容

6.3.3　AI 缩写幻灯片

AI 缩写幻灯片

当幻灯片中的内容过多、过于复杂时，AI 可以根据用户需求将幻灯片内容进行精简，去除冗余信息，保留关键点，帮助用户在有限的时间内清晰地传达核心观点。下面以“交通运输行业”PPT 为例介绍让 AI 对幻灯片内容进行缩写的操作方法。

Step 01　打开“交通运输行业”PPT，如图 6-54 所示。

图 6-54　打开“交通运输行业”PPT

Step 02　进入第 10 页幻灯片，选择需要 AI 进行缩写的文本内容，如图 6-55 所示。

图 6-55　选择需要 AI 进行缩写的文本内容

Step 03 连续按两次【Ctrl】键，唤起 WPS AI，在输入框下方的列表框中选择“缩写”选项，如图 6-56 所示。

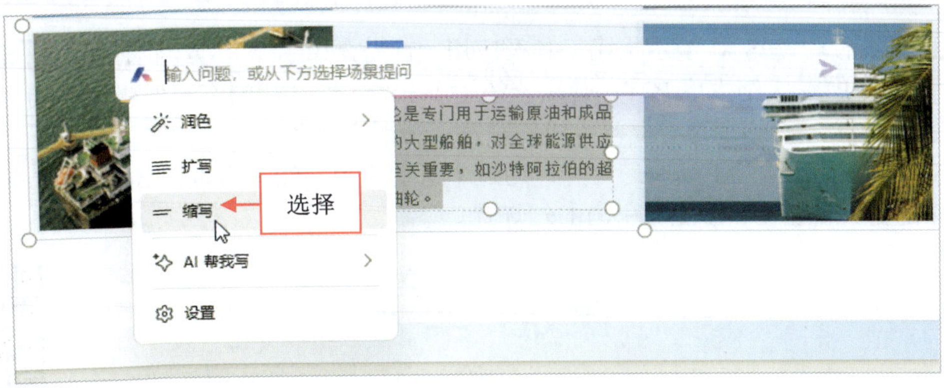

图 6-56 选择“缩写”选项

Step 04 执行操作后，AI 即可缩写所选内容，单击“替换”按钮，如图 6-57 所示。

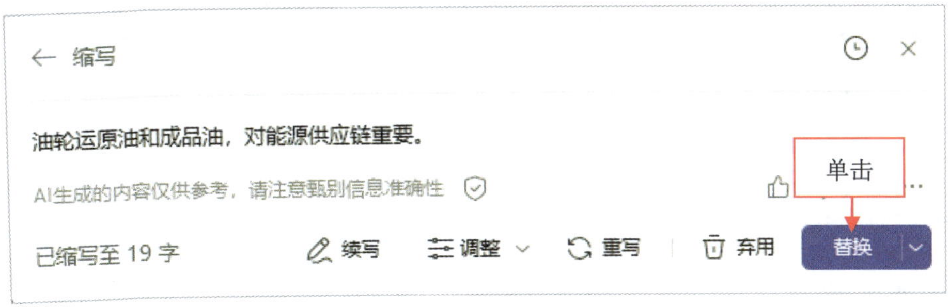

图 6-57 单击“替换”按钮

Step 05 执行操作后，即可将文本框中的内容替换成 AI 缩写后的内容，效果如图 6-58 所示。

图 6-58 将文本框中的内容替换成 AI 缩写后的内容

本章小结

本章主要讲述了 WPS AI 演示文稿工具及应用。首先介绍了 WPS AI 制作 PPT，如主题生成 PPT、文档生成 PPT、大纲生成 PPT；其次介绍了 WPS AI 幻灯片创作，如生成多页幻灯片、主题生成幻灯片、AI 续写幻灯片、提问生成幻灯片；最后介绍了幻灯片内容的优化，如 AI 瑞色幻灯片、AI 扩写幻灯片、AI 缩写幻灯片。通过本章的学习，读者可以提高 PPT 的制作效率与质量，制作出更具专业性和视觉吸引力的幻灯片。

课后实训

课后实训

鉴于本章知识的重要性，为了更好地掌握所学知识，将通过课后实训帮助读者进行简单的知识回顾和补充。

实训任务：打开一个演示文稿，唤起 WPS AI，让 AI 根据主题生成 7 页幻灯片内容，相关操作方法如下。

Step 01 打开一个演示文稿，如图 6-59 所示。

图 6-59　打开一个演示文稿

Step 02 在菜单栏中单击 WPS AI 标签，在弹出的列表框中单击“AI 生成多页”按钮，弹出“AI 生成多页”面板，❶在输入框中输入封面页中的主题；❷单击“生成 1 页”下拉按钮；❸在弹出的下拉列表框中选择“7 页”选项，设置 AI 生成的幻灯片页数，如图 6-60 所示。

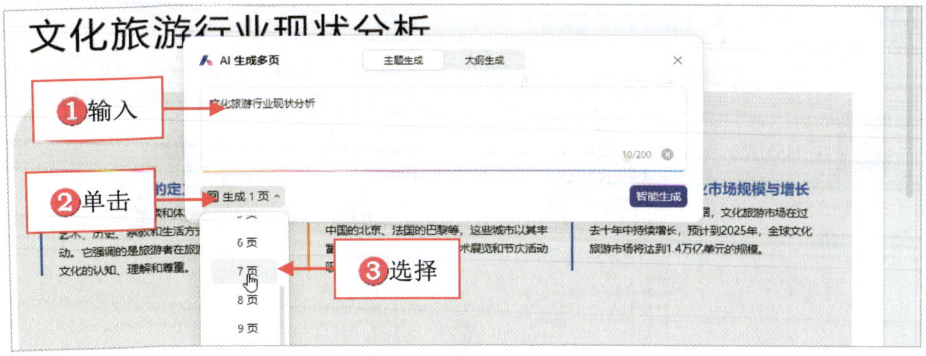

图 6-60　选择“7 页”选项

Step03　单击“智能生成”按钮，AI 即可生成幻灯片内容，单击“生成幻灯片”按钮，如图 6-61 所示。

图 6-61　单击“生成幻灯片”按钮

Step04　执行操作后，AI 即可生成 7 页正文页幻灯片，效果如图 6-62 所示。

图 6-62　AI 生成 7 页正文页幻灯片（部分效果）

第 7 章 WPS 灵犀工具及应用

7

WPS 灵犀是由 WPS 推出的 AI 智能办公助手，它通过集成先进的人工智能技术，为用户提供了一系列智能化的办公工具和功能。WPS 灵犀助手以其强大的信息处理和内容生成能力，帮助用户在繁忙的工作中更高效地获取所需信息和完成任务。本章将详细介绍 WPS 灵犀的主要功能，以及使用模板快速创作的方法。

本章重点

- ➢ 掌握 WPS 灵犀助手的主要功能
- ➢ 熟悉 WPS 灵犀快速模板的使用的方法

素质目标

- ➢ 提升读者动态捕获关键信息的实时感知能力
- ➢ 提升读者将 AI 功能与实际结合的学习能力

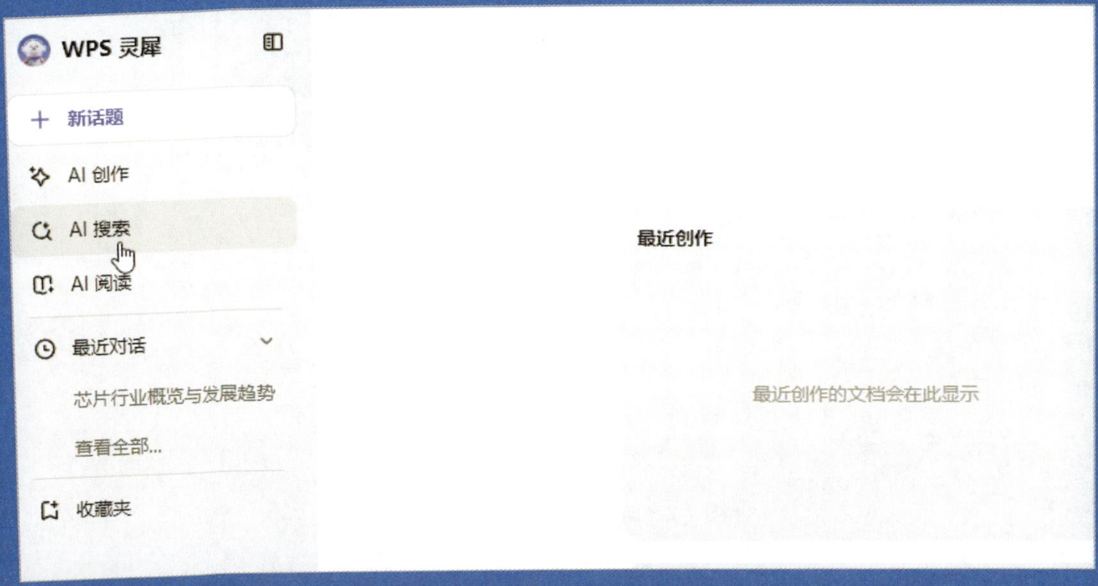

7.1　WPS 灵犀助手的主要功能

WPS 灵犀助手的核心优势在于其 AI 交互式对话、全网信息搜集、文档内容理解和总结、PPT 一键生成、长文写作辅助及网页内容摘要等能力，旨在简化日常工作流程，提高工作效率，同时激发创意和灵感。本节将详细介绍 WPS 灵犀助手的几个主要功能。

7.1.1　人机对话

人机对话

WPS 灵犀助手的对话功能允许用户通过自然语言与 AI 进行交流，实现信息的快速获取和内容的智能生成。用户只需提出需求，灵犀助手便能提供即时的反馈和解决方案。其具体操作方法如下。

Step 01　在 WPS 首页左侧，单击“灵犀”按钮，如图 7-1 所示。

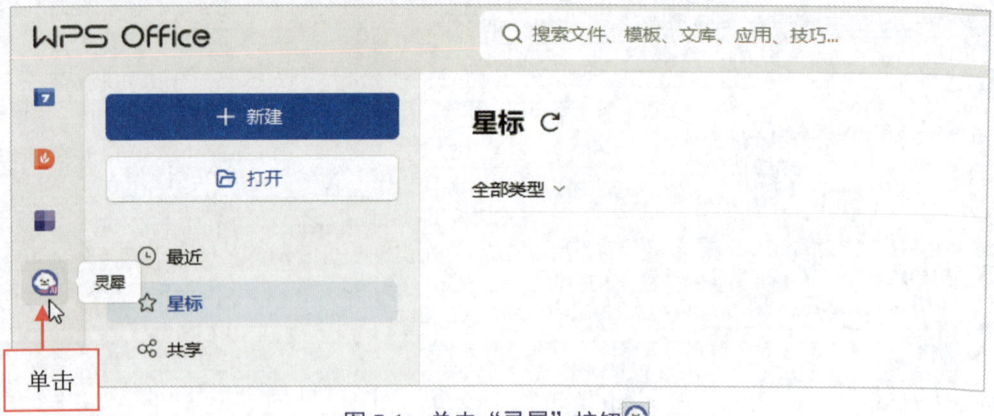

图 7-1　单击“灵犀”按钮

Step 02　执行操作后，即可进入“WPS 灵犀”界面，如图 7-2 所示。

图 7-2　进入“WPS 灵犀”界面

Step 03　在输入框中输入相应的指令，单击▶按钮，稍等片刻，AI 即可生成与指令相关的内容。案例指令及回复内容如下。

提问

介绍一下芯片行业

WPS 灵犀

芯片，也称为集成电路（integrated circuit，IC），是现代电子设备的核心组件，广泛应用于计算机、通信、消费电子、汽车、工业控制等多个领域。以下是对芯片行业的简要介绍：

1.芯片行业的构成

芯片行业主要分为以下几个环节：

设计：芯片设计公司（如高通、联发科）负责芯片的架构设计和功能定义。

制造：晶圆代工厂（如三星）负责将设计好的芯片制造出来。

封装测试：封装测试公司（如日月光、安靠）负责将制造好的芯片进行封装和功能测试。

2.芯片的种类

根据功能和应用，芯片可以分为多种类型：

处理器芯片：如中央处理器（central processing unit，CPU）、图形处理单元（graphics processing unit，GPU），用于计算和图形处理。

存储器芯片：如动态随机存取存储器（DRAM、NAND Flash），用于数据存储。

模拟芯片：如电源管理芯片、传感器，用于处理模拟信号。

逻辑芯片：如现场可编程门阵列（field-programmable gate array，FPGA）、专用集成电路（application specific integrated circuit，ASIC），用于特定功能的逻辑运算。

3.芯片行业的主要参与者

全球芯片行业的主要参与者包括：

设计公司：高通、博通、英伟达、联发科等。

制造公司：三星、英特尔等。

封装测试公司：日月光、安靠、长电科技等。

4.芯片行业的发展趋势

摩尔定律：芯片行业的传统发展遵循摩尔定律，即芯片上的晶体管数量每 18 ~ 24 个月翻一番。然而，随着技术节点的不断缩小，摩尔定律的推进变得越来越困难。

新材料和新工艺：为了继续提升芯片性能，行业正在探索使用新材料（如碳纳米管）和新工艺（比如 3D 堆叠）。

AI 和物联网：人工智能和物联网的发展推动了芯片行业向更智能、更低功耗的方向发展。

地缘政治影响：全球芯片供应链受到地缘政治的影响，各国纷纷加大在芯片制造和研发上的投资。

5.中国芯片行业

中国在芯片行业也取得了显著进展：

政策支持：中国政府高度重视芯片产业的发展，出台了一系列政策支持芯片设计和制造。

本土企业：如华为海思、中芯国际等本土企业在芯片设计和制造领域取得了突破。

挑战：尽管取得了一定进展，中国芯片行业仍面临技术瓶颈、知识产权保护和国际竞争等挑战。

6.未来展望

芯片行业的发展前景广阔，预计未来几年将继续保持增长态势。随着 5G、物联网、人工智能等新兴技术的普及，芯片行业将在更多领域发挥关键作用。

▶ 专家指点

芯片行业需注意严格控制生产环境，遵循高标准操作规范，确保产品质量，并紧跟政策与市场趋势。

7.1.2　实时资讯

人机对话

WPS 灵犀的“AI 搜索”功能，允许用户迅速获取最新的行业资讯和相关信息。用户只需输入关键词，WPS 灵犀便能通过智能算法筛选出最相关的网络资源，提供高质量的信息源。这不仅节省了用户的搜索时间，还确保了信息的准确性和时效性，帮助用户保持对行业动态的敏锐洞察。

这个功能对于做研究、学习新知识、解决工作中的问题及日常的信息查询等方面都非常有用。其具体操作如下。

Step 01 进入“WPS 灵犀”界面，单击“AI 搜索”按钮，如图 7-3 所示。

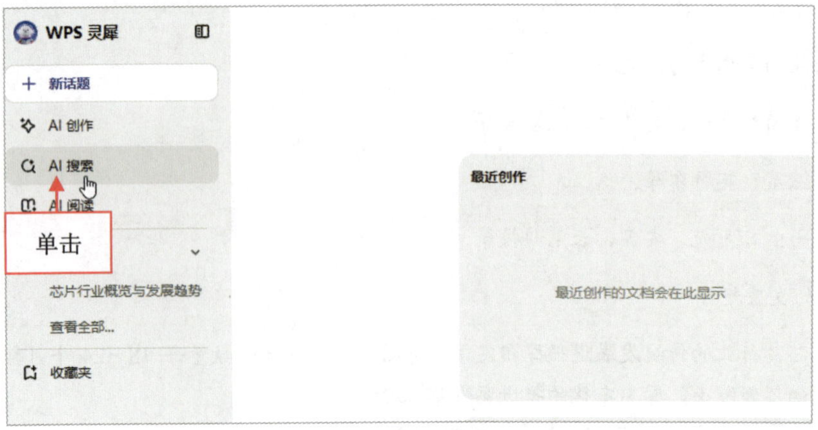

图 7-3　单击“AI 搜索”按钮

Step 02　进入“AI 搜索”选项卡，如图 7-4 所示。

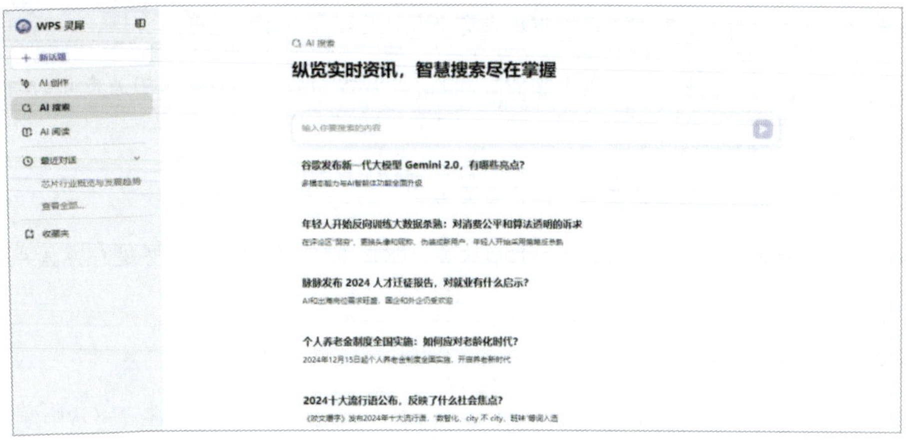

图 7-4　进入“AI 搜索”选项卡

Step 03　在输入框中输入相应的指令。相关指令如下。

提问

市场趋势与竞争

Step 04　单击▶按钮，AI 即可开始搜索全网资讯，如图 7-5 所示。

图 7-5　AI 搜索全网资讯

Step 05　稍等片刻，AI 即可生成回复。案例内容如下。

WPS 灵犀

市场趋势和竞争态势分析是企业制定短期及长期战略的重要依据。在进行市场趋势和竞争态势分析时，需要考虑宏观经济环境、竞争对手、消费者需求等多方面因素，并采用不同的工具和方法，如 SWOT 分析、市场份额分析等，来帮助企业更好地了解市场和竞争态势。在制定战略时，企业应综合考虑分析结果，采取针对性的策略，如加强产品研发、提升售后服务、加强品牌宣传等，以实现企业的长远发展。

一、市场趋势分析

市场趋势是指市场发展的方向和趋势，预测市场未来可能的发展情况，对企业在市场中的竞争地位和发展方向有着重要的指导意义。

（一）宏观经济环境分析

国家政策、人口结构、经济周期等因素对市场发展有重要影响。

例如，随着社会老龄化的加剧，医疗、养老、旅游等领域市场需求不断增加。

（二）竞争对手及产品分析

对竞争对手进行深入分析，包括其产品、市场占有率、销售额、宣传方式等。

例如，当发现竞争对手的产品无法满足消费者的需求，可以利用这一机遇加强相关产品的研发和推广。

（三）消费者需求及购买行为

分析消费者的需求、消费习惯、消费意愿、消费能力等。

例如，当发现消费者更为注重产品的品质和售后服务，企业便可以针对这一趋势进行产品升级或售后服务提升。

二、竞争态势分析

竞争态势是指企业在市场中的竞争地位和竞争优劣势，通过竞争态势分析，企业可以清晰掌握自身在市场中的优势和劣势，有针对性地制定短期及长期发展战略。

（一）竞争对手分析

了解竞争对手的情况，如产品、特色、宣传方式等。

例如，当发现竞争对手在某一领域有着独特的产品优势，企业可以通过加强产品研发和提升售后服务水平等措施进行改进。

（二）SWOT 分析

包括企业的优势（S，strengths）、劣势（W，weaknesses）、机会（O，opportunity）和威胁（T，threat）四个方面的分析，帮助企业清晰地了解自身的竞争优势和劣势，以及市场中的机会和威胁。

（三）市场份额分析

通过对企业在市场中的销售额占据比例、顾客满意度和业绩表现等数据进行分析，了解企业在市场中的竞争地位。

三、案例分析

三星是一家主营电子产品的公司，通过市场趋势和竞争态势分析帮助企业制定短期及长期战略。

市场趋势分析

三星通过市场趋势分析，发现了消费者对移动设备和家庭电器等领域的需求不断增加。

在移动设备领域，三星推出了 Galaxy S 和 Galaxy Note 系列手机，满足消费者对大屏幕手机的需求。

……

7.1.3 文档总结

文档总结

在处理大量文档时，WPS 灵犀的“读文档”功能显得尤为重要。用户只需上传需要分析的文档，WPS 灵犀将自动提取出关键信息并生成简洁明了的摘要。这一功能使得用户能够在短时间内把握文档核心内容，极大地提高了阅读效率，尤其适合需要快速审阅大量资料的用户。其具体操作如下。

Step 01　进入“WPS 灵犀”界面，单击“AI 阅读”按钮，如图 7-6 所示。

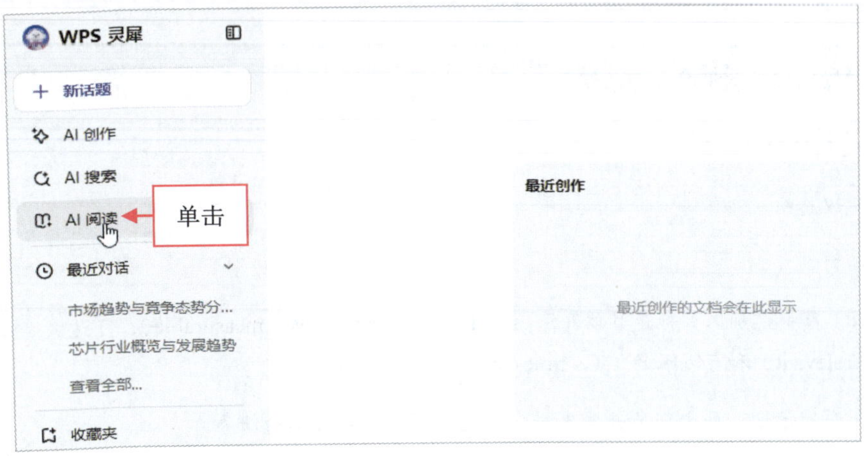

图 7-6　单击“AI 阅读”按钮

Step 02　进入“AI 阅读”选项卡，单击“本地文件”按钮，如图 7-7 所示。

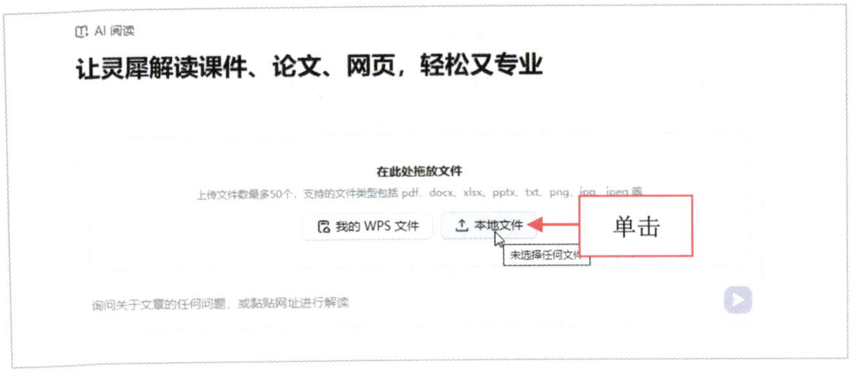

图 7-7　单击“本地文件”按钮

Step 03　弹出“打开”对话框，选择一个文档，单击“打开”按钮，将其上传至“AI 阅读”选项卡的输入框中，如图 7-8 所示。

图 7-8　上传一个文档

Step 04 在输入框中输入相应的指令，单击▶按钮，AI 即可总结文档中的要点。案例指令及回复内容如下。

提问

阅读文档并输出格式清晰的要点总结

WPS 灵犀

高效办公建议总结

明确目标与计划

设定 SMART 目标：确保目标是具体（S，specific）、可测量（M，measurable）、可达成（A，achievable）、相关（R，relevant）和有时限的（T，time-bound）。

制定每日 / 每周计划：列出任务并优先排序，先处理重要且紧急的任务。

优化工作环境

整洁的工作空间：保持桌面和工作区域整洁，减少干扰。

舒适的办公设施：确保椅子、桌子等设备符合人体工程学，减少不适。

良好的照明与通风：自然光提升心情，良好的通风保持空气清新。

利用技术工具

项目管理软件：如 Trello、Asana，帮助跟踪任务和进度。

通讯工具：如 Slack、Microsoft Teams，提高团队协作效率。

……

7.1.4 一键生成 PPT

一键生成 PPT

WPS 灵犀的“生成 PPT”功能可以快速生成 PPT。这一功能大大节省了用户的制作时间，用户只需要提供 PPT 相关的主题或者需求，WPS 灵犀即可根据主题自动生成结构合理、设计美观的 PPT，并且还提供了多种模板样式。用户可以根据自己的喜好来选择模板，AI 将根据用户选择的模板生成 PPT。其具体操作方法如下。

Step 01 进入“WPS 灵犀”界面，在输入框的上方单击“生成 PPT”按钮，即可进入“生成 PPT”模式，在输入框中，输入要创作的 PPT 主题“制定每日计划”，如图 7-9 所示。

图 7-9 输入要创作的 PPT 主题

Step02 单击▶按钮，稍等片刻，AI 即可生成 PPT 大纲内容，在结尾处单击“生成 PPT”按钮，如图 7-10 所示。

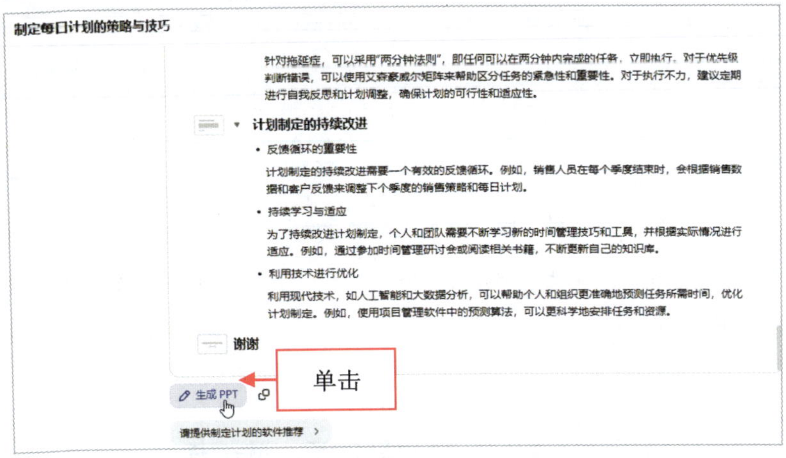

图 7-10 单击“生成 PPT”按钮

Step03 执行操作后，即可生成一份完整的 PPT，如图 7-11 所示。单击“下载”按钮，即可将 AI 生成的 PPT 下载至本地文件夹中。

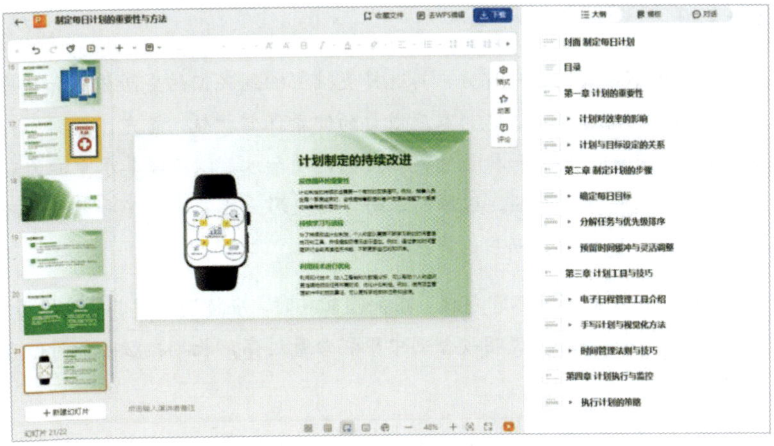

图 7-11 AI 生成一份完整的 PPT

▶ 专家指点

如果用户不喜欢 AI 生成的模板样式，可以切换至“模板”选项卡，重新挑选合适的模板；还可以切换至“对话”选项卡，与 WPS 灵犀助手进行对话。

7.1.5 长文创作

长文创作

WPS 灵犀的“长文写作”功能通过智能分析用户输入的关键词和主题，可以自动生成内容丰富、结构合理的文案，无论是撰写市场推广材料、产品介绍，还是撰写学术论文、博客文章，都能一键生成。其具体操作方法如下。

Step 01 进入“WPS 灵犀”界面，在输入框的上方单击“长文写作”按钮，即可进入“长文写作”模式，如图 7-12 所示。

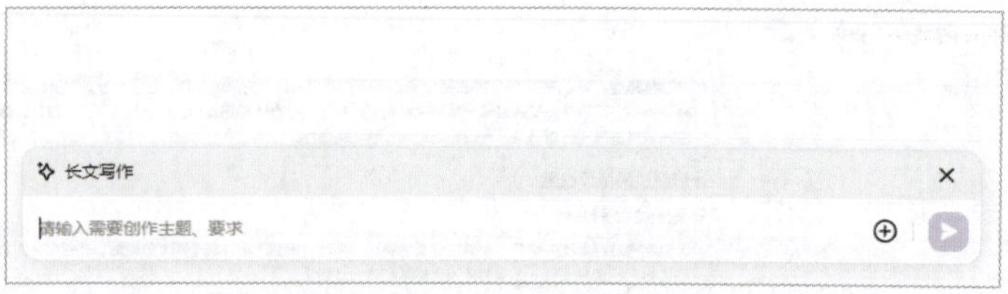

图 7-12 进入“长文写作”模式

Step 02 在输入框中输入指令，单击▶按钮，稍等片刻，AI 即可根据指令生成文案。案例指令及回复内容如下。

提问

帮我写一篇关于[家具挑选技巧]的长篇文章，要求结构清晰、通俗易懂

WPS 灵犀

家具挑选技巧全攻略

一、家具挑选的重要性

家具作为我们日常生活中不可或缺的一部分，其选择直接影响到我们的生活质量和健康。一个精心挑选的家具不仅能提升居住环境的舒适度，还能为家庭成员的健康保驾护航。首先，家具的材质和结构直接关系到其使用寿命和安全性。比如，餐桌和椅子的腿部应选用硬杂木，以确保其承重能力和稳定性；大衣柜的厚度应在 2.5 厘米左右，过厚显得笨拙，过薄则容易弯曲变形。此外，厨房和卫生间的柜子应避免使用纤维板，因为纤维板遇水会膨胀损坏，而应选择三合板。

其次，家具的环保性能对健康的影响不容忽视。在挑选家具时，应特别注意其甲醛含量。打开柜门或抽屉，闻一闻是否有刺鼻的气味，如果有，说明胶合剂中甲醛含量过高，长期接触可能对健康造成危害。因此，选择低甲醛或无甲醛的家具尤为重要。

此外，家具的舒适度也是挑选时需要重点考虑的因素。沙发和床垫的软硬度、弹簧的排列是否合理，都会影响到我们的坐卧体验。一个舒适的沙发或床垫不仅能提供良好的支撑，还能缓解疲劳，提升生活质量。

最后，家具的搭配与装饰也是不可忽视的方面。家具的风格、颜色和材质应与室内装饰相协调，以营造一个和谐美观的居住环境。合理的家具摆放不仅能节省空间，还能提升整体居住的舒适度和美观度。

综上所述，家具的挑选不仅仅是为了满足基本的生活需求，更是为了提升生活质量和保障健康。在挑选家具时，我们应综合考虑材质、结构、环保性能、舒适度和装饰性等多个方面，以确保选择到最适合自己家庭的家具。

二、家具挑选的准备工作

1. 了解家庭需求和空间

在挑选家具之前，首先需要深入了解家庭成员的生活习惯和房间的具体尺寸。这不仅有助于选择合适的家具，还能确保家具的功能性得到最大化的发挥。比如，家中有小孩或老人的家庭，可能需要选择边角圆润的家具，以减少磕碰的风险；而对于经常在家办公的人来说，一张舒适且符合人体工学的办公椅则是必不可少的。

房间的尺寸和布局也是选择家具时的重要参考因素。测量好每个房间的长、宽和高，确保所选家具能够顺利搬入并合理摆放。例如，客厅的沙发和茶几之间应留有足够的活动空间，而卧室的床和衣柜之间则应留有足够的通行距离。此外，考虑到家具的使用频率，选择那些既能满足日常需求又不会占用过多空间的家具，是提升居住舒适度的关键。

……

7.1.6　网页解读

在浏览网页时，WPS 灵犀助手能够快速解读网页内容，为用户提供网页摘要，帮助用户快速掌握网页核心信息。其具体操作方法如下。

网页解读

Step 01 进入“WPS 灵犀”界面，在输入框的上方单击“更多”按钮，弹出相应对话框，单击“网页摘要”按钮，即可进入“网页摘要”模式，如图 7-13 所示。

图 7-13　进入“网页摘要”模式

Step 02 在输入框中输入指令，单击按钮，稍等片刻，AI 即可根据指令生成文案。案例指令及回复内容如下。

提问

[公众号文章的网页链接]请总结网页中的大纲和主要观点。

WPS 灵犀

网页内容大纲和主要观点总结

1.大纲

引言

- 介绍构图君影展的 10 张照片，涵盖构图、光影、颜色等方面。

- 每张照片都有详细的点评和分析。

2.照片点评

- 照片 1：××的《××××××》

构图：水平线构图、倒影构图，渔夫位于画面中心。

光影：晴朗天空和宁静湖面反射出柔和光线。

颜色：湖水与天空的蓝色呼应，湖边树木的绿、黄、红色彩展现秋天丰富与多彩。

- 照片 2：×××的作品

构图：水平线构图，湖面与天空平分秋色。

光影：阳光斜洒，湖面波光粼粼。

颜色：湖水的深蓝色与周围植被的绿色形成对比。

- 照片 3：××××《××××》

构图：主体构图，前景的大树引导视线。

光影：自然光透过树叶洒下斑驳光影。

颜色：以绿色为主色调，展现生机勃勃的自然气息。

- 照片 4：××××的作品

构图：视线聚焦于黄色枫叶，树枝自然延伸。

光影：自然光均匀洒落，枫叶表面光影交错。

颜色：黄色的枫叶与背景中的绿色、红色形成对比。

- 照片 5：××××的《×××××××》

构图：以成年男性和小孩为主体，广阔的海洋为背景。

光影：阳光照耀在海面上，形成明暗对比。

颜色：深浅不一的蓝色调展现海水的丰富层次。

- 照片 6：××××的《××××》

构图：三分线构图，右侧的塔楼为视觉焦点。

光影：阳光洒在建筑和水面上，形成柔和的光影效果。

……

7.2 WPS 灵犀快速模板的使用

在“WPS 灵犀”界面的“AI 创作”选项卡和“快速创作”模板库中，为用户提供了丰富的创作模板。用户可以根据需要选择合适的模板，随即根据提示编写指令，快速完成创作。本节将以不同场景的案例为例，详细介绍使用模板快速创作的方法。

7.2.1　快速生成读后感

快速生成读后感

在教育领域，WPS 灵犀助手可以根据读物创作一篇相关的读后感，无论是文章，小说还是作文。其具体操作方法如下。

Step 01　进入“WPS 灵犀”界面，在输入框的上方单击“快速创作”按钮，如图 7-14 所示。

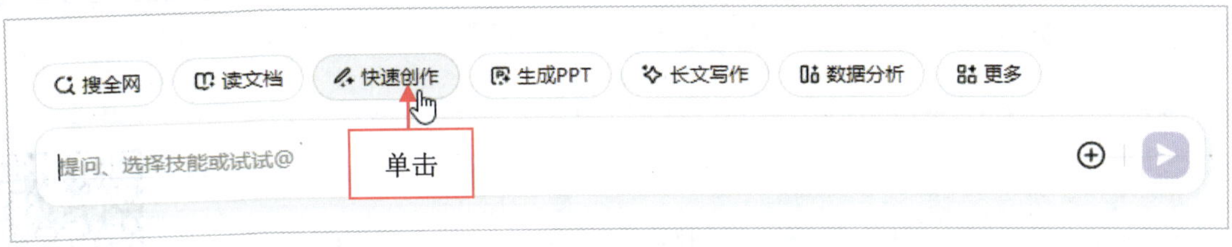

图 7-14　单击“快速创作”按钮

Step 02　进入“快速创作”模式，在输入框上方弹出的面板中显示了各类模板，❶单击“学习教育”标签；❷选择“读后感”模板，如图 7-15 所示。

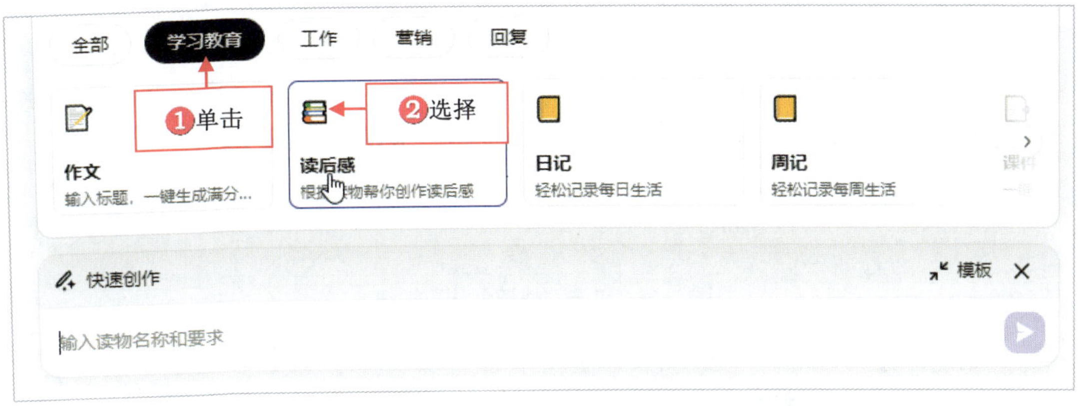

图 7-15　选择“读后感”模板

Step 03　在输入框中输入指令，单击按钮，AI 即可生成一份读后感。案例指令及回复内容如下。

提问

写一篇摄影课程的读后感，500 字。

WPS 灵犀

于光影间捕捉世界——摄影课程有感

在接触这门摄影课程前，我眼中的摄影不过是按下快门，记录瞬间。然而，经过这段时间学习，我才惊觉摄影是一门深邃且迷人的艺术。

课程伊始，老师便讲“摄影是用光的艺术”。简单一句话，却如钥匙，为我打开全新世界的大门。我开始留意不同光线塑造的奇妙效果——清晨柔和的逆光，给万物镶上金边；午后强烈的顶光，勾勒出硬朗轮廓。原来，光线的角度、强度与性质，能赋予画面截然不同的情感基调。

构图的学习同样令我着迷。三分法构图让画面和谐稳定，引导线构图巧妙牵引视线，框架构图则增添神秘氛围。我学会在纷繁世界中，通过构图选取精华，将杂乱化为有序，把平凡变为非凡。

“拍摄的不只是画面，更是情感与故事。”这一观点深深触动我。好的摄影作品，能跨越时空传递情感。一张老照片中老人的眼神，可能藏着岁月沧桑；孩子天真无邪的笑容，洋溢着生活的美好。摄影，成为我与世界对话、与他人共鸣的桥梁。

如今，我带着全新眼光看待周围事物。每一处光影变化、每一个独特场景，都可能是绝佳拍摄机会。摄影课程不仅教会我技术，更让我学会观察、思考与感受。它让我明白，生活处处是美，只需用心捕捉。在未来，我愿用相机定格更多动人瞬间，讲述更多精彩故事。

7.2.2 快速生成发言稿

快速生成发言稿

在职场办公场景中，WPS 灵犀助手的智能功能可以帮助用户快速生成一份发言稿，以提高工作效率和写作效率。其具体操作方法如下。

Step 01 进入“WPS 灵犀”界面，单击“快速创作”按钮，如图 7-16 所示。

图 7-16 单击“快速创作”按钮

Step 02 进入“快速创作”选项卡，❶单击“工作”标签；❷选择“发言稿”模板，如图 7-17 所示。

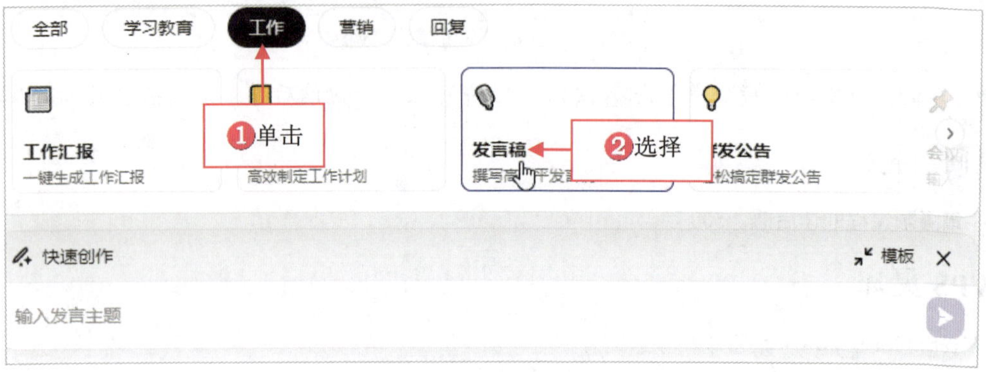

图 7-17 选择“发言稿”模板

Step 03 在输入框中输入主要内容，单击按钮，AI 即可生成发言稿。案例指令及回复内容如下。

提问

回顾 2024 年的工作总结，并总结不足和改进的地方。

WPS 灵犀

尊敬的各位领导、同事们：

大家好！

今天，我很荣幸能够在这里，与大家一同回顾 2024 年的工作情况，并总结我们在这一年中的不足和改进方向。

首先，回顾 2024 年，我们在各个方面都取得了显著的进步。在业务拓展方面，我们成功开拓了三个新的市场区域，销售额同比增长了 15%。在技术创新上，我们推出了两款具有自主知识产权的新产品，获得了市场的高度认可。在团队建设方面，我们引进了多位高素质人才，团队整体战斗力得到了显著提升。正如爱迪生所说："天才是 1%的灵感加上 99%的汗水。"我们在过去一年中所取得的成绩，正是每一位同事辛勤付出的结果。

然而，在回顾成绩的同时，我们也必须清醒地认识到自身的不足之处。在项目管理方面，我们发现部分项目进度滞后，影响了整体效率。例如，某大型项目由于前期规划不周，导致后期频繁调整，最终未能按期交付。在客户关系维护上，我们收到了一些客户反馈，指出了我们在售后服务响应速度上的不足。这些问题的存在，提醒我们在未来的工作中需要更加注重细节和执行力。

针对上述不足，我们提出了以下改进措施。

1.加强项目规划与管理：在项目启动前，进行更为详尽的可行性研究和风险评估，制定科学合理的时间表和资源配置计划。同时，加强项目进度的监控和反馈机制，确保项目按时、按质完成。

2.提升客户服务质量：建立快速响应机制，确保客户反馈能够在第一时间得到处理。加强售后服务团队的专业培训，提高服务水平和客户满意度。

3.优化内部沟通机制：建立更为高效的内部沟通平台，促进各部门之间的信息共享和协作。通过定期的跨部门会议，解决工作中的实际问题，提高整体工作效率。

4.持续创新与学习：鼓励员工积极参与各类培训和学习活动，提升专业技能和综合素质。同时，加强与外部科研机构的合作，保持技术创新的领先地位。

最后，我想引用一句名言来结束今天的发言："不积跬步，无以至千里；不积小流，无以成江海。"2024 年的成绩和不足，都是我们前进道路上的宝贵经验。在新的一年里，让我们继续携手共进，不断改进，追求卓越，为公司的发展贡献更大的力量。

……

7.2.3　快速生成通用公文

在公文写作上，WPS 灵犀助手能够根据用户提供的要求，快速生成精准、专业的通用公文。其具体操作方法如下。

快速生成通用公文

Step 01　进入"WPS 灵犀"界面，❶单击"AI 创作"按钮，进入"AI 创作"选项卡；❷单击"工作"标签；❸选择"通用公文"模板，如图 7-18 所示。

Step 02 在输入框中输入公文内容及要求，单击▶按钮，AI 即可生成通用公文描述。案例指令及回复内容如下。

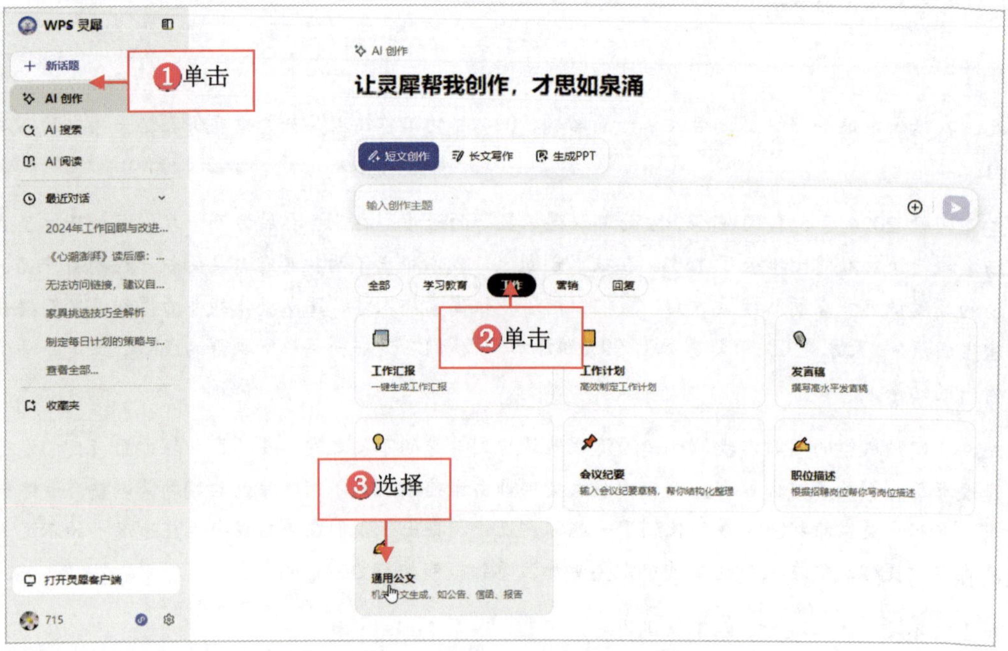

图 7-18 选择“通用公文”模板

提问

写一份检查报告类型的公文。

WPS 灵犀

关于对 × × 项目实施情况的检查报告

一、检查背景

根据上级部门关于加强项目管理、确保项目质量和进度的指示精神，XX 单位组织了对 XX 项目的专项检查。本次检查旨在全面了解项目实施情况，发现存在问题并提出改进措施，确保项目顺利完成。

二、检查依据

本次检查依据以下文件和要求：1.《× × 项目管理规定》2.《× × 项目质量标准》3.上级部门关于项目实施的相关指示和要求

三、检查内容

本次检查主要围绕以下几个方面展开：1.项目进度 2.项目的质量 3.资金使用情况 4.安全管理 5.人员配备及培训

四、检查结果

1.项目进度

经过检查，发现项目总体进度基本符合预定计划，但部分子项目存在不同程度的滞后。具体情况如下： - 子项目 A：进度滞后 10%，主要原因为材料供应不及时。 - 子项目 B：进度符合预期。 - 子项目 C：进度超前 5%，主要得益于有效的管理和协调。

2.项目质量

项目质量总体良好，但在细节处理上存在一些问题。具体情况如下： - 子项目 A：部分工程质量未达到设计标准，已责令整改。 - 子项目 B：质量符合标准。 - 子项目 C：质量优良。

3.资金使用情况

资金使用总体合理，但存在个别超支现象。具体情况如下： - 子项目 A：资金使用超支 5%，主要原因为材料价格上涨。 - 子项目 B：资金使用符合预算。 - 子项目 C：资金使用节约 3%。

4.安全管理

安全管理措施到位，未发生重大安全事故。但存在个别安全隐患，具体情况如下： - 子项目 A：发现一处安全隐患，已整改。 - 子项目 B：安全管理良好。 - 子项目 C：安全管理良好。符合标准。 - 子项目 C：质量优良。

……

7.2.4　快速生成日常文案

在社交媒体营销领域，WPS 灵犀助手能够根据要求、主题及内容等，快速生成吸引人的朋友圈文案。其具体操作方法如下。

快速生成日常文案

Step 01　进入“WPS 灵犀”界面，❶单击“AI 创作”按钮，进入“AI 创作”选项卡；❷单击“营销”标签；❸选择“朋友圈”模板，如图 7-19 所示。

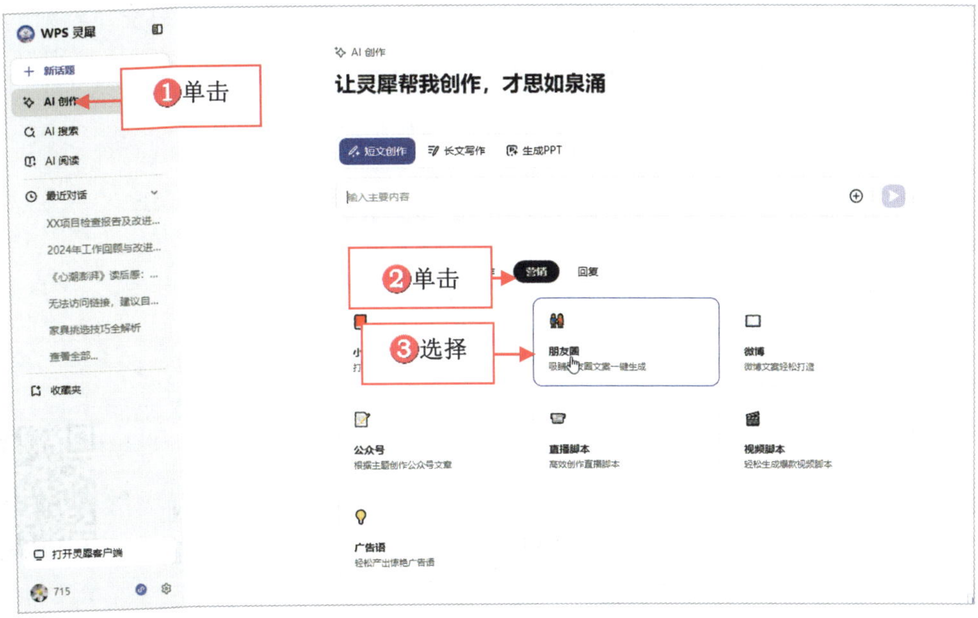

图 7-19　选择“朋友圈”模板

Step 02 在输入框中输入朋友圈的创作主题，单击▶按钮，AI 即可生成朋友圈文案。案例指令及回复内容如下。

提问

为周末出游生成朋友圈分享日常的文案，强调周末，开心及结伴，20 句。

WPS 灵犀

1.周末的阳光正好，和小伙伴们一起出游，心情美美哒！#开心周末

2.说走就走的旅行，和朋友们一起，笑声洒满了整条路。#结伴出游

3.周末就是要放松，和朋友们一起，把烦恼都抛在脑后。#快乐时光

4.大自然的美景，和朋友们一起分享，快乐加倍！#周末愉快

5.周末狂欢，和朋友们一起嗨翻天，开心到飞起！#结伴同行

6.周末的时光，和朋友们一起，漫步在花海中，幸福满满。#美好瞬间

7.远离城市的喧嚣，和朋友们一起，享受大自然的宁静。#周末放松

8.周末就是要开心，和朋友们一起，把快乐传递给每一个人。#快乐分享

9.周末的星空，和朋友们一起，仰望星空，许下心愿。#结伴赏星

10.周末的午后，和朋友们一起，喝着饮料，聊着天，惬意无比。#悠闲时光

11.周末的海边，和朋友们一起，踏浪嬉戏，快乐无穷。#海边度假

12.周末的艺术之旅，和朋友们一起，欣赏画作，激发灵感。#文化之旅

13.周末的秋日，和朋友们一起，漫步在落叶中，感受季节的变化。#秋日漫步

14.周末的露营，和朋友们一起，搭帐篷，烤棉花糖，乐趣无穷。#露营之夜

15.周末的漂流，和朋友们一起，激流勇进，尖叫连连。#刺激体验

16.周末的音乐节，和朋友们一起，跟着音乐摇摆，嗨翻全场。#音乐狂欢

17.周末的美食之旅，和朋友们一起，品尝各种美食，满足味蕾。#美食之旅

18.周末的花海，和朋友们一起，拍照打卡，留下美好的回忆。#拍照打卡

……

7.2.5 快速生成合作伙伴的回复

在职场中，高效且恰当地回应合作方是非常重要的，不仅能够展示专业能力，还能体现情商。WPS 灵犀助手可以帮助生成合适的回复，以确保回应既专业又得体。其具体操作方法如下。

快速生成合作伙伴的回复

Step 01　进入“AI 创作”选项卡，❶单击“回复”标签；❷选择“回复合作伙伴”模板，如图 7-20 所示。

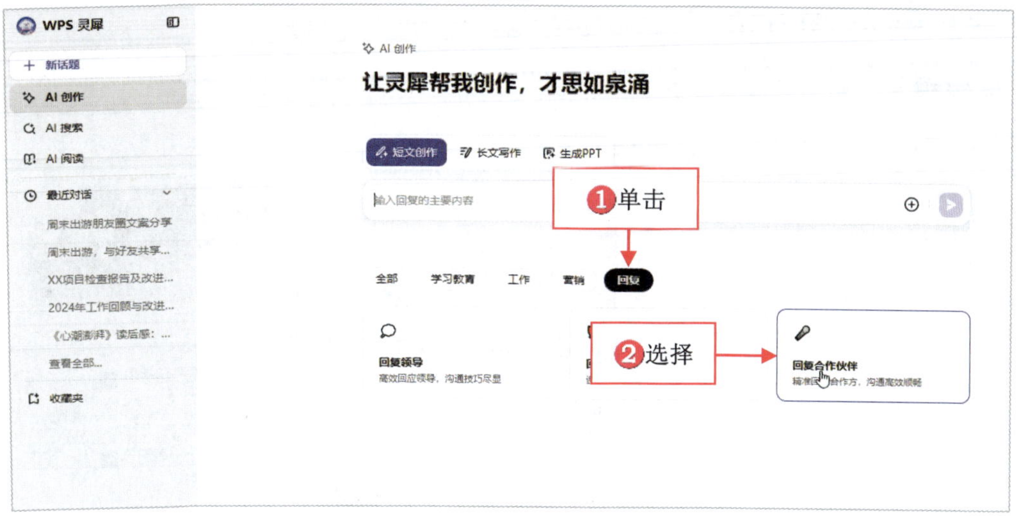

图 7-20　选择“回复合作伙伴”模板

Step 02　在输入框中输入回复的主要内容，单击▶按钮，AI 即可生成回复的内容。案例指令及回复内容如下。

提问

合作伙伴询问项目资金和项目发展方面，需要一个资金和项目付出成正比又表明下一步计划的回复。

WPS 灵犀

回复 1：感谢您的关注！我们目前的项目资金投入与项目进展保持高度一致，所有资金都严格按照计划用于关键环节推进。接下来我们计划进一步优化产品功能，并扩大市场推广力度，预计在下一季度实现用户数量翻倍的目标。我们会持续保持资金使用的透明和高效，确保项目稳步发展。

回复 2：关于项目资金使用情况，我们一直秉持着”投入与产出成正比”的原则，确保每一分钱都用在刀刃上。目前项目发展势头良好，接下来我们计划加大研发投入，提升产品竞争力，同时拓展新的业务领域。我们相信这些举措将带来可观的回报，期待与您继续携手共进。

回复 3：在资金使用方面，我们严格遵循”资金投入与项目发展相匹配”的原则，确保资金使用效率最大化。目前项目进展顺利，接下来我们将重点推进以下几个方向：1）加强技术研发；2）扩大营销推广；3）优化用户体验。我们相信这些努力将为项目带来更大的发展空间，也期待与您继续深入合作。

……

7.2.6　快速生成领导的回复

在职场中，高效且恰当地回应领导是非常重要的，它不仅能够展示专业能力，还能体现情商。WPS 灵犀助手可以帮助生成合适的回复，以确保

快速生成领导的回复

回应既专业又得体。其具体操作如下。

Step 01 进入“AI 创作”选项卡，❶单击“回复”标签，弹出“回复”面板；❷选择“回复领导”模板，如图 7-21 所示。

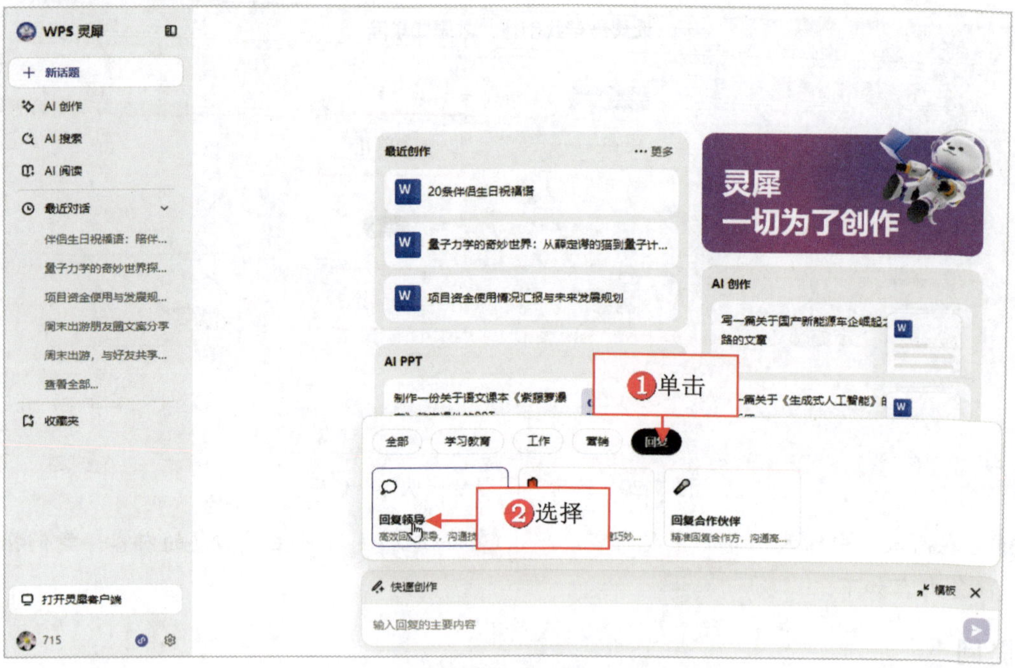

图 7-21　选择“回复领导”模板

Step 02 在输入框中输入回复的主要内容，单击▶按钮，AI 即可生成回复领导的内容。案例指令及回复内容如下。

提问

领导询问项目进度和项目金额，需要一个既展示工作成果又表明下一步计划的回复。

WPS 灵犀

回复一：领导您好，关于项目进度：目前项目已完成 60%，核心模块已全部开发完毕，正在进行测试和优化阶段。项目金额方面，已使用预算的 45%，剩余资金将用于后续的测试完善和部署实施。下一步计划：1.本周内完成所有功能测试 2.下周开始进行用户验收测试 3.预计在 2 周内完成项目交付 我们将全力以赴，确保项目按时高质量完成。

回复二：尊敬的领导，关于项目情况汇报如下：项目进度方面：1.需求分析阶段：100%完成 2.系统设计阶段：100%完成 3.开发实现阶段：85%完成项目金额使用情况：已使用预算的 55%，主要用于人力成本和设备采购。下一步工作计划：1.剩余开发工作将在 10 天内完成 2.开展为期一周的内部测试 3.准备项目验收文档 我们将持续跟进，确保项目顺利推进。

回复三：领导，关于项目进度和资金使用情况：目前项目整体进度为 70%，其中前端开发已完成 100%，后端开发完成 60%。项目资金已使用 50%，主要用于人力投入和第三方服务采购。下一步工作安排：1.预计本周内完成后端开发 2.下周开始进行系统集成测试 3.计划在 3 周内完成项目最终验收我们将严格按照项目计划执行，确保项目质量和进度达到预期目标。

▶ 专家指点

收到领导的信息或指示后，应迅速且积极地回复，这不仅体现了对领导的尊重，也彰显了个人的工作热情与责任心。拖延或忽视领导的信息可能会给人留下不负责任的印象，因此应避免此类行为。在回复时，务必使用恰当的尊称，如“领导”或“您”，以展现对领导的敬意。

同时，回复内容应清晰准确，避免使用模糊或含糊其辞的语言。展现出对工作的热情，不要因为个人情绪而回避或延误回复。此外，应避免发送让领导难以接受或实现的信息，以免给工作带来不必要的困扰。

领导发送信息后，应保持信息的动态更新，及时向领导汇报工作进展，确保领导能够随时掌握情况，避免让领导感到被忽视。

综上所述，情商高的回复在领导沟通中至关重要。它要求在回复时注重及时性、尊重与礼貌、清晰与准确及积极与主动。遵循这些原则，将有助于建立良好的工作关系，提升个人职业形象，并为个人的职业发展创造更为有利的条件。

本 章 小 结

本章主要讲述了 WPS 灵犀工具及使用。首先介绍了 WPS 灵犀助手的主要功能，如人机对话、实时资讯、文档总结、一键生成 PPT、长文创作、网页解读；其次介绍了 WPS 灵犀快速模板的使用，如快速生成读后感、快速生成发言稿、快速生成通用公文、快速生成日常文案、快速生成合作伙伴的回复、快速生成领导的回复。通过本章的学习，读者能掌握 WPS 灵犀的主要功能，以及使用模板快速创作的方法。

课 后 实 训

课 后 实 训

鉴于本章知识的重要性，为了者更好地掌握所学知识，将通过课后实训帮助读者进行简单的知识回顾和补充。

实训任务：在“WPS 灵犀”界面，以与 AI 直接对话的方式，让 WPS 灵犀助手生成一篇关于科学方面的文案。案例指令及回复内容如下。

提问

创作一篇关于科学方面的文章，如物理学、化学、生物学中的特定理论或现象

WPS 灵犀

我来创作一篇关于量子力学的文章。以下是文章内容。

量子力学的奇妙世界：从薛定谔的猫到量子计算。

亲爱的读者，欢迎来到量子力学的奇妙世界！今天我们将一起探索这个神秘而又迷人的领域，从薛定谔的猫到量子计算，揭开量子力学的神秘面纱。

量子力学的诞生

量子力学诞生于 20 世纪初，是为了解释经典物理学无法解释的微观现象而发展起来的。它的诞生标志着人类对自然界认识的又一次重大飞跃。

1900 年，德国物理学家马克斯·普朗克提出了量子假设，为量子力学的诞生奠定了基础。随后，爱因斯坦、玻尔、海森堡、薛定谔等物理学家相继提出了光子理论、原子模型、不确定性原理和薛定谔方程等重要理论，共同构建了量子力学的理论体系。

薛定谔的猫：量子叠加态的奇妙之处。

说到量子力学，不得不提的就是薛定谔的猫这个思想实验。1935 年，奥地利物理学家埃尔温·薛定谔提出了这个著名的思想实验，用来描述量子叠加态的奇妙特性。

在这个思想实验中，一只猫被关在一个装有放射性物质的密闭箱子里。如果放射性物质发生衰变，就会触发一个装置释放毒气杀死猫。根据量子力学，在观察者打开箱子之前，猫处于一种”既死又活”的叠加态。只有在观察的瞬间，波函数才会坍缩，猫的状态才会确定。

这个思想实验生动地展示了量子力学的核心概念：叠加态和观测对系统状态的影响。

量子纠缠：爱因斯坦称之为“鬼魅般的远距作用”

……

第 8 章 WPS AI 手机工具及应用

8

在快节奏的现代生活中，移动办公已成为常态。WPS App 作为一款功能强大的移动办公软件，通过其内置的 AI 技术，为用户提供了便捷的写作、编辑、阅读和演示制作工具。本章将详细介绍在 WPS App 中，WPS AI 如何帮助用户轻松完成办公任务。

本章重点

- ➢ 掌握如何在手机上的写作
- ➢ 掌握文字修改和优化的方法
- ➢ 熟悉对文档内容的理解
- ➢ 熟知生成 PPT 的方法

素质目标

- ➢ 培养读者碎片化场景高效创作的能力
- ➢ 提升读者移动端文档深度解析的速读能力

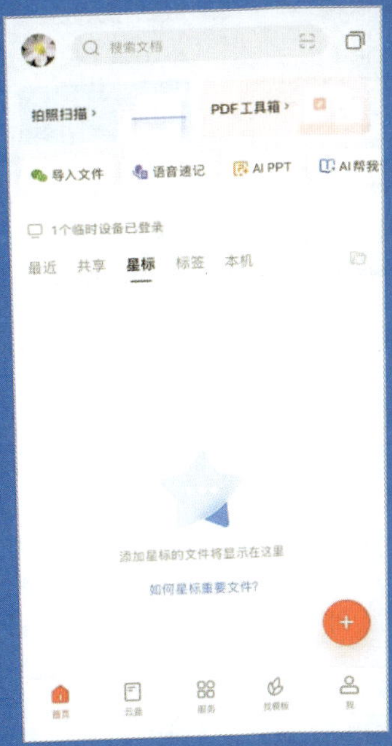

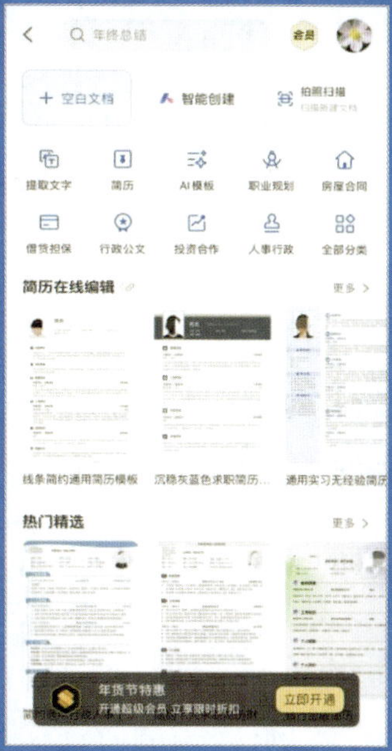

8.1 手机上的写作

在移动办公中，撰写文档是一项基本需求。在 WPS App 中，提供了和电脑版一样的“AI 帮我写”功能，可以帮助用户快速生成和优化文档内容。本节将介绍利用“AI 帮我写”功能进行创作的方法。

8.1.1 智能生成创意家长会

家长会主题往往能够决定家长会的成败。在 WPS App 中，用户可以通过“智能创建”入口，直接唤起 WPS AI，让 AI 生成富有创意和互动感的家长会，提升家长会的效果。其具体操作方法如下。

智能生成创意家长会

Step 01 在 WPS App 的“首页”界面中，点击按钮，如图 8-1 所示。

Step 02 弹出相应面板，在“新建”选项区中点击“文字”按钮，如图 8-2 所示。

Step 03 进入相应界面，点击“智能创建”按钮，如图 8-3 所示。

图 8-1 点击按钮

图 8-2 点击“文字”按钮

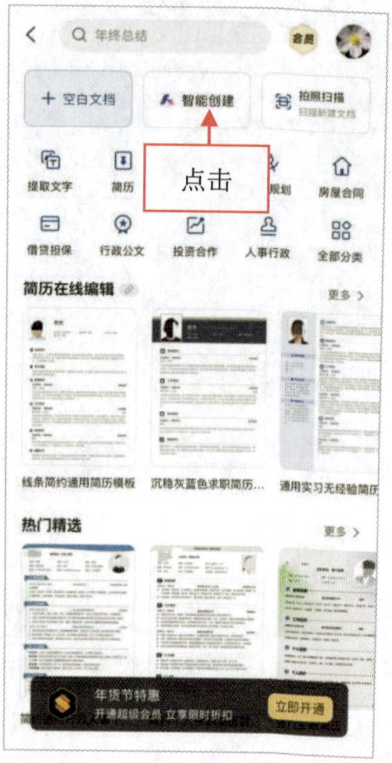

图 8-3 点击“智能创建”按钮

Step 04 新建一个空白文档，唤起 WPS AI，弹出“AI 帮我写”列表框，如图 8-4 所示。

Step 05 ❶在输入框中输入“主题家长会”；❷在上方弹出的列表框中选择“主题家长会”选项，如图 8-5 所示。

Step 06 执行上述操作后，输入框中即可显示“主题家长会”指令模板，如图 8-6 所示。

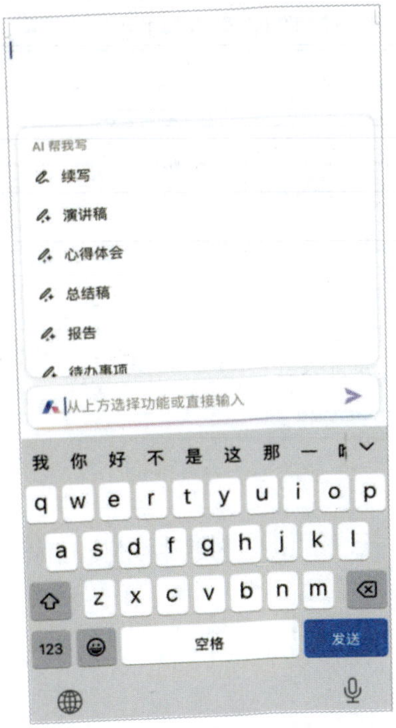

图 8-4　弹出“AI 帮我写”列表框

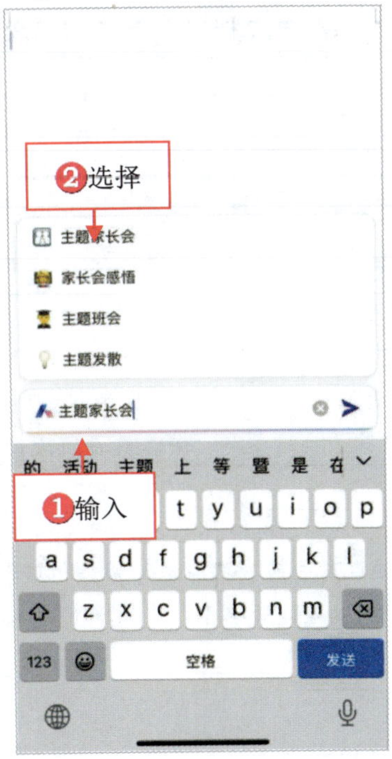

图 8-5　选择“主题家长会”选项

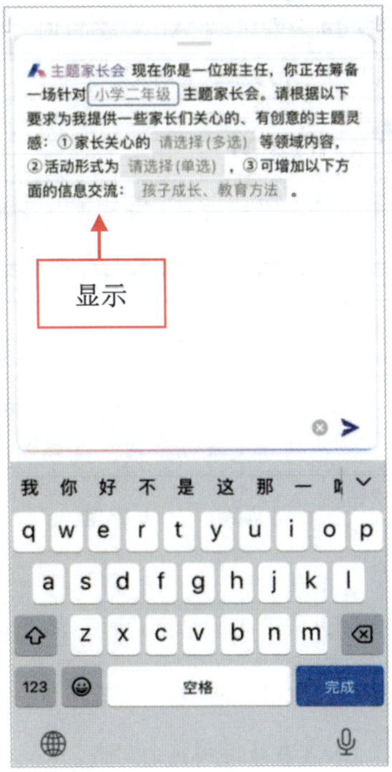

图 8-6　显示指令模板

Step 07　用户可根据需要修改指令，如图 8-7 所示。

Step 08　点击 ➤ 按钮，即可得到 WPS AI 生成的主题家长会，点击右下角的“插入”按钮，如图 8-8 所示。

图 8-7　修改指令

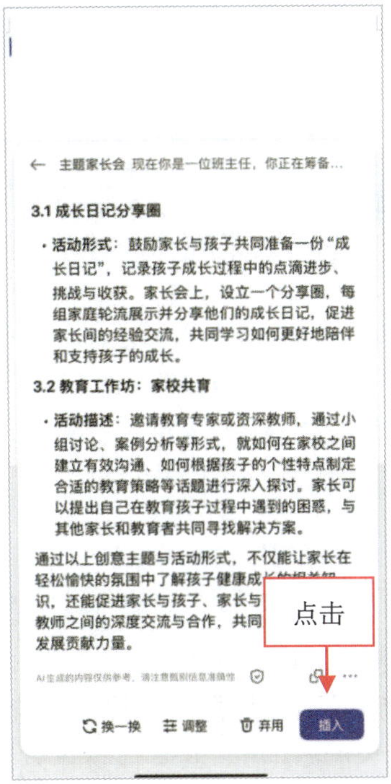

图 8-8　点击“插入”按钮

Step 09 即可将 AI 生成的内容插入至空白文档中，点击“完成”按钮，即可获得 AI 生成的内容，相关回复内容。

WPS AI

小学二年级家长会主题及活动形式灵感

一、家长关心的健康成长等领域内容

1.1 健康饮食与运动习惯

主题灵感：“营养小厨师与运动小达人”——介绍如何为孩子制定均衡饮食计划，同时展示适合二年级学生的趣味运动游戏，鼓励家长与孩子共同参与，培养良好的饮食与运动习惯。

1.2 心理健康与情绪管理

主题灵感：“情绪小侦探”——通过角色扮演游戏，让家长和孩子一起探索不同情绪的表达与管理方法，增进亲子间的情感沟通，提升孩子的心理健康水平。

二、活动形式为互动游戏

2.1 成长轨迹连连看

活动描述：准备一块大型游戏板，上面布满代表孩子成长各阶段的图标（如学习新技能、第一次独立完成任务等）。家长与孩子需合作，根据孩子的实际情况，将图标按照时间顺序连接起来，同时分享每个图标背后的故事，增进家庭成员间的了解与情感联系。

2.2 教育方法大富翁

活动描述：设计一款以教育方法为主题的大富翁游戏。每位家长和孩子为一组，掷骰子前进，遇到不同情境（如孩子遇到学习难题、社交冲突等）时，需共同讨论并选择最佳教育方法（如正面鼓励、设立目标等），正确选择可获得奖励，错误则需接受小惩罚并学习正确方法。

三、增加以下方面的信息交流：孩子成长、教育方法

3.1 成长日记分享圈

活动形式：鼓励家长与孩子共同准备一份“成长日记”，记录孩子成长过程中的点滴进步、挑战与收获。家长会上，设立一个分享圈，每组家庭轮流展示并分享他们的成长日记，促进家长间的经验交流，共同学习如何更好地陪伴和支持孩子的成长。

……

8.1.2 使用模板写求职信

标题是吸引读者的关键。在 WPS App 中，用户可以使用“AI 模板”中的“写求职信”模板，让 AI 根据用户提供的身份信息，需求，薪资及自身能力等，快速创作出一份求职信。其具体操作方法如下。

使用模板写求职信

Step 01 在 WPS App 的“首页”界面中，点击⊕按钮，如图 8-9 所示。

Step02　弹出相应面板，在“新建”选项区中点击“文字”按钮，如图 8-10 所示。

Step03　进入相应界面，点击“AI 模板”按钮，如图 8-11 所示。

图 8-9　点击+按钮

图 8-10　点击“文字”按钮

图 8-11　点击“AI 模板”按钮

Step04　进入“AI 模板”界面，在“新媒体”选项卡中，选择“写求职信”模板，如图 8-12 所示。

Step05　弹出“写求职信”面板，在各个文本框中输入相应的内容，效果如图 8-13 所示。

图 8-12　选择“写求职信”模板

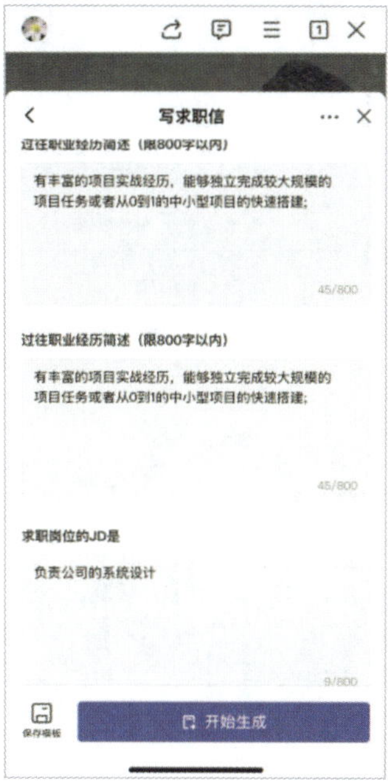

图 8-13　输入相应的内容

Step06　点击“开始生成”按钮，AI 即可生成标题，点击“完成”按钮，即可获得 AI 生成的内容，相关回复内容。

WPS AI

尊敬的面试官：

您好！得知贵公司招聘系统设计师，我深感兴趣。我具备丰富的项目实战经历，擅长独立完成较大规模项目任务，同时能从 0 到 1 快速搭建中小型项目。这使我具备扎实的技术基础和系统设计能力，与贵公司系统设计岗位高度匹配。

我相信，我的专业能力和实战经验能为贵公司的系统设计工作带来显著价值。期待有机会贡献我的力量，共同推动公司发展。感谢您审阅我的求职信，期待与您进一步交流。

此致

敬礼！

[您的姓名]

8.1.3　续写文章

WPS AI 的“续写”功能能够帮助用户在创作中断或需要扩展内容时，智能地延续文章的脉络，确保文章的流畅性和完整性。其具体操作方法如下。

续写文章

Step 01　在“首页”界面中，选择一个文档，如图 8-14 所示。

Step 02　执行操作后，即可打开所选文档，需要 AI 续写文章内容，在右下角点击 WPS AI 按钮，如图 8-15 所示。

图 8-14　选择一个文档

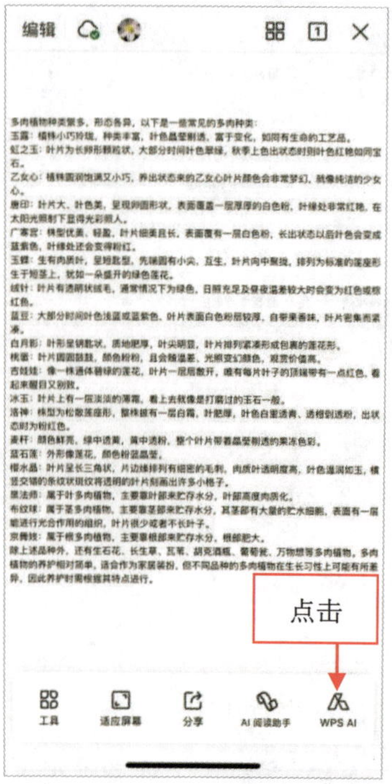

图 8-15　点击 WPS AI 按钮

Step03　弹出“AI 写作助手”面板，选择“AI 帮我写”选项，如图 8-16 所示。

Step04　弹出“AI 帮我写”面板，选择“续写”选项，如图 8-17 所示。

Step05　弹出“续写要求”面板，设置“篇幅”为“约 500 字”、“更多”为“新增观点”，如图 8-18 所示。

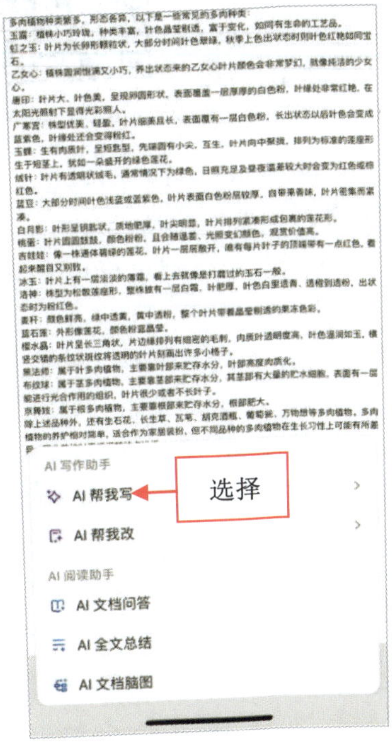

图 8-16　选择“AI 帮我写”选项

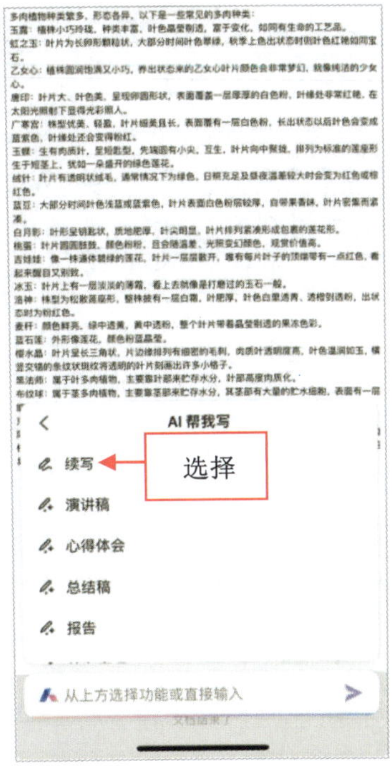

图 8-17　选择“续写”选项

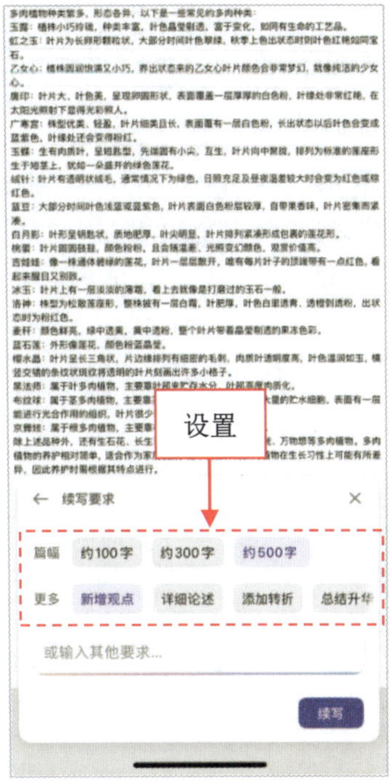

图 8-18　设置续写要求

Step06　点击“续写”按钮，AI 即可根据要求续写内容，点击“保留”按钮，即可将 AI 续写的内容插入文档中。续写内容如下。

WPS AI

在养护多肉植物时，除了了解它们的生长习性，还应掌握一些基本的养护技巧。例如，多肉植物普遍喜欢阳光充足的环境，因此在室内养护时应尽量放置在阳光直射的地方，以保证它们能够进行充分的光合作用。但需要注意的是，夏季强烈的直射阳光可能会灼伤某些品种的叶片，因此在高温季节应适当遮阴。

此外，多肉植物对水分的需求并不高，浇水过多会导致根部腐烂。正确的做法是等土壤完全干透后再进行浇水，每次浇水要浇透，但不要积水。对于一些叶片肥厚的多肉植物，如玉露和乙女心，它们对空气湿度有一定要求，可以定期向植株周围喷水以增加湿度。

施肥方面，多肉植物不需要频繁施肥，一般在生长季节每月施用一次稀释后的多肉植物专用肥料即可。冬季多肉植物生长缓慢，甚至进入休眠状态，此时应减少甚至停止施肥。

多肉植物的繁殖方式多样，可以通过叶插、枝插、分株等方法进行。叶插是将健康的叶片轻轻摘下，放置在通风良好的地方让伤口干燥，然后平放在土壤表面，保持土壤微湿，不久后叶片就会生根发芽。枝插则是剪取一段健康的茎条，同样处理伤口后插入土壤中。分株则是将多肉植物的母株旁边长出的小苗轻轻分离出来单独种植。

总之，多肉植物以其独特的魅力和相对简单的养护要求，成为了许多家庭绿植爱好者的首选。只要掌握正确的养护方法，就能让这些小生命在家中茁壮成长，为生活增添一抹绿色。

8.1.4 创意头脑风暴

创意头脑风暴

在 WPS App 中，用户可以使用“头脑风暴”功能，让 AI 生成各种创意想法，无论是活动策划还是广告创意，AI 都能提供丰富的灵感。其具体操作方法如下。

Step 01 在 WPS App 中，新建一个空白文档，点击“唤起 WPS AI”按钮，如图 8-19 所示。

Step 02 弹出“AI 帮我写”列表框，下滑列表，选择“头脑风暴”选项，如图 8-20 所示。

Step 03 进入“头脑风暴”模式，在输入框中输入主题“土培和水培植物的区别，列出 20 点”，如图 8-21 所示。

图 8-19 点击“唤起 WPS AI”按钮

图 8-20 选择“头脑风暴”选项

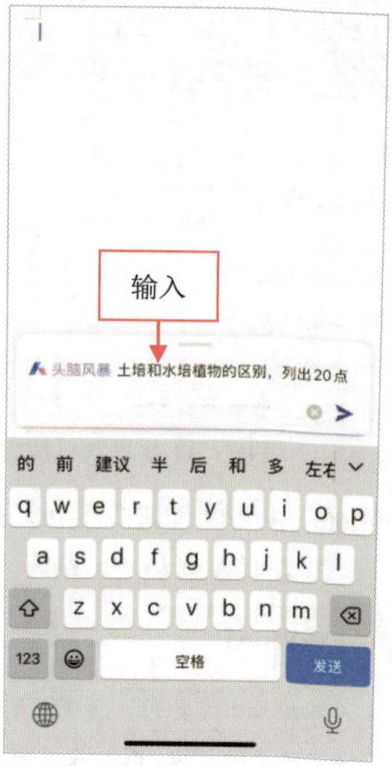

图 8-21 输入主题

Step 04 点击➤按钮，AI 即可根据主题进行头脑风暴，生成更多创意想法。生成内容如下。

WPS AI

1.土壤需求：土培需土壤，水培无须。2.水分管理：水培直接水中生长，土培需定期浇水。3.养分供给：水培用营养液，土培用肥料。4.根系生长：水培根系发达，土培根系较复杂。5.氧气供应：水培需定期换水，土培土壤透气。6.植物生长速度：水培可能更快。7.环境适应性：土培适应性强。8.病虫害：土培更易受感染。9.清洁度：水培更易保持清洁。10.空间需求：水培更节省空间。11.成本：土培初期成本低。12.观赏性：水培透明容器更美观。13.移动性：水培植物更便于移动。14.温度控制：水培需更稳定温度。15.pH 值管理：水培需调整 pH 值。16.生长周期：可能因培养方式而异。17.技术难度：水培需一定技术。18.环保性：水培更环保。19.植物生长质量：也可能因方式而异。20.用户体验：个人偏好不同。

Step 02 弹出“AI 帮我改”面板，选择“润色”选项，如图 8-26 所示。

Step 03 弹出“润色”面板，选择“口语化”选项，如图 8-27 所示。

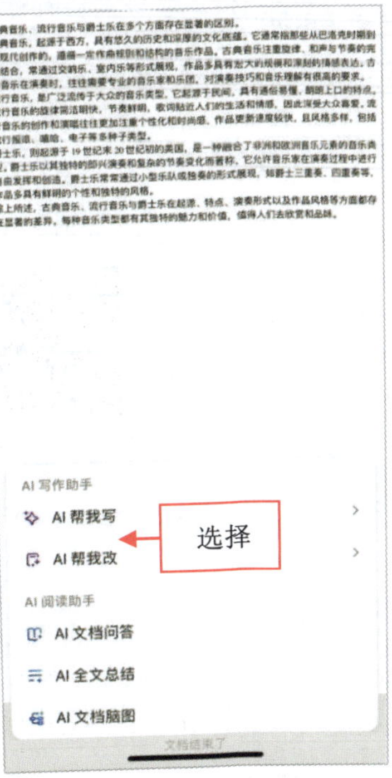

图 8-25 选择“AI 帮我改”选项

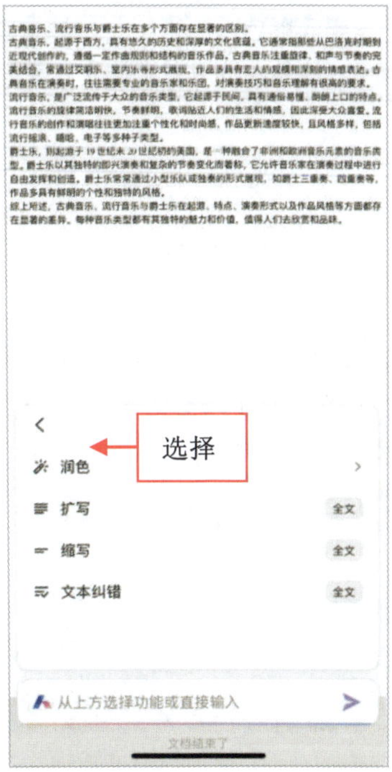

图 8-26 选择“润色”选项

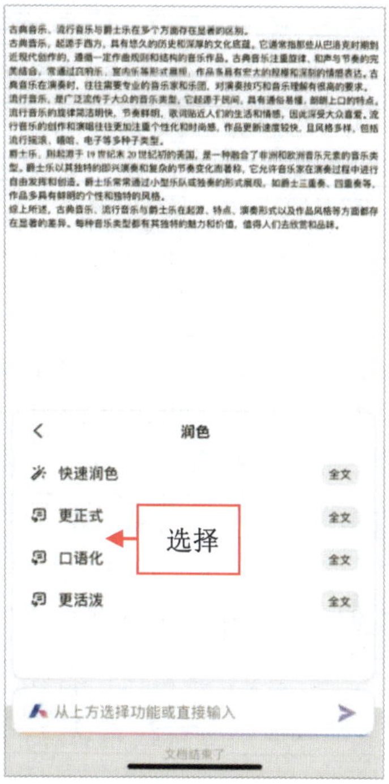

图 8-27 选择“口语化”选项

Step 04 执行操作后，AI 即可对全文进行润色，点击“插入”按钮，即可获得 AI 生成的口语化的内容。回复内容如下。

WPS AI

古典音乐、流行音乐与爵士乐在多个方面存在显著的区别。

古典音乐，起源于西方，具有悠久的历史和深厚的文化底蕴。它通常指那些从巴洛克时期到近现代创作的，遵循一定作曲规则和结构的音乐作品。古典音乐注重旋律、和声与节奏的完美结合，常通过交响乐、室内乐等形式展现，作品多具有宏大的规模和深刻的情感表达。古典音乐在演奏时，往往需要专业的音乐家和乐团，对演奏技巧和音乐理解有很高的要求。

流行音乐，是广泛流传于大众的音乐类型，它起源于民间，具有通俗易懂、朗朗上口的特点。流行音乐的旋律简洁明快，节奏鲜明，歌词贴近人们的生活和情感，因此深受大众喜爱。流行音乐的创作和演唱往往更加注重个性化和时尚感，作品更新速度较快，且风格多样，包括流行摇滚、嘻哈、电子等多种子类型。

爵士乐，则起源于 19 世纪末 20 世纪初的美国，是一种融合了非洲和欧洲音乐元素的音乐类型。爵士乐以其独特的即兴演奏和复杂的节奏变化而著称，它允许音乐家在演奏过程中进行自由发挥和创造。爵士乐常常通过小型乐队或独奏的形式展现，如爵士三重奏、四重奏等，作品多具有鲜明的个性和独特的风格。

综上所述，古典音乐、流行音乐与爵士乐在起源、特点、演奏形式及作品风格等方面都存在显著的差异。每种音乐类型都有其独特的魅力和价值，值得人们去欣赏和品味。

古典音乐、流行音乐和爵士乐，这三者差别挺大的。

古典音乐，它源自西方，历史悠久，文化底蕴深厚。说的就是那些从巴洛克时期到近现代的，按照一定的作曲规则和结构创作的音乐作品。这种音乐讲究旋律、和声和节奏的完美搭配，通常用交响乐、室内乐这样的形式来展示，作品往往气势磅礴，情感表达深刻。演奏古典音乐，得有专业的音乐家和乐团，对演奏技术和音乐理解的要求很高。

……

8.2.2 内容的扩写

文章的深度和丰富性对于吸引读者和传达复杂的思想至关重要。WPS AI 的“扩写”功能，可以帮助用户扩展文章的内容，增加信息的深度和广度，使文章更加完整和有说服力。其具体操作方法如下。

内容的扩写

Step 01 打开一个文档，在右下角点击 WPS AI 按钮，弹出“AI 写作助手”面板，选择“AI 帮我改”选项，如图 8-28 所示。

Step 02 即可弹出“AI 帮我改”面板，选择“扩写”选项，如图 8-29 所示。

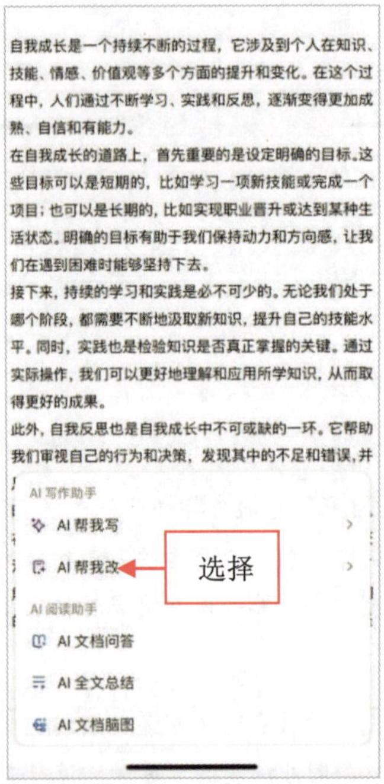

图 8-28 选择“AI 帮我”选项

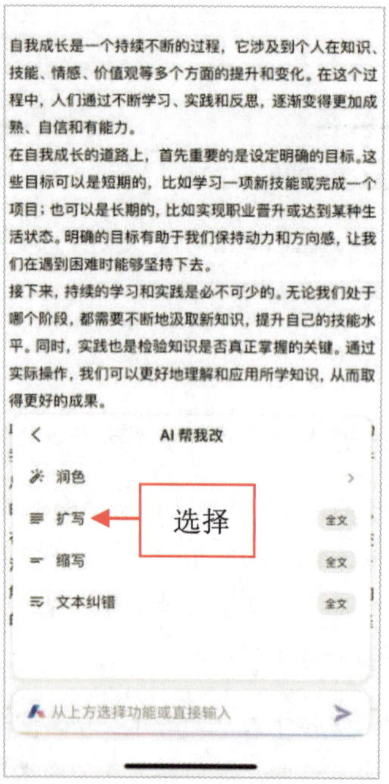

图 8-29 选择“扩写”选项

Step 03 执行操作后，AI 即可对全文进行扩写，点击“插入”按钮，即可获得 AI 生成的扩写内容。回复内容如下。

WPS AI

自我成长是一个持续不断的过程，它涉及到个人在知识、技能、情感、价值观等多个方面的提升和变化。在这个过程中，人们通过不断学习、实践和反思，逐渐变得更加成熟、自信和有能力。

在自我成长的道路上，首先重要的是设定明确的目标。这些目标可以是短期的，比如学习一项新技能或完成一个项目；也可以是长期的，比如实现职业晋升或达到某种生活状态。明确的目标有助于我们保持动力和方向感，让我们在遇到困难时能够坚持下去。

接下来，持续的学习和实践是必不可少的。无论我们处于哪个阶段，都需要不断地汲取新知识，提升自己的技能水平。同时，实践也是检验知识是否真正掌握的关键。通过实际操作，我们可以更好地理解和应用所学知识，从而取得更好的成果。

此外，自我反思也是自我成长中不可或缺的一环。它帮助我们审视自己的行为和决策，发现其中的不足和错误，并思考如何改进。通过反思，我们可以更加清晰地认识自己，明确自己的优点和缺点，从而制定更加合理的成长计划。

在自我成长的过程中，我们还需要学会与他人合作和交流。与他人分享经验和知识，可以帮助我们拓宽视野，了解不同的观点和思路。同时，与他人合作也可以锻炼我们的团队协作能力和沟通技巧，为未来的职业发展打下坚实的基础。

总之，自我成长是一个持续不断的过程，它需要我们付出努力和时间。但只要我们坚持不懈地追求进步，不断学习和实践，就一定能够在这个过程中收获满满，成为更加优秀的自己。自我成长是一个持续不断的过程，它涉及到个人在知识、技能、情感、价值观等多个方面的提升和变化。在这个过程中，人们通过不断学习、实践和反思，逐渐变得更加成熟、自信和有能力。

例如，一个人可能通过阅读书籍、参加工作坊、在线课程等方式来学习新的知识。通过在工作中承担更多责任或参与志愿活动，他们可以实践这些知识，并通过反思自己的经历来提升个人能力。在这个过程中，他们可能会遇到挑战和失败，但正是这些经历促使他们不断成长和进步。

在自我成长的道路上，首先重要的是设定明确的目标。这些目标可以是短期的，比如学习一项新技能或完成一个项目；也可以是长期的，比如实现职业晋升或达到某种生活状态。明确的目标有助于我们保持动力和方向感，让我们在遇到困难时能够坚持下去。例如，一个希望成为软件工程师的人可能会设定短期目标，如学习编程语言，以及长期目标，如在一家知名科技公司工作。这些目标不仅为他们提供了清晰的方向，还帮助他们在遇到编程难题时保持动力，继续前进。

接下来，持续的学习和实践是必不可少的。无论我们处于哪个阶段，都需要不断地汲取新知识，提升自己的技能水平。同时，实践也是检验知识是否真正掌握的关键。通过实际操作，我们可以更好地理解和应用所学知识，从而取得更好的成果。例如，一个学习外语的人可以通过旅行到使用该语言的国家来实践他们的语言技能，或者通过与母语者交流来提高他们的沟通能力。这种实践不仅加深了他们对语言的理解，还增强了他们使用该语言的信心。

……

8.2.3 内容的精简

在信息爆炸的时代，简洁明了的内容往往更受欢迎，尤其是在需要快速传达核心信息的场景中。WPS AI 的“缩写”功能可以帮助用户从长篇大论中提炼出关键点，生成简洁、清晰的内容摘要。其具体操作如下。

内容的精简

Step 01 打开一个文档，在右下角点击 WPS AI 按钮，弹出“AI 写作助手”面板，选择“AI 帮我改”选项，即可弹出“AI 帮我改”面板，选择“缩写”选项，如图 8-30 所示。

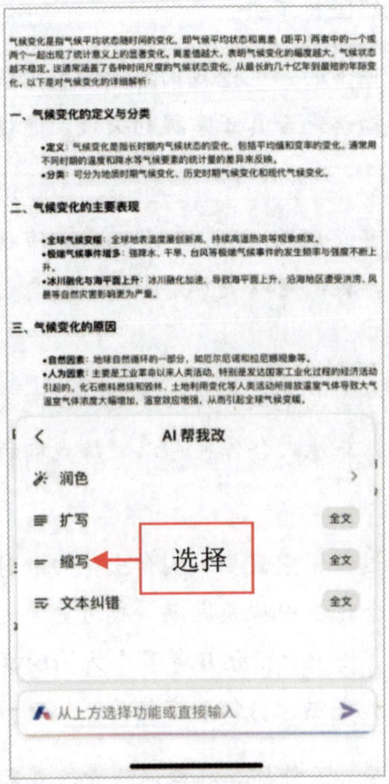

图 8-30　选择“缩写”选项

Step 02 执行操作后，AI 即可对全文内容进行缩写，点击“插入”按钮，即可获得 AI 缩写的内容。回复内容如下。

WPS AI

气候变化是指气候平均状态随时间的变化，即气候平均状态和离差（距平）两者中的一个或两个一起出现了统计意义上的显著变化。离差值越大，表明气候变化的幅度越大，气候状态越不稳定。这通常涵盖了各种时间尺度的气候状态变化，从最长的几十亿年到最短的年际变化。以下是对气候变化的详细解析：

一、气候变化的定义与分类

定义：气候变化是指长时期内气候状态的变化，包括平均值和变率的变化。通常用不同时期的温度和降水等气候要素的统计量的差异来反映。例如，过去一百年中，全球平均气温上升了约 1 摄氏度，这一变化显著地改变了全球的气候模式。

分类：可分为地质时期气候变化、历史时期气候变化和现代气候变化。地质时期气候变化涉及数百万年甚至数十亿年的地球历史，如冰河时期的交替。历史时期气候变化则涉及数千年至数百年，例如中世纪温暖期和小冰期。现代气候变化特指工业革命以来，特别是近几十年来，由于人类活动导致的气候变化。

二、气候变化的主要表现

全球气候变暖：全球地表温度屡创新高，持续高温热浪等现象频发。例如，2019 年是全球有记录以来第二热的年份，而 2020 年也紧随其后，显示了全球变暖的持续趋势。

极端气候事件增多：强降水、干旱、台风等极端气候事件的发生频率与强度不断上升。例如，近年来，超强台风的登陆次数明显增多，给沿海地区带来了巨大的破坏。

冰川融化与海平面上升：冰川融化加速，导致海平面上升，沿海地区遭受洪涝、风暴等自然灾害影响更为严重。例如，格陵兰岛和南极洲的冰川正在以惊人的速度融化，威胁着全球海平面的稳定。

三、气候变化的原因

自然因素：地球自然循环的一部分，如厄尔尼诺和拉尼娜现象等。厄尔尼诺现象会导致全球某些地区的温度升高和降水模式改变，而拉尼娜现象则相反。

人为因素：主要是工业革命以来人类活动，特别是发达国家工业化过程的经济活动引起的。化石燃料燃烧和毁林、土地利用变化等人类活动所排放温室气体导致大气温室气体浓度大幅增加，温室效应增强，从而引起全球气候变暖。例如，二氧化碳的浓度从工业革命前的约 280 ppm（百万分之）增加到目前的超过 400 ppm。

……

8.2.4　错误的检测

WPS AI 的“文本纠错”功能能够自动检测并纠正文档中的拼写、语法和标点错误，提高文本的准确性和专业性。下面将通过一段文案来测试 AI 的“文本纠错”功能。其具体操作如下。

错误的检测

Step 01　打开一个文档，在右下角点击 WPS AI 按钮，弹出“AI 写作助手”面板，选择“AI 帮我改”选项，即可弹出“AI 帮我改”面板，选择“文本纠错”选项，如图 8-31 所示。

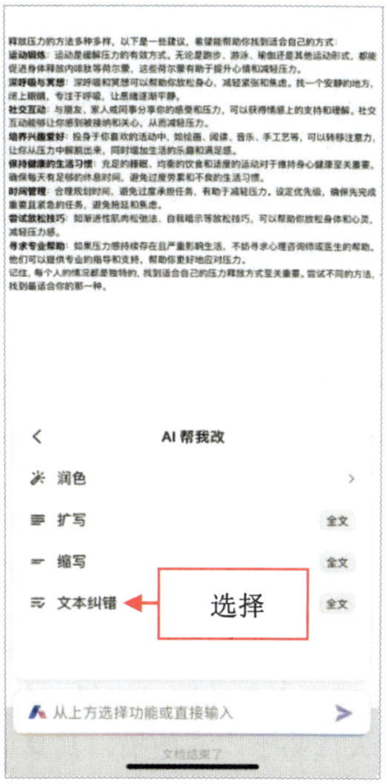

图 8-31　选择“文本纠错”选项

Step 02 执行操作后，AI 即可对全文内容进行文本纠错，修改错误内容，点击“插入”按钮，即可获得 AI 修改的内容。修改内容如下。

WPS AI

释放压力的方法多种多样，以下是一些建议，希望能帮助你找到适合自己的方式：

运动锻炼：运动是缓解压力的有效方式。无论是跑步、游泳、瑜伽还是其他运动形式，都能促进身体释放内啡肽等荷尔蒙，这些荷尔蒙有助于提升心情和减轻压力。

深呼吸与冥想：深呼吸和冥想可以帮助你放松身心，减轻紧张和焦虑。找一个安静的地方，闭上眼睛，专注于呼吸，让思绪逐渐平静。

社交互动：与朋友、家人或同事分享你的感受和压力，可以获得情感上的支持和理解。社交互动能够让你感到被接纳和关心，从而减轻压力。

培养兴趣爱好：投身于你喜欢的活动中，如绘画、阅读、音乐、手工艺等，可以转移注意力，让你从压力中解脱出来，同时增加生活的乐趣和满足感。

保持健康的生活习惯：充足的睡眠、均衡的饮食和适度的运动对于维持身心健康至关重要。确保每天有足够的休息时间，避免过度劳累和不良的生活习惯。

时间管理：合理规划时间，避免过度承担任务，有助于减轻压力。设定优先级，确保先完成重要且紧急的任务，避免拖延和焦虑。

尝试放松技巧：如渐进性肌肉松弛法、自我暗示等放松技巧，可以帮助你放松身体和心灵，减轻压力感。

寻求专业帮助：如果压力感持续存在且严重影响生活，不妨寻求心理咨询师或医生的帮助。他们可以提供专业的指导和支持，帮助你更好地应对压力。

记住，每个人的情况都是独特的，找到适合自己的压力释放方式至关重要。尝试不同的方法，找到最适合你的那一种。

8.3 文档内容的理解

在移动办公中，快速理解和吸收文档内容是提高效率的关键。WPS App 的“AI 帮我读”模式中，为用户提供了“AI 解释”“AI 翻译”“AI 总结”功能，可以帮助用户更好地阅读文档。本节将详细介绍这 3 大功能的使用方法。

8.3.1 内容解释

在传递复杂信息或专业知识时，将内容转化为易于理解的表达方式是非常重要的。WPS App 的“AI 解释”功能可以帮助用户将复杂的文本转换成简单、易懂的语言，使得信息更加平易近人，易于广泛传播。其具体操作方法如下。

内容解释

Step 01　打开一个文档，点击左上角的“编辑”按钮，进入编辑模式，❶选择需要 AI 解释的文本段落，点击下方的按钮，弹出相应面板；❷选择“更多 AI 功能”选项，如图 8-32 所示。

Step 02　弹出“更多 AI 功能”面板，选择“AI 解释”选项，如图 8-33 所示。

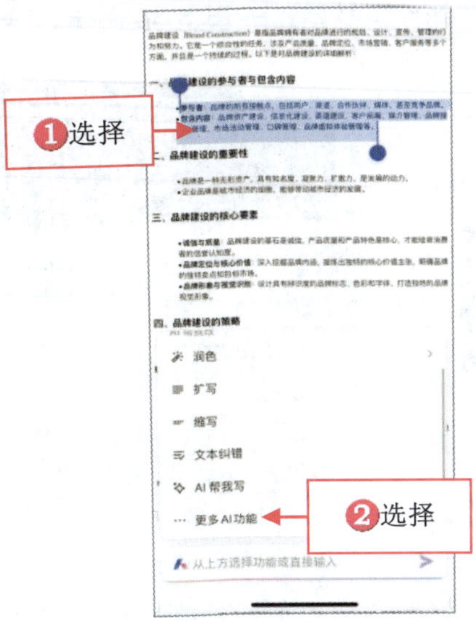

图 8-32　选择“更多 AI 功能”选项

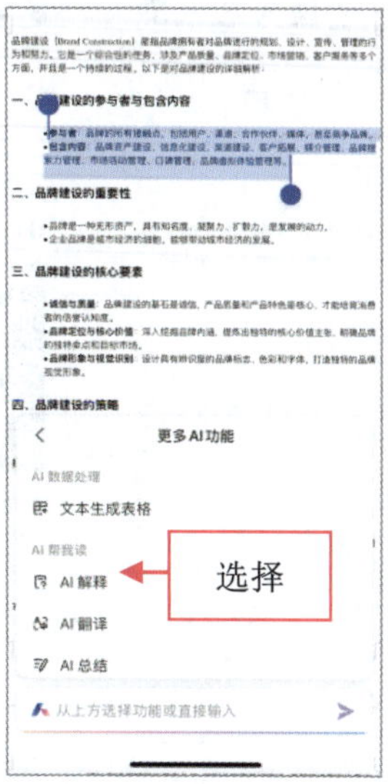

图 8-33　选择“AI 解释”选项

Step 03　执行操作后，AI 即可对所选内容进行解释。AI 解释的内容如下。

WPS AI

整体解析：品牌管理是一个全面的过程，它涉及到品牌与外界的每一次互动和接触。这里的“参与者”指的是品牌在市场中所有可能的接触点，包括直接与品牌互动的用户、各种销售渠道、合作伙伴、媒体，甚至包括竞争品牌。品牌管理的内容非常广泛，涵盖了品牌资产建设、信息化建设、渠道建设、客户拓展、媒介管理、品牌搜索力管理、市场活动管理、口碑管理、品牌虚拟体验管理等多个方面。简而言之，品牌管理旨在通过一系列策略和活动，提升品牌的价值和影响力，确保品牌在市场中的稳定性和竞争力。

关联关键词解析：

1.品牌资产建设：指通过各种手段提升品牌的价值，包括品牌知名度、品牌形象、品牌忠诚度等，使品牌在消费者心中占据有利地位。

2.信息化建设：指利用信息技术来优化品牌的管理和运营，如建立客户数据库、使用客户关系管理（customer relationship managemen，CRM）系统等，提高工作效率和决策质量。

3.渠道建设：指建立和维护与消费者的销售和分销渠道，确保产品或服务能顺利到达消费者手中。

8.3.2　语言翻译

WPS App 的“AI 翻译”功能为用户提供了高效、精准的文档翻译支持。无论是简短的句子还是完整的文章，AI 翻译都可以迅速将内容从一种语言转换为另一种语言，实现多语言互译。其具体操作如下。

语言翻译

Step 01 打开一个文档，需要将文档内容翻译成中文，点击左上角的“编辑”按钮，如图 8-34 所示。

Step 02 执行操作后，即可切换为编辑模式，长按屏幕，弹出相应面板，点击“全选”按钮，如图 8-35 所示。

Step 03 执行上述操作后，即可全选全文，在面板中点击“翻译”按钮，如图 8-36 所示。

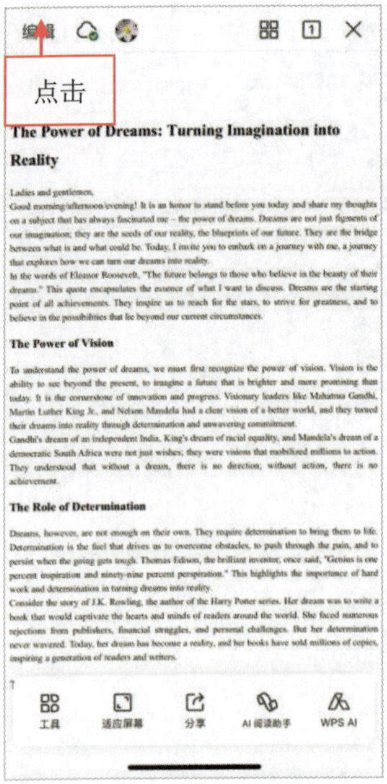

图 8-34　点击“编辑”按钮

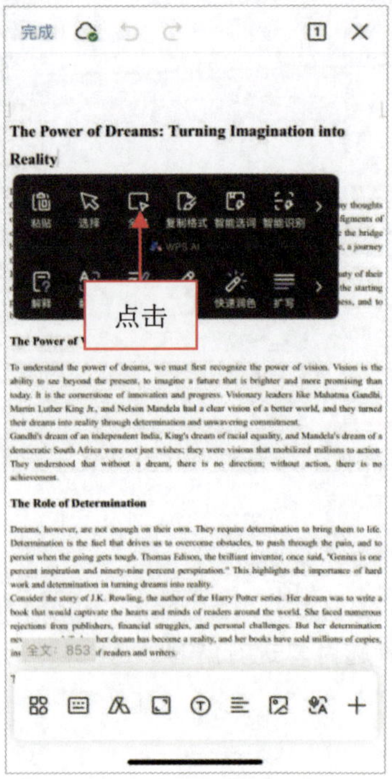

图 8-35　点击“全选”按钮

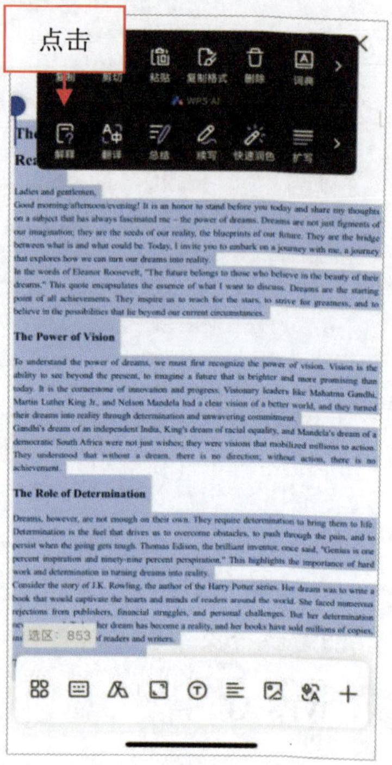

图 8-36　点击“翻译”按钮

Step 04 执行操作后，AI 即可翻译所选内容。AI 翻译的内容如下。

WPS AI

梦想的力量：将想象变为现实

女士们，先生们，

早上／下午/晚上好！今天能站在这里与大家分享我对一个一直让我着迷的主题的想法，我感到非常荣幸——那就是梦想的力量。梦想不仅仅是我们的想象；它们是我们现实的种子，我们未来的蓝图。它们是连接现在与未来可能的桥梁。今天，我邀请你们与我一起踏上一段旅程，一段探索我们如何将梦想变为现实的旅程。

正如埃莉诺·罗斯福所说：“未来属于那些相信自己梦想之美的人。”这句话概括了我想讨论的核心。梦想是一切成就的起点。它们激励我们触及星辰，追求卓越，并相信超越当前环境的可能性。

一、愿景的力量

要理解梦想的力量，我们首先必须认识到愿景的力量。愿景是超越现在，想象一个比今天更明亮、更有希望的未来的能耐。它是创新和进步的基石。像甘地、马丁·路德·金和纳尔逊·曼德拉这样的有远见的领导者有着对更美好世界的清晰愿景，他们通过决心和坚定不移的承诺将梦想变为现实。

甘地对独立印度的梦想，金对种族平等的梦想，曼德拉对民主南非的梦想，并不仅仅是愿望；它们是动员数百万人行动的愿景。他们明白，没有梦想就没有方向；没有行动，就没有成就。

二、决心的作用

然而，梦想本身是不够的。它们需要决心才能变为现实。决心是实现梦想的必要条件。

8.3.3　文章摘要

文章摘要

在信息量巨大的今天，能够快速把握文章的核心要点对于提高阅读效率至关重要。WPS App 的“AI 总结”功能可以帮助用户从长篇的文章中提取关键信息，生成简洁、准确的摘要。其具体操作如下。

Step 01 打开一个文档，需要总结文档中的要点内容，点击左上角的“编辑”按钮，如图 8-37 所示。

Step 02 执行操作后，即可切换为编辑模式，长按屏幕，弹出相应面板，点击“全选”按钮，如图 8-38 所示。

Step 03 执行上述操作后，即可全选全文，在面板中点击“总结”按钮，如图 8-39 所示。

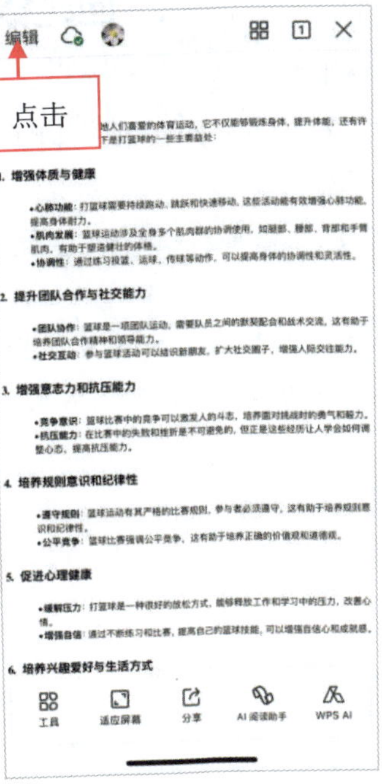

图 8-37　点击“编辑”按钮

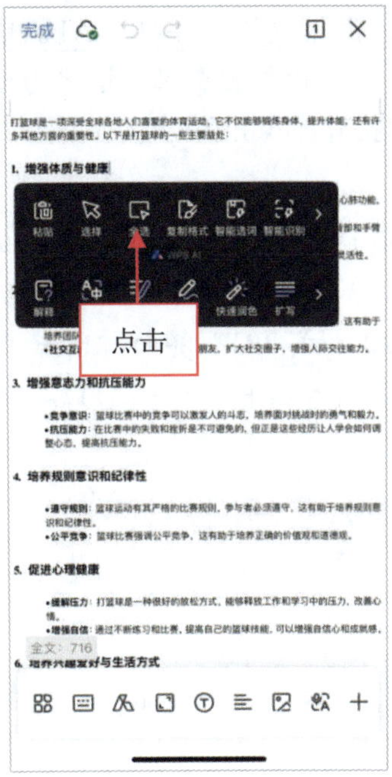

图 8-38　点击“全选”按钮

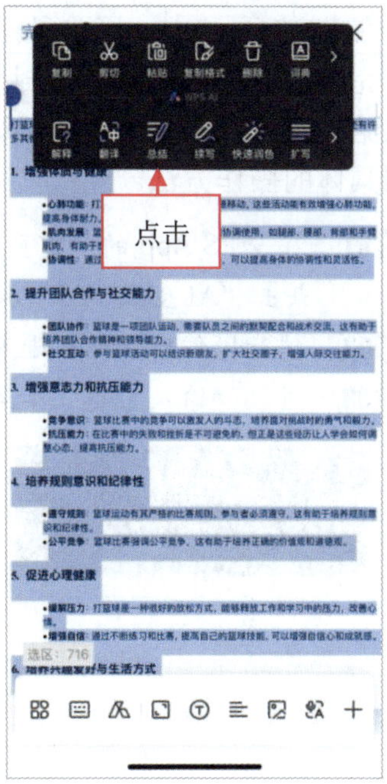

图 8-39　点击“总结”按钮

Step 04 执行操作后，AI 即可总结全文要点。AI 总结的要点内容如下。

WPS AI

1.打篮球能增强心肺功能、肌肉发展和身体协调性，提升体质与健康。

2.篮球运动促进团队合作精神、领导能力和社交互动，增强人际交往能力。

3.竞技篮球培养竞争意识、意志力和抗压能力，帮助应对生活中的挑战。

4.篮球活动强化规则意识和纪律性，促进公平竞争和正确价值观的形成。

5.篮球运动有助于缓解压力、增强自信，同时培养兴趣爱好和健康生活方式。

8.4 生成 PPT

在移动办公环境中，演示文稿的制作是一个不可或缺的环节，它不仅需要快速完成，还要保证专业性和吸引力。WPS 手机版的“AI 生成 PPT”功能正是为了满足这一需求而设计的，它为用户提供了 4 种快速生成方式，用户可以通过输入主题生成、导入文档生成、空白大纲生成及从预设大纲生成。

本节将介绍这 4 种 AI 生成 PPT 的方法，每种方法都能帮助用户在短时间内创建出既专业又吸引人的演示文稿。

8.4.1 主题 PPT 的生成

主题 PPT 的生成

在 WPS App 中，用户只需输入演示文稿的主题，AI 就能根据该主题生成一个完整的 PPT 框架，包括封面、目录和主要章节。这种方法适合那些对演示文稿结构有明确想法，但需要快速搭建框架的用户。下面以生成“舞蹈表达的心情”PPT 为例介绍具体的操作方法。

Step 01 在 WPS App 的“首页”界面中，点击 ⊕ 按钮，弹出相应面板，在“快速创作”选项区中，点击“AI 生成 PPT”按钮，如图 8-40 所示。

Step 02 执行操作后，即可进入“AI 生成 PPT”界面，点击“输入主题”按钮，如图 8-41 所示。

Step 03 进入“输入主题”界面，在输入框中输入主题内容“舞蹈表达的心情”，如图 8-42 所示。

图 8-40 点击“AI 生成 PPT”按钮

图 8-41 点击“输入主题”按钮

图 8-42 输入主题内容

Step 04　点击“立即生成”按钮，即可进入“大纲编辑”界面，AI 将生成章节页、正文页等大纲内容，点击“选择模板”按钮，如图 8-43 所示。

Step 05　执行操作后，即可进入“选择模板”界面，选择一款合适的模板，如图 8-44 所示。

Step 06　点击“立即生成 PPT”按钮，稍等片刻，AI 即可生成完整的 PPT，如图 8-45 所示。

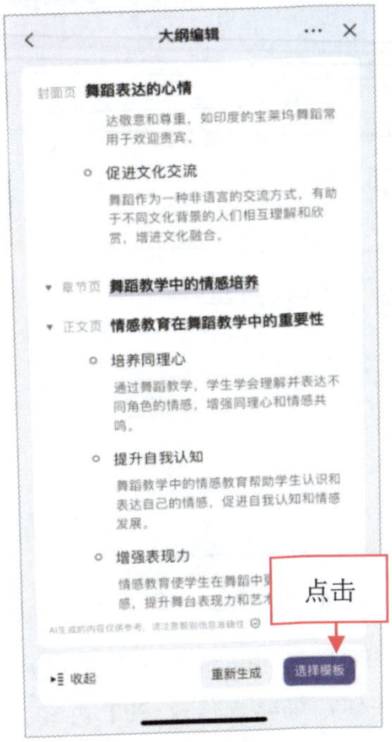

图 8-43　点击“选择模板”按钮

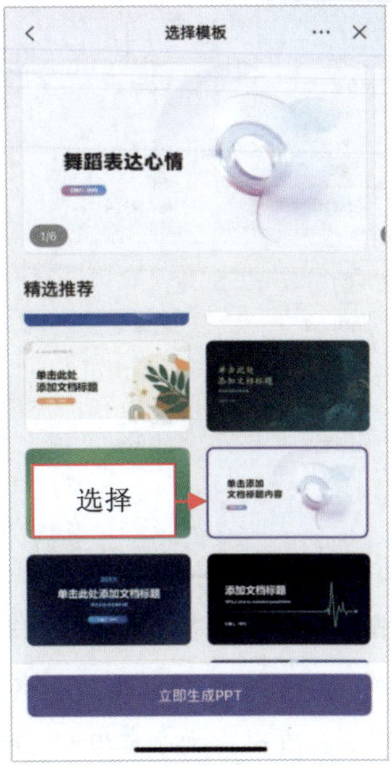

图 8-44　选择一款合适的模板

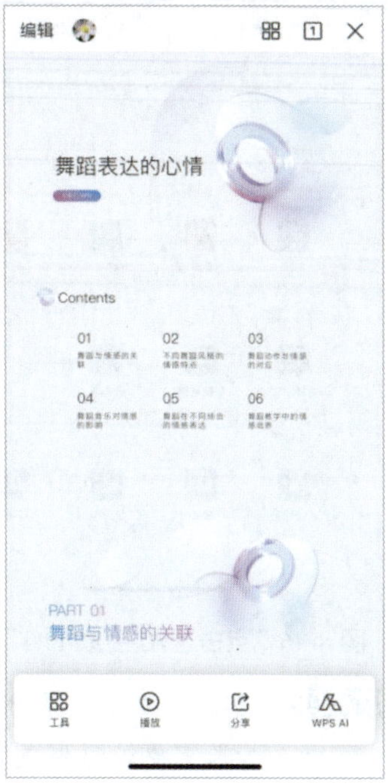

图 8-45　AI 生成完整的 PPT

8.4.2　大纲的生成

大纲的生成

在 WPS App 这一高效便捷的办公神器中，内置的“AI 生成 PPT”功能中的“导入文档”为用户提供了一个前所未有的便捷途径，可以将已有的文档迅速转变为专业水准的演示文稿。用户只需轻松上传自己的文档，无论是报告、文章还是笔记，AI 智能系统便会即刻启动，精准地自动识别文档中的核心内容。

在此基础上，AI 还会对文档内容进行智能优化，精心编排，最终生成一个与原文档内容紧密相关、逻辑清晰的 PPT 大纲，极大地节省了用户的时间和精力，让演示文稿的制作变得前所未有的简单高效。下面以生成“健康生活的重要性和实践”PPT 为例介绍具体的操作方法。

Step 01　在 WPS App 的“首页”界面中，点击 + 按钮，弹出相应面板，在“快速创作”选项区中，点击“AI 生成 PPT”按钮，如图 8-46 所示。

Step 02　执行操作后，即可进入“AI 生成 PPT”界面，点击“导入文档”按钮，如图 8-47 所示。

Step 03　进入“文档”界面，选择一个文档，如图 8-48 所示。

Step 04　进入“大纲编辑”界面，AI 将根据文档内容，生成章节页、正文页等大纲内容，点击“选择模板”按钮，如图 8-49 所示。

Step 05　执行操作后，即可进入“选择模板”界面，在“选择模板”界面中选择一款合适的模板，进行套用，如图 8-50 所示。

图 8-46　点击“AI 生成 PPT”按钮

图 8-47　点击“导入文档”按钮

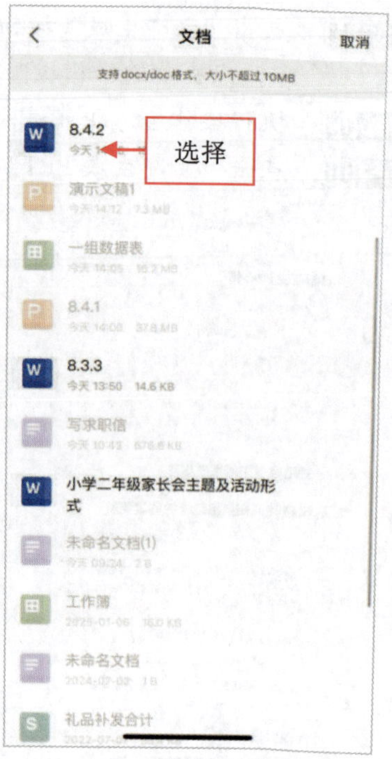

图 8-48　选择一个文档

Step 06　点击“立即生成 PPT”按钮，稍等片刻，AI 即可生成完整的 PPT，如图 8-51 所示。用户如果需要编辑生成的 PPT 内容，可以点击左上角的“编辑”按钮，编辑或修改 PPT 内容。

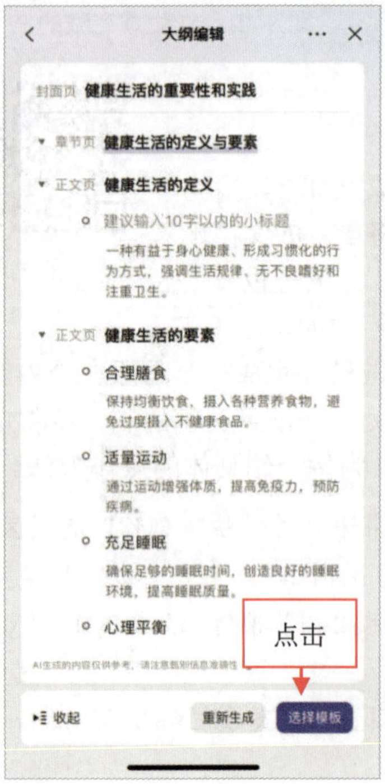

图 8-49　点击“选择模板”按钮

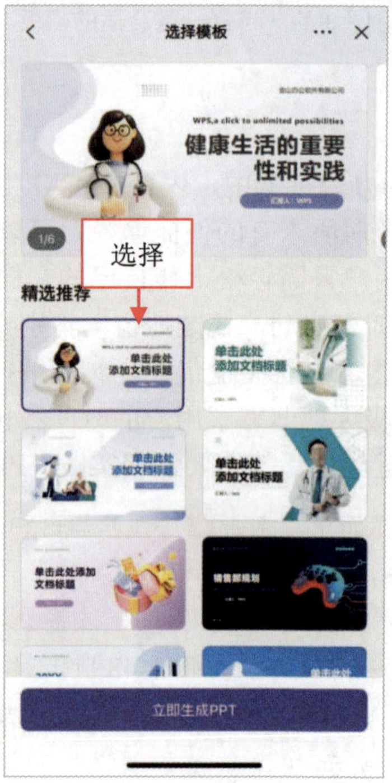

图 8-50　选择一款合适的模板

图 8-51　AI 生成完整的 PPT

> ▶ **专家指点**
>
> 用户可根据自身需求选择不同风格的模板，这是 WPS App “AI 生成 PPT” 功能中的一大亮点。该功能为用户提供了一个包含多种风格的模板库，从简约现代到复古经典，从清新自然到科技动感，应有尽有。用户只需根据自己的演示内容、品牌调性、演示场合及个人喜好，在模板库中轻松挑选，即可快速定制出既符合主题又彰显个性的 PPT。
>
> 这些模板设计精美，布局合理，不仅能够很好地匹配演示文稿的内容，还能大大提升观众的视觉体验。用户无须具备专业的设计技能，就能通过简单的操作，制作出专业水准的演示文稿。这一功能不仅节省了用户的时间和精力，还大大提高了演示文稿的质量和效果，让用户的演示更加出色。

8.4.3　完整的 PPT 框架的生成

在 WPS App 中，用户只需输入演示文稿的主题，AI 就能根据该主题生成一个完整的 PPT 框架，包括封面、目录和主要章节。这种方法适合那些对演示文稿结构有明确想法，但需要快速搭建框架的用户。下面以生成“职场生活” PPT 为例介绍具体的操作方法。

完整的 PPT 框架的生成

Step 01 在 WPS App 的“首页”界面中，点击 + 按钮，弹出相应面板，在“新建”选项区中，点击“演示”按钮，如图 8-52 所示。

Step 02 进入相应界面，点击“AI 生成 PPT”按钮，如图 8-53 所示。

Step 03 执行操作后，即可进入“AI 生成 PPT”界面，点击“空白大纲”按钮，如图 8-54 所示。

图 8-52　点击“演示”按钮

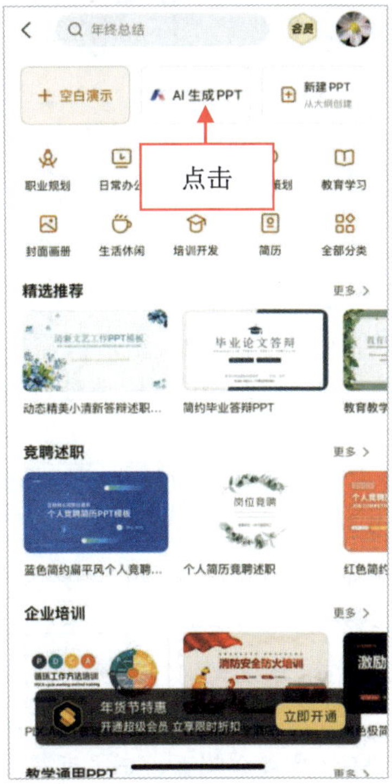

图 8-53　点击“AI 生成 PPT”按钮

图 8-54　点击“空白大纲”按钮

Step 04 进入“大纲编辑”界面，用户可以在此界面中，输入封面页主题、章节页标题、正文页标题和内容等大纲内容，如图 8-55 所示。

Step 05 点击“选择模板”按钮，进入“选择模板”界面，选择一款合适的模板，如图 8-56 所示。

Step 06 点击“立即生成 PPT”按钮，稍等片刻，AI 即可生成 PPT，如图 8-57 所示。本案例仅作为操作演示，在编写大纲内容时，根据需要输入更多内容，完善 PPT，使其更加完整，也可以根据自身需求更改内容。

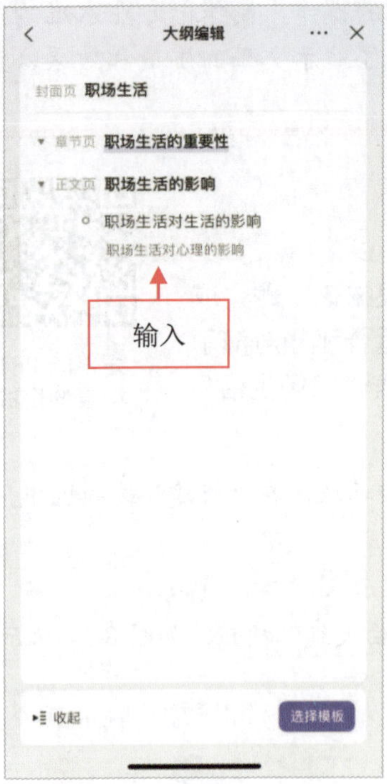

图 8-55　输入大纲内容

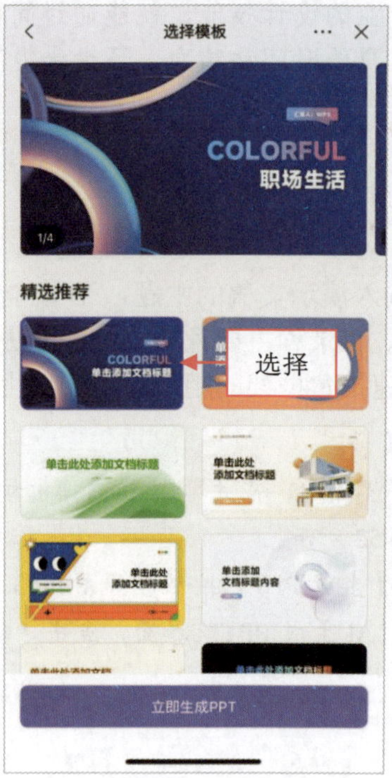

图 8-56　选择一款合适的模板

图 8-57　AI 生成完整的 PPT

8.4.4　主题培训 PPT 的生成

主题培训 PPT 的生成

在 WPS 手机版中，“AI 生成 PPT”功能不仅为用户提供了多样化的风格模板，还贴心地准备了一系列实用的预设大纲模板。用户只需根据自己的需要，轻松点击选择相应的模板，即可快速搭建起一个结构清晰、逻辑连贯的 PPT 框架，为后续的内容填充和美化打下坚实基础。

例如，选择“企业培训”预设大纲模板，可以让 AI 快速创建一个关于企业培训的 PPT。下面介绍从预设大纲生成 PPT 的操作方法。

Step 01 在 WPS App 的“首页”界面中，点击按钮，如图 8-58 所示。

Step 02 弹出相应面板，在“快速创作”选项区中，点击“AI 生成 PPT”按钮，如图 8-59 所示。

Step 03 进入“AI 生成 PPT”界面，在“预设大纲”选项卡中，选择“企业培训”模板，如图 8-60 所示。

Step 04 进入“大纲编辑”界面，AI 将生成章节页、正文页等大纲内容，点击“选择模板”按钮，如图 8-61 所示。

Step 05 执行操作后，即可进入“选择模板”界面，选择一款合适的模板，如图 8-62 所示。

Step 06 点击“立即生成 PPT”按钮，稍等片刻，AI 即可生成完整的 PPT，如图 8-63 所示。

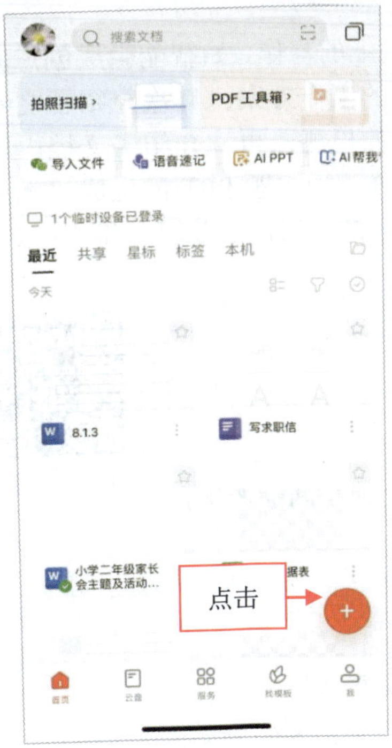

图 8-58　点击按钮

图 8-59　点击“AI 生成 PPT”按钮

图 8-60　选择“企业培训”模板

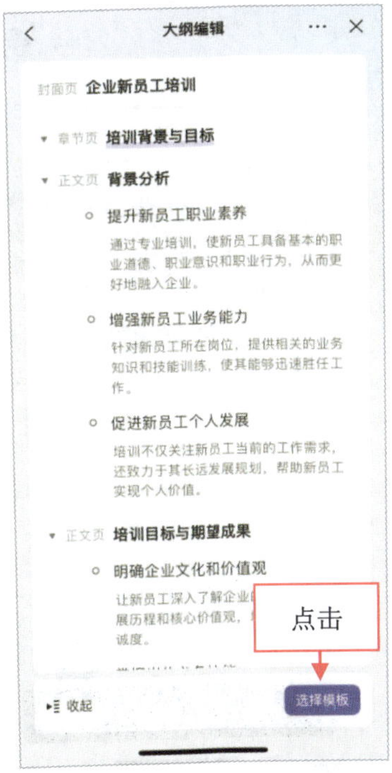

图 8-61　点击“选择模板”按钮

图 8-62　选择一款合适的模板

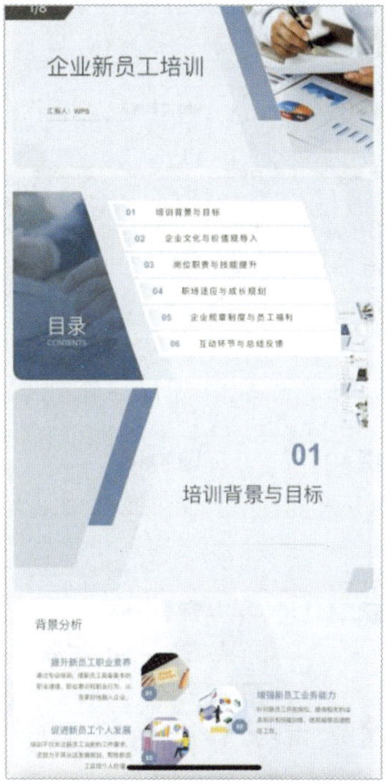

图 8-63　AI 生成完整的 PPT

本章小结

本章主要讲述了 WPS AI 手机工具及应用。首先介绍了手机上的写作，如智能生成创意家长会、使用模板写求职信、续写文章、创意头脑风暴、生成详细的工作方案；其次介绍了文字的修改和优化，如语法的优化、内容的扩写、内容的精简、错误的检测；再次介绍了文档内容的理解，如内容解释、语言翻译、文章摘要；最后介绍了生成 PPT，如主题 PPT 的生成、大纲的生成、完整的 PPT 框架的生成、主题培训 PPT 的生成。通过本章的学习，读者能提高工作效率，也使得移动办公变得更加便捷和高效。

课后实训

课后实训

鉴于本章知识的重要性，为了掌握所学知识，将通过课后实训帮助读者进行简单的知识回顾和补充。

实训任务：在 WPS App 中，新建一个文字文档，唤起 WPS AI，通过输入指令，生成一篇关于成长故事的文章。其具体操作如下。

Step 01 在 WPS App 的“首页”界面中，点击+按钮，如图 8-64 所示。

Step 02 弹出相应面板，在“新建”选项区中点击“文字”按钮，如图 8-65 所示。

Step 03 进入相应界面，点击“智能创建”按钮，如图 8-66 所示。

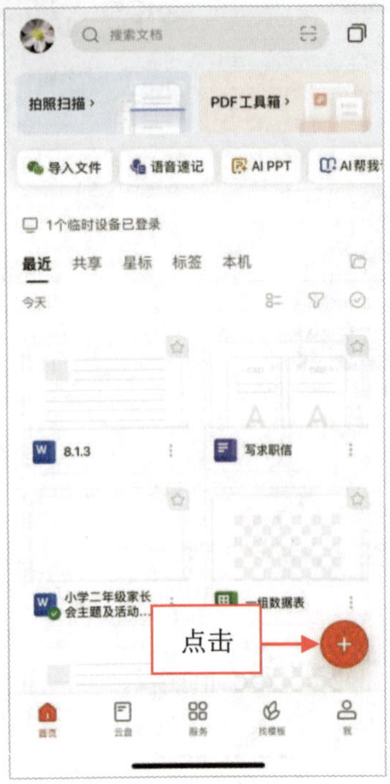

图 8-64 点击+按钮

图 8-65 点击“文字”按钮

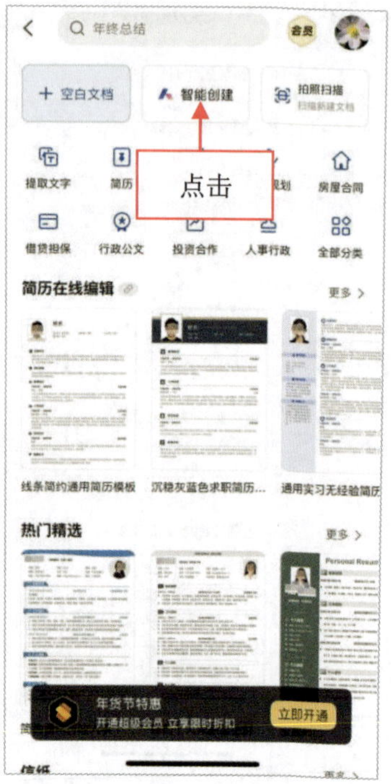

图 8-66 点击“智能创建”按钮

Step 04 新建一个空白文档，唤起 WPS AI，弹出“AI 帮我写”列表框，在输入框中输入指令，点击➤按钮，让 AI 生成一篇关于成长故事的文章。案例指令及回复内容如下。

提问

写一篇关于自己的成长故事，要励志，500 字。

WPS AI

我的成长故事——勇敢追梦，励志前行

一、勇敢面对困境

1.我的成长之路并不平坦，曾遭遇过无数的挫折与困难。记得小时候，我曾因为身高不足而无法参加篮球队的选拔，但我并没有放弃，反而更加努力地锻炼身体，最终在一年后成功加入了篮球队。

2.在学业上，我也曾遇到过低谷。高中时期，我的成绩一度下滑，但我没有气馁，通过自己的努力，最终考上了心仪的大学。大学毕业后，找工作也遇到了困难，但我坚信自己的实力，勇敢地投递简历，参加面试，最终找到了一份理想的工作。

二、感恩遇见

1.在我成长的过程中，有许多人给予了我帮助和支持。我的父母一直鼓励我勇敢追求梦想，他们的关爱和支持是我前进的动力。

2.我的老师在我的成长道路上起到了关键作用，他们用自己的知识和智慧启迪了我。我的好朋友和同学们也在我遇到困难时给予了我鼓励和帮助。

三、励志前行

1.通过不断的努力和积累，我逐渐找到了自己的方向和目标。我深知自己还有很长的路要走，但我坚信只要勇敢地追梦，就一定能实现自己的梦想。

2.在未来的道路上，我会继续保持积极的心态，勇敢面对挑战。我将珍惜每一个机会，努力提升自己的能力和素质，为实现梦想而努力。

……